> 华为ICT认证系列丛书

华为技术认证 HCIA-openEuler 学习指南

华为技术有限公司 主编

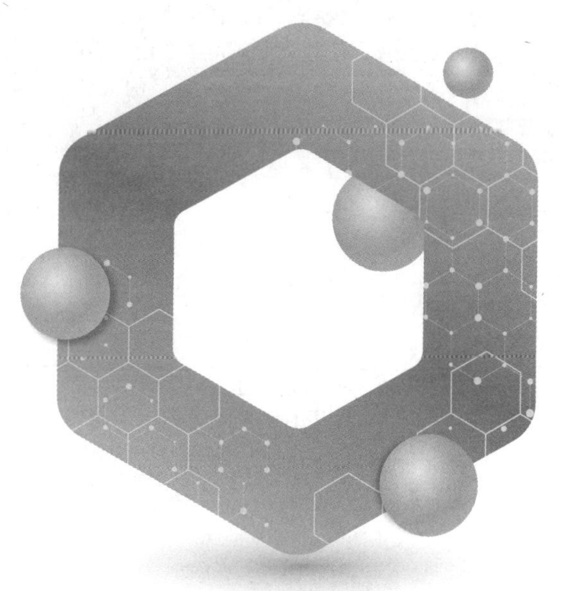

人民邮电出版社
北京

图书在版编目（CIP）数据

HCIA-openEuler 学习指南 / 华为技术有限公司主编. 北京 : 人民邮电出版社, 2025. -- (华为 ICT 认证系列丛书). -- ISBN 978-7-115-66013-8

Ⅰ. TP316.85

中国国家版本馆 CIP 数据核字第 2025TT1289 号

内 容 提 要

本书全面解析 openEuler 操作系统，从操作系统的基础知识、命令行操作到高级系统管理等多个维度进行系统性介绍。本书内容涵盖操作系统的起源和发展，openEuler 操作系统的安装、配置和优化，文件、用户和进程管理，高级网络配置和远程访问工具的使用，用户和权限管理，SELinux 的配置和使用方法，基于 RPM 和 DNF 的包管理操作技巧，磁盘分区、格式化、挂载以及高级磁盘管理，使用 Firewalld 进行防火墙管理和安全管理，编写和调试 Shell 脚本。

本书通过结构化和逐步深入的内容安排，全面覆盖从系统入门到高级管理的广泛主题。无论是 IT 从业者还是技术爱好者，都能从中获得必要的知识和技能，有效地管理和优化 openEuler 操作系统。

本书适合备考华为 HCIA-openEuler 认证的人员、从事操作系统管理工作的专业人员阅读，也可以作为高等院校相关专业的教材。

◆ 主　　编　华为技术有限公司
责任编辑　王梓灵
责任印制　马振武

◆ 人民邮电出版社出版发行　　北京市丰台区成寿寺路 11 号
邮编　100164　　电子邮件　315@ptpress.com.cn
网址　https://www.ptpress.com.cn
三河市君旺印务有限公司印刷

◆ 开本：787×1092　1/16
印张：19　　2025 年 8 月第 1 版
字数：451 千字　　2025 年 8 月河北第 1 次印刷

定价：99.80 元

读者服务热线：(010)53913866　印装质量热线：(010)81055316
反盗版热线：(010)81055315

编 委 会

序　言

乘“数”破浪　智驭未来

当前，数字化、智能化已成为经济社会发展的关键驱动力，引领新一轮产业变革。以 5G、云、AI 为代表的数字技术，不断突破边界，实现跨越式发展，数字化、智能化的世界正在加速到来。

数字化的快速发展，带来了数字化人才需求的激增。《中国 ICT 人才生态白皮书》预计，到 2025 年，中国 ICT 人才缺口将超过 2000 万人。此外，社会急迫需要大批云计算、人工智能、大数据等领域的新兴技术人才；伴随技术融入场景，兼具 ICT 技能和行业知识的复合型人才将备受企业追捧。

在日新月异的数字化时代中，技能成为匹配人才与岗位的最基本元素，终身学习逐渐成为全民共识及职场人保持与社会同频共振的必要途径。联合国教科文组织发布的《教育 2030 行动框架》指出，全球教育需迈向全纳、公平、有质量的教育和终身学习。

如何为大众提供多元化、普适性的数字技术教程，形成方式更灵活、资源更丰富、学习更便捷的终身学习推进机制？如何提升全民的数字素养和 ICT 从业者的数字能力？这些已成为社会关注的重点。

作为全球 ICT 领域的领导者，华为积极构建良性的 ICT 人才生态，将多年来在 ICT 行业中积累的经验、技术、人才培养标准贡献出来，联合教育主管部门、高等院校、教育机构和合作伙伴等各方生态角色，通过建设人才联盟、融入人才标准、提升人才能力、传播人才价值，构建教师与学生人才生态、终身教育人才生态、行业从业者人才生态，加速数字化人才培养，持续推进数字包容，实现技术普惠，缩小数字鸿沟。

为满足公众终身学习、提升数字化技能的需求，华为推出了“华为职业认证”，这是围绕“云-管-端”协同的新 ICT 架构打造的覆盖 ICT 领域、符合 ICT 融合发展趋势的人才培养体系和认证标准。目前，华为职业认证内容已融入全国计算机等级考试。

教材是教学内容的主要载体、人才培养的重要保障，华为汇聚技术专家、高校教师、培训名师等，倾心打造“华为 ICT 认证系列丛书”，丛书内容匹配华为相关技术方向认证考试大纲，涵盖云、大数据、5G 等前沿技术方向；包含大量基于真实工作场景的行业案例和实操案例，注重动手能力和实际问题解决能力的培养，实操性强；巧妙串联各知识点，并按照由浅入深的顺序进行知识扩充，使读者思路清晰地掌握知识；配备丰富的学习资源，如 PPT 课件、练习题等，便于读者学习，巩固提升。

在丛书编写过程中，编委会成员、作者、出版社付出了大量心血和智慧，对此表示诚挚的敬意和感谢！

千里之行，始于足下，行胜于言，行而致远。让我们一起从“华为 ICT 认证系列丛书”出发，探索日新月异的信息与通信技术，乘“数”破浪，奔赴前景广阔的美好未来！

前 言

在信息化时代，服务器操作系统的作用日益凸显，尤其是开源操作系统因其灵活性、可定制性和强大的社区支持而受到广泛青睐。openEuler 操作系统，作为一个新兴的开源 Linux 发行版本，凭借其卓越的性能、安全性和创新性，正在迅速成为企业和开发者的首选。为了满足市场对 openEuler 专业知识的需求，我们编写了本书。

目前市场上关于 Linux 的图书很多，主要是与 CentOS、Ubuntu、RedHat 等传统 Linux 发行版本相关的，国产化的发行版本 Linux 相关图书较少。大专院校教材中的 Linux 图书偏理论，缺少对实际应用服务场景的讲解，在对初级人才的要求不断提高的背景下，其明显不能满足社会需要。

本书的定位为大学教育中 Linux 课程的信创方向平替教材。全书基于国产化 Linux 操作系统 openEuler，以构建 Linux 应用程序服务器为目标，讲述开源国产化生态，Linux 服务器系统的基本操作和日常管理，包括基本命令、进程和服务、文件系统和存储、虚拟化、网络和安全、日志管理和 Shell 脚本及文件共享服务。读者通过对本书的学习，除了能进行信创方向国产 openEuler 系统的服务器管理维护，还能快速掌握其他 Linux 发行版本的管理操作。

本书由资深的企业系统管理员编写，他们将丰富的实践经验和深入的技术分析结合起来，旨在为读者提供一本全面、实用、易于理解的 openEuler 操作系统指南。无论读者是 IT 行业的专业人士，还是对 Linux 系统抱有浓厚兴趣的技术爱好者，这本书都将是不可或缺的学习伴侣。

本书从最基础的概念讲起，逐步深入系统管理、安全配置、网络管理等高级应用，涵盖 openEuler 操作系统的安装、配置、优化和故障排除等各个层面。我们力求用简明扼要的语言，结合丰富的示例和实战案例，将复杂的技术问题浅显易懂地呈现给读者。

在编写过程中，我们尤其注重实用性和可操作性，许多章都设有实践操作，引导读者在真实环境中亲手实验所学知识。我们坚信，通过动手实践，读者能够更深刻地理解和掌握 openEuler 操作系统的使用技巧和管理方法。

我们深知技术的发展日新月异，但基本原理和最佳实践的价值是恒久不变的。因此，本书同样重视理论知识的讲解和技能的培养，希望读者在掌握具体技术的同时，也能够理解背后的原理，提升解决问题和自我学习的能力。

最后，我们诚挚地希望本书能够成为读者学习和使用 openEuler 操作系统的良师益友。我们也期待这本书能够激发更多对开源技术有兴趣的朋友加入 openEuler 社区，共同推动开源事业的发展。在技术的世界里，学习永远不会停止，让我们一起扬帆起航，向着更广阔的知识海洋进发。

由于编者水平有限，书中难免有疏漏之处，恳请读者批评指正。

本书配套资源可通过扫描封底的“信通社区”二维码，回复数字“66013”获取。

关于华为认证的更多精彩内容，请扫描进入华为人才在线官网了解。

华为人才在线

目 录

第 1 章 openEuler 操作系统入门

主要内容

1.1　服务器操作系统和 Linux

1.2　初识 openEuler 操作系统

1.3　openEuler 系统的基本使用方法

1.4　习题

在当今数字化时代，操作系统作为计算系统的核心软件，发挥着无可替代的作用。它连接着硬件和应用程序，为用户提供稳定高效的计算服务环境。其中 Linux 操作系统因其优越的稳定性，执行高效，配置简单，具有极高的安全性，并且开放和免费，是服务器操作系统的极佳选择。Linux 操作系统自问世以来，已经派生出诸多发行版本，在各个行业发挥着重要的作用。

华为开源社区的 openEuler 操作系统也是基于 Linux 核心构建的开源通用操作系统，旨在满足企业用户的各种需求。它秉承开源、协作和创新的精神，由一群开发者携手合作打造而成。与其他操作系统相比，openEuler 操作系统拥有许多独特的优势，例如高稳定性、高安全性、可定制性强等。其作为一款国产化操作系统，在符合国家政策的前提下，必将成为国内企业用户的理想选择。

作为一款 Linux 操作系统的发行版本，其系统原理、结构和操作方式与众多 Linux 发行版本基本相同。学习掌握 openEuler 操作系统的使用，也将同时具备其他 Linux 发行版本的使用能力。

本章对 openEuler 操作系统整体进行初步介绍。在 1.1 节中，我们将讨论什么是服务器操作系统和它在企业中的重要性，还将对 Linux 操作系统进行简要介绍，包括其特点、优势和广泛应用的原因，理解这些基本概念将有助于读者更好地理解 openEuler 操作系统的定位和优势。在 1.2 节中，我们将对 openEuler 操作系统和它的开源生态进行介绍，了解 openEuler 操作系统的开源特点有助于读者理解其灵活性和自主可控的重要性，并掌握 openEuler 操作系统的安装方式。在 1.3 节中，我们重点介绍 openEuler 操作系统常用的基本操作方式，通过学习这些内容，读者可以快速上手并熟练使用 openEuler 操作系统。

1.1 服务器操作系统和 Linux

1.1.1 操作系统的起源和原理

操作系统（OS）的起源可以追溯到计算机发明之初。早在 20 世纪 40 年代，世界上第一台通用电子计算机 ENIAC（电子数字积分计算机）的诞生标志着现代计算机时代的到来。当时的计算机由一些开关、集成电路、运算器、控制器等硬件组件组成，还没有操作系统这个概念。人们需要手动插入电线和输入程序来控制计算机的运行，这种方式不仅烦琐而且容易出错。因此，为了简化操作，人们开始研究开发一种能够自动管理计算机软硬件资源的系统。

20 世纪 50 年代初，人们开始考虑将操作系统作为一个独立的软件系统来实现。其中，最早的操作系统之一是由曼彻斯特大学的威廉姆斯和基尔伯恩领导开发的 Manchester Mark 1 操作系统。这个系统能够实现自动处理程序的装载、响应中断、控制输入/输出等基本功能，是现代操作系统发展的里程碑之一。

后来，IBM 公司开发的 OS/360 系统和 AT&T 公司的 UNIX 系统进一步推动了操作系统的发展。20 世纪 80 年代，微软公司开发了 MS-DOS 操作系统，随后又推出了 Windows

系统，有效推动了个人计算机的普及。

1. 操作系统存在的意义

操作系统是计算机硬件设备的直接控制者，操作系统在计算机系统中所处的层次位置如图 1-1 所示。操作系统是上层程序和硬件沟通的桥梁，任何其他软件都必须在操作系统的支持下运行。在硬件设备多样性极高的今天，这大大提高了上层软件的开发和运行效率。操作系统对系统所有的资源进行控制管理，例如管理和配置内存，决定资源供需的优先次序，也包括上层软件本身和计算机的文件系统等。

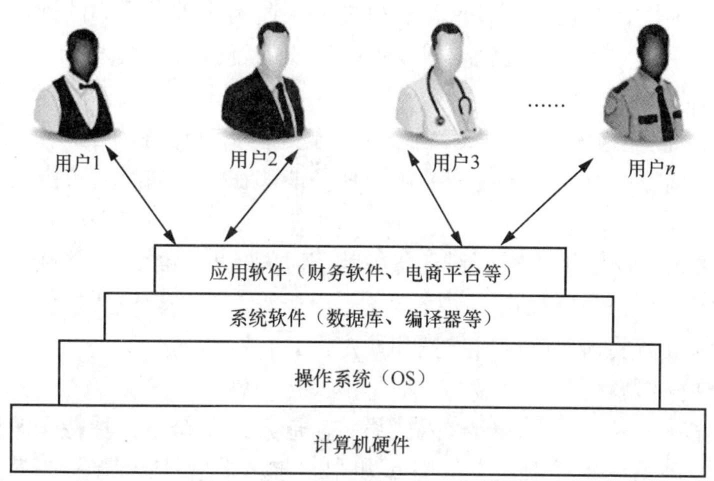

图 1-1 操作系统在计算机系统中所处的层次位置

2. 操作系统的分类

计算机系统具有多样性特点，不同的系统所处环境所要求的工作方式和工作目标区别很大。按应用领域和特点，操作系统被划分为批处理操作系统、分时操作系统、实时操作系统 3 种基本类型。随着计算机体系的发展，又出现了嵌入式操作系统、网络操作系统、分布式操作系统。各种操作系统的特征如下。

（1）批处理操作系统

批处理操作系统是早期计算机操作系统的一种，旨在简化用户与计算机的交互方式。批处理操作系统通常没有像现代桌面操作系统那样的图形用户界面（GUI），用户使用简单的命令行来控制计算机执行特定任务。用户可以编写一系列命令并存储在批处理文件中，这些命令可以被一次性执行。IBM 公司开发的 OS/360 系统是其中非常著名的一个，它可以处理大量任务且具有较高的可靠性。

批处理操作系统的主要限制是用户无法在计算机上运行多个任务，每次只能提交一个任务并等待其完成。这导致计算机资源利用率低下。同时，缺乏图形界面和人性化的交互方式，使批处理操作系统对普通用户而言不太友好。

一些特定设备仍然使用批处理操作系统。这些设备通常要求操作系统可靠性高、实时性强，不需要复杂的图形界面和交互式功能，批处理操作系统正好能够满足这些需求。

（2）分时操作系统

分时操作系统是一种支持多用户同时使用计算机的操作系统。它的主要作用是使计算机资源同时被多个用户共享，提高资源的利用率，实现交互式计算。我们日常所使用的计算机系统（例如 Windows 和 macOS）大部分都属于分时操作系统。

分时操作系统是在 20 世纪 60 年代末、70 年代初发展起来的。最初的分时系统可以让多个用户在同一台计算机上同时工作。每个用户都有一个独立的终端来操作计算机，并且每个用户都可以共享计算机资源。分时系统可以感知每个用户的操作并在用户之间即时切换，这使用户可以使用一台计算机来完成各种不同的任务，提高了计算机资源的利用效率。

分时操作系统也是多任务操作系统的一种，但与批处理操作系统不同，它的特点是支持多用户同时使用计算机，并且使计算机能够快速响应每个用户的操作。分时操作系统通常需要管理用户的登录和注销，以及不同用户的资源访问权限。

（3）实时操作系统

实时操作系统（RTOS）是一种专门设计用于处理实时任务的操作系统。与通常的计算机操作系统不同，实时操作系统需要确保任务能够在特定的时间范围内得到及时处理和响应。

实时操作系统广泛应用于需要对任务的响应时间或时间约束有严格要求的领域，例如航空航天、汽车、工业自动化、医疗设备、电信等。这些领域要求任务能够在特定的时间内完成，并且需要确保高度可靠性和稳定性。

（4）嵌入式操作系统

嵌入式操作系统专门设计用于嵌入式系统。嵌入式系统是一种特殊的计算机系统，通常作为一种控制系统来控制某些设备或机器。嵌入式操作系统需要满足嵌入式系统的特殊需求，例如可以在有限的硬件资源下运行，对实时性、可靠性、安全性等要求较高。

嵌入式操作系统通常被用于控制系统、医疗设备、车载电子等嵌入式设备，需要满足实时性、可靠性、安全性等特殊需求，并具有特定的功能和优势。

（5）网络操作系统

网络操作系统是一种专门用于管理和协调网络通信的操作系统，是网络基础设施的核心组成部分。它提供了一系列网络服务和功能，用于支持网络上的数据传输、资源共享、安全管理、网络管理等操作。

网络操作系统的设计目标是提供高效稳定的网络通信，同时满足网络安全性和管理上的需求。网络操作系统通常用于服务器、路由器、交换机等网络设备，用于管理和控制这些设备的网络功能。

（6）分布式操作系统

分布式操作系统是一种多处理器系统，它由多个独立的处理器/计算机组成，并且这些处理器/计算机之间通过网络进行通信和协调。分布式操作系统的主要目标是实现计算机资源的共享和协同工作，提高系统的性能和可扩展性。

与传统的单机操作系统不同，分布式操作系统中的多个处理器/计算机之间可以独立地运行不同的任务和服务，并且可以共享数据和文件。分布式操作系统在设计时需要考虑通信协议、任务分配、负载均衡、故障恢复、安全性等因素。常见的分布式操作系统有 Windows Server，华为公司开发的鸿蒙操作系统（HarmonyOS）也属于分布式操作系统。

今天，操作系统已经成为计算机系统中不可或缺的一部分，不论是传统的桌面操作系统，还是各种服务器操作系统，都扮演着重要的角色。随着计算机技术的不断发展，操作系统也在不断演进，为人们的生活和工作提供更加便捷和高效的服务。

1.1.2　服务器操作系统和个人操作系统的区别

操作系统按其使用场景不同，又可以分为服务器操作系统和个人操作系统，从名称上可以区分出它们的主要区别是工作场景不同。

个人操作系统：为单个用户设计的操作系统，通常安装在个人计算机或其他个人设备上。个人操作系统的目标是为用户提供一个友好的用户界面及其所需的一切功能来执行常规的计算任务，例如，文本编辑、上网、播放多媒体内容、运行各种软件应用程序等。

目前，常见的个人操作系统有 Windows（非 Server 版本）、macOS、Linux 发行版本等。其中 Linux 发行版本因为其配置灵活，经常也被配置为满足服务器运行场景的服务器操作系统使用；而 Windows 在服务器应用场景时，需要使用特定的 Server 版本来满足服务场景下的绝大多数功能需求。

服务器操作系统：用于在服务器硬件上运行，并提供各种网络服务和管理功能的操作系统。与个人操作系统相比，服务器操作系统对安全性、稳定性、多用户管理、网络连接和资源管理等方面有更高的要求，因为它们是企业和互联网服务的关键支撑。服务器操作系统往往具备以下主要特点。

① **多用户和多任务**：服务器操作系统支持多个用户同时访问并执行多个任务，它通过高效管理内存、处理器和存储资源来实现。

② **稳定性和可靠性**：服务器通常需要长时间不间断运行，服务器操作系统因此被设计得能够处理高负载和各种运行状况，以尽量减少系统崩溃的可能。

③ **安全性**：强化安全措施是服务器操作系统的重要特性，包括访问控制、加密、防火墙、入侵检测、防止恶意软件等安全机制。

④ **网络服务**：服务器操作系统提供各种网络服务，例如文件传输（FTP）、网页服务（HTTP/HTTPS）、邮件服务（SMTP、IMAP、POP3）、名字解析（DNS）等。

⑤ **数据冗余和备份**：服务器操作系统通常集成了数据备份和恢复工具，以保护企业关键数据不受硬件故障或其他问题的影响。

⑥ **性能监测和日志记录**：服务器操作系统提供了性能监控工具和综合性的日志记录功能，帮助管理员监控服务器运行状态和调试时回溯问题。

⑦ **硬件支持**：为了提供高效的服务，服务器操作系统支持多处理器、大容量内存、多硬盘等硬件。

服务器操作系统的主要应用场景不是人机交互，所以其界面一般比较简单，甚至使用简陋的命令行进行日常交互，将所有的资源都最大程度地提供给服务项，本书的主要内容是 Linux 发行版本的 openEuler 操作系统在服务器应用场景中的配置和使用。

1.1.3　Linux 操作系统的起源与发展

Linux 操作系统最初是被设计用作个人操作系统的，但是因为其优越的稳定性，执行高效，配置简单，具有极高的安全特性，并且开放和免费，目前已成为服务器操作系统的最佳选择之一。

1. 起源

Linux 操作系统的起源可以追溯到 1991 年，当时芬兰赫尔辛基大学的学生林纳斯•托瓦兹开始了一个自己的项目，该项目的目标是创建一个全新的免费和开源的操作系统内核。最初，托瓦兹将它命名为“Freax”，但后来该项目被命名为“Linux”，表示 Linus 的 UNIX。

Linux 操作系统的发展受到了 1983 年由理查德 • 斯托曼发起的 GNU 项目的影响。GNU 项目的目标是创建一个完全自由的 UNIX 兼容操作系统，该项目提供了很多基本的系统软件，但一直缺一个核心组成部分——操作系统内核。托瓦兹创建的 Linux 操作系统的内核填补了这个空缺。

1991 年 10 月 5 日，托瓦兹发布了这个项目的第一个官方版本——Linux version 0.02。随后，这个新内核被迅速采纳并由全球的程序员和用户群体进行改进。因为它是免费和开源的，所以很多开发者参与其中，增加新功能、驱动支持和性能优化。

由于 GNU 项目提供了大量的标准工具和库，Linux 内核与 GNU 软件结合在一起形成了一个完整的操作系统。这种结合通常被称为“GNU/Linux”，人们在日常语境中常常简称其为“Linux”。

Linux 操作系统的可定制性、开放性和强大的社区支持使其成为理想的服务器和个人计算机操作系统。它的许多变体（被称为发行版，例如 Ubuntu、Fedora、Debian、CentOS 和 Arch Linux 等）在 IT 行业和爱好者中广为流行。此外，Linux 操作系统也是 Android 操作系统核心组成部分的基础，这使它成为全球使用最广泛的操作系统内核之一。

2. 发展

Linux 操作系统从最初发展至今，已经成为全球比较受欢迎的操作系统之一，尤其在服务器、超级计算机和嵌入式系统的领域占据主导地位。它在个人用户和开发者社区中也有着广泛的应用。以下是 Linux 操作系统发展历程中的一些关键点。

（1）各种发行版的诞生

自 Linux 操作系统 1991 年诞生以来，围绕 Linux 内核，针对不同的用户群体和用途，出现了各种各样的 Linux 发行版本。Linux 操作系统的主要发行版本如图 1-2 所示。每个发行版都包括 Linux 内核、一套软件和管理工具，是一个完整的操作系统。主要的 Linux 操作系统发行版包括 RHEL、CentOS、Debian、Ubuntu、Fedora、SLES 和 Arch Linux 等。

图 1-2 Linux 操作系统的主要发行版本

（2）桌面环境的完善

促使 Linux 操作系统成为一个合适的个人计算机操作系统的因素之一是各种桌面环境（例如 GNOME、KDE Plasma、XFCE、LXDE 和 MATE）的发展。这些桌面环境向用户提供了友好的图形界面，类似于 Windows 和 macOS。

（3）开源社区的发展

Linux 操作系统的强大很大程度上归功于全球范围内的开源社区的贡献。来自各地的开发者持续改进核心 Linux 内核，同时创造无数的软件应用，让 Linux 操作系统变得更加强大和灵活。

（4）商业支持的增强

随着 Linux 操作系统在企业环境中的应用日益增加，许多公司开始提供商业支持，例如 RedHat 和 SUSE 等。这些公司通过销售企业级的 Linux 解决方案和提供专业支持来获得收入。

（5）嵌入式系统和移动计算

Linux 操作系统也在嵌入式系统中取得了巨大成功，特别是随着 Android 操作系统的推出。Android 基于 Linux 内核，是世界上非常流行的移动操作系统。

（6）云计算和虚拟化

Linux 操作系统是云计算和服务器虚拟化领域的主导操作系统。许多受欢迎的云平台和服务（例如 Amazon AWS、Google Cloud Platform 和 Microsoft Azure）都广泛使用 Linux 服务器。

（7）超级计算

在超级计算机领域，Linux 操作系统占据主流。全球最快的超级计算机绝大多数都是运行在 Linux 上或者基于 Linux 操作系统。

（8）互联网和网络服务

Linux 操作系统因其稳定性和安全性，成为许多互联网企业和网络服务的首选操作系统。

随着时间的推移，Linux 操作系统继续展现出多样性和适应能力，不仅保持在技术前沿，而且在全球 IT 基础设施中处于核心地位。预计 Linux 会继续主导新兴领域，例如物联网（IoT）和人工智能（AI）。

1.1.4　Linux 内核和发行版本

1．Linux 内核

Linux 内核是 Linux 操作系统的核心部分，由林纳斯·托瓦兹及其团队于 1991 年首次发布。它是负责管理系统硬件资源、提供程序运行时的核心系统服务的最基本组成部分。内核控制着中央处理器（CPU）、内存管理、文件系统、设备驱动程序、网络功能等底层操作。内核自身并不提供用户界面或应用程序，它只提供应用程序和硬件之间的接口。

Linux 内核以其模块化而闻名，这意味着用户可以根据需要加载或卸载功能模块。这种架构使 Linux 内核非常灵活，并且可以在极为多样化的计算环境中运行，例如嵌入式设备、智能手机（Android 是基于 Linux 内核的）、桌面计算机、大型服务器和超级计算机。

Linux 内核版本号：Linux 内核的版本标识，用来识别特定版本的内核和该内核的变化、改进。内核版本号遵循一个特定的格式：主版本号.次版本号.修订号。Linux 目前的版本可以在官网上查看，Linux 内核版本如图 1-3 所示。

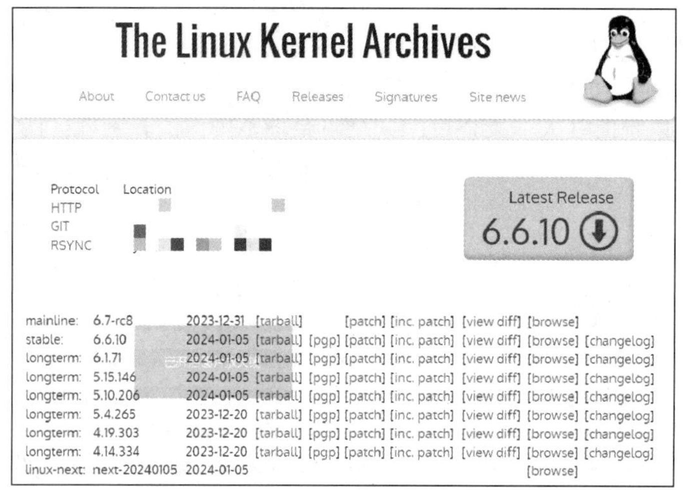

图 1-3 Linux 内核版本

例如，Linux 内核版本号为 6.6.10，其中参数说明如下。

① 主版本号是 6，表示这是内核的第 6 个主要版本。主版本号的变化通常意味着有重大的变革和功能改进。

② 次版本号是 6，表示这是主版本号下的第 6 个次要版本。次版本号的变化通常意味着有新的功能添加和改进，通常次版本号为偶数时代表该版本是稳定版本，次版本号为奇数时代表该版本是开发中的测试版本。

③ 修订号是 10，表示这个版本的内核是第 10 个修订版。修订号的变化通常意味着有漏洞修复和错误修正。

Linux 内核版本号的具体形式和约定可能会稍有不同，不同的 Linux 发行版本可能会有自己的版本号命名规则。此外，还有一些特殊的额外标记，例如稳定版本的后缀（如 5.10.15-stable），或者用于特定用途的自定义版本号。

需要注意的是，Linux 内核版本号不同于 Linux 发行版本的版本号。发行版可以选择在特定的 Linux 内核版本上构建，并加入不同的软件包、配置和工具，成为一个完整的操作系统。因此，在一个 Linux 发行版本中可能会有不同版本的内核可用，用户可以根据自己的需要选择合适的版本。

2. Linux 发行版本

Linux 发行版本是以 Linux 内核为基础，配以一套特定的软件包、应用程序、图形化界面（GUI）、管理工具和安装程序组成的操作系统。Linux 发行版本通常由个人、社区或公司进行打包和维护，旨在为特定的用户群或应用场景提供定制化的操作系统，需要注意的是，发行版本的 Linux 不一定是免费版本。

Linux 发行版本的制作者会选择不同的软件包管理系统（例如 APT、RPM、Pacman 等），包含软件集合（包括桌面环境、办公软件、多媒体播放器等）、定制的用户界面和默认的系统配置，以满足用户需求。各种 Linux 发行版本也可能有不同的更新机制和稳定性标准，以及对硬件和软件支持的侧重点。Linux 发行版本目前主要分为 Debian、RedHat、Slackware 三大家族，每个发行家族下又有多个发行版本。Linux 发行版本之间的关系如图 1-4 所示。

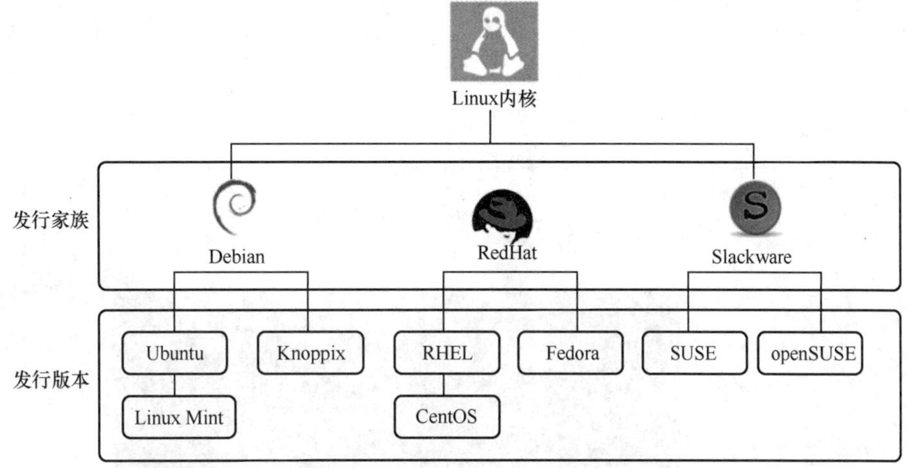

图 1-4　Linux 发行版本之间的关系

不同发行家族的 Linux 在使用的软件包管理系统、默认安装配置、应用定位上有所区别。每个发行家族中都有非常具有代表性的 Linux 发行版本。例如，Ubuntu 通过其易用的安装程序和友好的桌面环境，致力于提供用户友好的体验；Debian 则以其强大的软件包管理和稳定性著称；Fedora 发行版较为先进，引入最新的软件和特性，但可能不如 CentOS 或 RHEL 稳定。这些 Linux 发行版本专为企业环境设计，强调长期支持和稳定运行。

简而言之，Linux 内核是所有 Linux 发行版本的共同基础，而每个 Linux 发行版本将这个共同基础转化为特定用途的操作系统。用户可以根据自己的需求选择或者定制适合自己的 Linux 发行版本。openEuler 操作系统属于 RedHat 发行家族，问世较晚。

1.2　初识 openEuler 操作系统

1.2.1　openEuler 操作系统和开源生态

openEuler 是国内华为公司主导的开源 Linux 操作系统，属于开源和社区维护的 Linux 发行版本。openEuler 操作系统于 2010 年立项，已有十余年的技术积累，广泛用于华为内部产品配套。

开源性：为促进多样性计算产业发展和生态建设，华为公司对服务器领域的技术积累进行开源，openEuler 操作系统已经于 2019 年被免费捐赠给开放原子开源基金会，实现了完全开源，用户可以自由地使用、修改、分发和分享软件，不用支付任何费用。开源的软件也鼓励用户参与进来，共同推动软件的发展和改进。

社区维护版本：openEuler 是一个社区版本的 Linux 发行版本。openEuler 的开发和维护由华为主导，依托于一个开放的社区和社区驱动的开发模式。虽然 openEuler 由华为牵头，但它的设计、开发和改进由广泛的社区成员提供贡献和参与。

用户可以通过访问 openEuler 开源社区，参与贡献代码、提交补丁、与全球开发者讨论和共享资源。openEuler 开源社区如图 1-5 所示。openEuler 开源社区也积极鼓励用户参与，提供用户支持和合作交流的渠道。用户可以通过社区论坛、邮件列表、社交媒体等方式获取帮助、分享使用经验，并参与 openEuler 操作系统的改进和反馈。

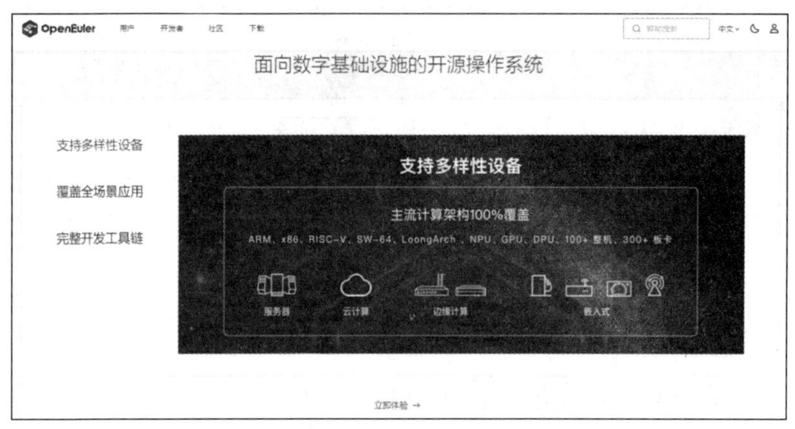

图 1-5　openEuler 开源社区

openEuler 开源生态：在技术和商业领域，生态系统通常指的是一个由不同的组织、企业、开发者和用户组成的生态网络。这个网络中的各个参与方通过共同协作、共享资源和信息而相互连接和相互影响，形成一个相互依存和互利的系统。一个健康的生态系统可以带来创新、发展和持续增长的机会。openEuler 的开源生态非常丰富，主要体现在以下方面。

高度开放的社区：openEuler 开源社区很开放，除了官方网站，还有邮件讨论、社区论坛、码云仓库和社区贡献者的共享资源等不同的平台，方便社区开发者或用户参与讨论和贡献代码。

丰富的软件仓库：openEuler 提供了多个软件仓库可供选择，例如标准软件仓库、分支软件仓库、开发者仓库、镜像站等。社区用户和开发者可以自由选择并使用这些仓库，下载或上传任何软件包。

多种应用开发框架：openEuler 提供了多种应用程序开发框架，例如 Go 语言、Rust、Python 等，开发者可以根据自己的偏好选择开发框架。

丰富的容器和虚拟化组件：openEuler 特别注重容器和虚拟化领域，在 Docker、Kubernetes、OpenStack 等容器和虚拟化组件方面提供了一系列优秀的开源解决方案。

多硬件平台、多架构支持：openEuler 支持多种硬件平台和架构，为软件开发者提供了更灵活、可扩展的开发和测试环境。

openEuler 操作系统为社区发行版本，操作系统的源代码和安装镜像都可以在 openEuler 社区上下载。openEuler 操作系统发布了 2 种社区版本：长期支持版本和社区创新版本。openEuler 社区提供不同版本的下载入口，如图 1-6 所示。

长期支持版本：该版本被设计为面向企业客户，提供为期 10 年的长期支持。其稳定性和可靠性得到重视，同时也拥有全面的安全和性能优化。长期支持版本每个月会维护一个稳定的版本，并按期发布相应的更新。长期版本的版本号后面带有长期支持（LTS）标识。openEuler 的第一个长期支持版本是 openEuler 20.03 LTS。

社区创新版本：该版本每半年发布一次，针对开发者和技术爱好者，提供最新的功能和开放的技术实验。社区创新版本提供了一个平台，使开发者和用户可以共同参与和创新。社区创新版本有助于推进 openEuler 操作系统的演变和最终版本的改进。社区创新版本的第一个版本是 openEuler 20.09。

openEuler 也存在商业发行版，这是由第三方合作伙伴基于 openEuler 进行开发和定制的版本，这也是 openEuler 开放生态所带来的好处。商业发行版可能会添加额外的功能、支持和服务，并提供专业的技术支持和解决方案，以满足企业用户的需求。

根据合作伙伴和版本的不同，商业发行版可能会向用户收取费用。费用的具体情况取决于合作伙伴的策略和服务范围。因此，如果用户需要使用商业发行版或者获得相关支持和服务，可能需要联系合作伙伴了解详细的收费信息。

但需要注意的是，openEuler 的核心操作系统仍然是免费的开源软件，用户可以自由选择是否使用商业发行版。

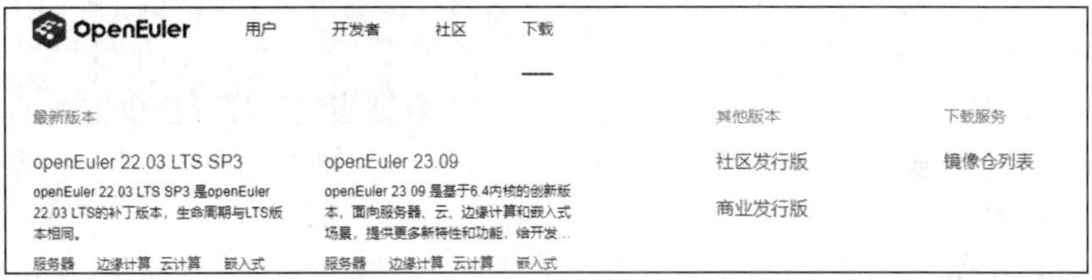

图 1-6　openEuler 社区提供不同版本的下载入口

1.2.2　openEuler 操作系统的介绍

openEuler 是一个开源操作系统，具有许多独特的技术特征和优势。下面是对 openEuler 操作系统的全面介绍，包括其技术特征和典型场景解决方案。

1. openEuler 的技术特征

安全性和可信度：openEuler 致力于提供高度安全和可信的操作系统。它采用了多重安全机制，例如核心驱动程序完整性检查、堆栈保护等，以确保系统的安全性和完整性。此外，openEuler 操作系统还提供了可信编译环境和可信软件源，以提高系统的可信度和抵御恶意软件的风险。

面向企业的特性：openEuler 操作系统注重企业用户的需求和场景，并提供了一系列针对企业环境的特性和功能。例如，支持大规模部署和管理、企业级容器解决方案、高可靠性和高性能的服务器应用等。

多样化的软件包选择：openEuler 操作系统提供了丰富的软件包，包括各种桌面环境、开发工具、服务器应用等。用户可以根据自己的需求和偏好选择适合自己的软件包。

开放的社区和协作：openEuler 有一个开放的社区，鼓励开发者和用户参与其中。开发者可以贡献代码、提交补丁、参与讨论，用户可以提供反馈、分享使用经验。这种社区模式促进了 openEuler 操作系统的创新和发展。

多架构支持：openEuler 操作系统支持多种硬件架构，例如 x86、ARM、POWER、MIPS 和 RISC-V 等。这使 openEuler 操作系统可以适用于不同的硬件平台和领域。例如，支持华为全国产鲲鹏系列的多种处理器，可以无缝使用鲲鹏处理器的各种特有的内置加速库和加密解密引擎，充分释放计算芯片的潜能。

容器化支持：openEuler 操作系统集成了容器化技术，例如 iSula 容器管理器和 Docker 等，方便构建、运行和管理容器化应用程序。

全新的软件堆栈：openEuler 操作系统拥有全新的软件堆栈，例如 Kunpeng Computing 组件、A-Tune 调优工具、Mishka 数据库和 HarmonyOS 等，满足不同场景的需求。

2. openEuler 的典型场景解决方案

容器化应用程序和云原生环境：openEuler 操作系统在数据中心中广泛使用，可以用于构建、运行和管理容器化应用程序，例如微服务架构和云原生应用程序。

云计算和虚拟化环境：openEuler 操作系统支持多种云计算场景，例如公有云、混合云和私有云。openEuler 操作系统支持 OpenStack 和 KVM 等多种云计算技术，并提供强大的容器化支持。

边缘计算：openEuler 操作系统支持边缘计算场景，提供完整的边缘计算解决方案。openEuler 操作系统提供灵活的体系结构支持，支持在各种设备上运行，例如小型服务器、工业设备和智能边缘设备。

AI 和大数据：openEuler 操作系统支持 AI 和大数据应用程序，提供强大的计算和存储支持。openEuler 操作系统提供对 Hadoop、Spark、TensorFlow 和 PyTorch 等的支持，可以构建和管理大规模数据处理与机器学习应用程序。

由 openEuler 操作系统联系起来的全自主计算产业架构如图 1-7 所示。其中包括华为国产化的鲲鹏系列计算芯片，以及由这些芯片构建的华为国产泰山服务器所构建的硬件基座，openEuler 操作系统在其之上承载了其他相关的国产中间件和应用程序的部署，使各行业实现了全国产化的计算服务能力，由此可以看出 openEuler 操作系统在计算产业未来发展中所处的重要地位。

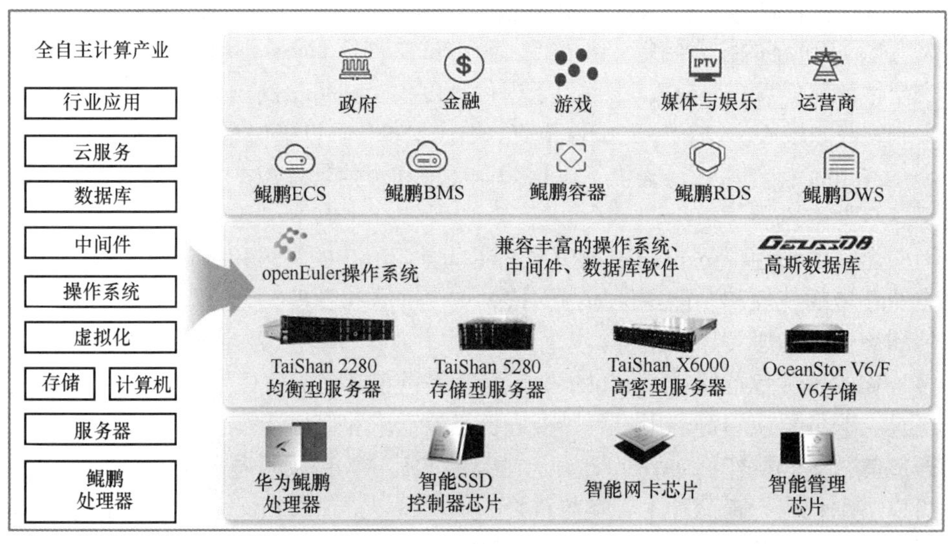

图 1-7 由 openEuler 操作系统联系起来的全自主计算产业架构

1.2.3　openEuler 操作系统的安装指南

为满足后续的学习需要，我们需要有一台安装有 openEuler 操作系统的计算机，实体机安装、云服务器安装都需要一定的成本且不够灵活。这里我们将使用 VMware 虚拟机安装 openEuler 操作系统来满足后续的学习需要，绝大多数情况下，虚拟机系统的操作和实际环境下的操作是相同的。

1．安装 VMware 并创建虚拟机环境

在命令行交互中，Linux 操作系统使用 Shell 作为命令行交互的工具，并进行命令的解释执行。目前，Linux 操作系统中普遍使用 Bash（Shell 的一种）作为解释器，openEuler 操作系统也不例外。

在官网下载 VMware 虚拟机软件，注意适配自己的本机操作系统。我们将通过 VMware 在自己的计算机中虚拟出多台具有独立系统的计算机平台。下载完成后根据提示完成安装，可能需要重启计算机系统。部分计算机可能需要通过基本输入/输出系统（BIOS）开启虚拟化支持，因不同品牌的计算机和主板有所差异，请自行搜索解决。虚拟机软件的使用不是本书的重点，按以下步骤操作即可。

步骤 1：启动 VMware 软件，并创建一台空白的虚拟机。创建新的虚拟机如图 1-8 所示。

图 1-8　创建新的虚拟机

步骤 2：选择自定义配置创建。自定义创建如图 1-9 所示。

步骤 3：兼容性选择默认即可，这里有虚拟机迁移时适配其他旧版本的虚拟机程序。兼容性选择如图 1-10 所示。

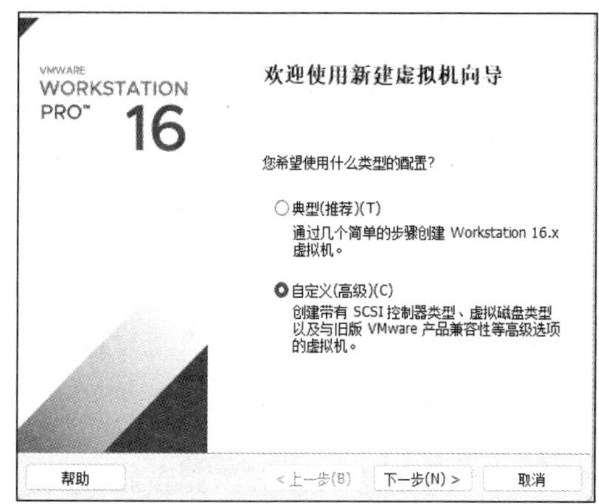

图 1-9　自定义创建

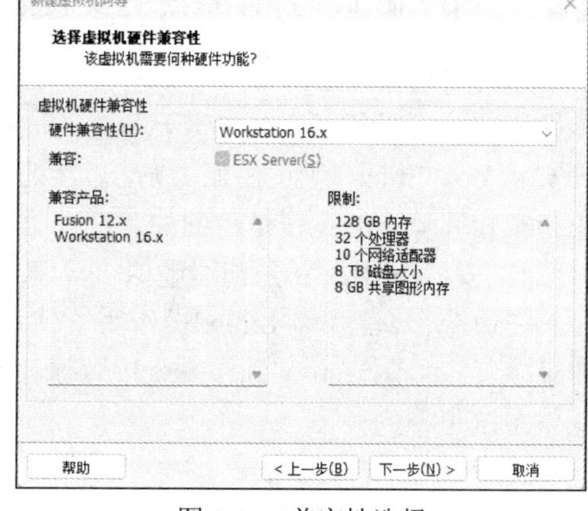

图 1-10　兼容性选择

步骤 4：选择“稍后安装操作系统”，以防止虚拟机按默认参数自动进行系统安装，仅创建一台空白的裸机。选择“稍后安装操作系统”，如图 1-11 所示。

步骤 5：选择适配的操作系统。openEuler 操作系统作为较新的系统，未被包含在 VMware 的支持列表中，选择 CentOS 8 64 位可以获得相同的支持结果。选择 CentOS 8 64 位客户机系统如图 1-12 所示。

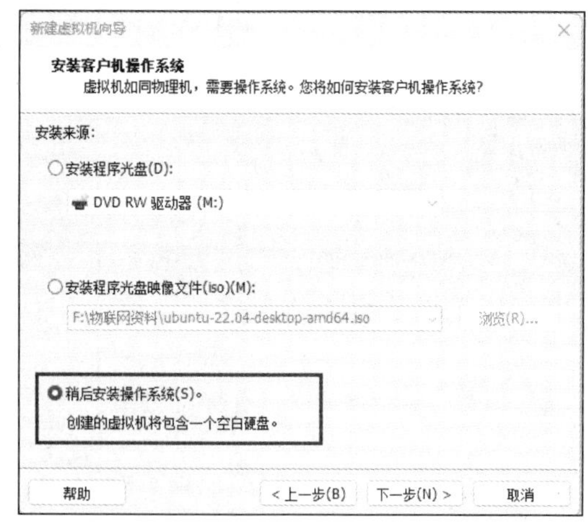

图 1-11　选择“稍后安装操作系统”

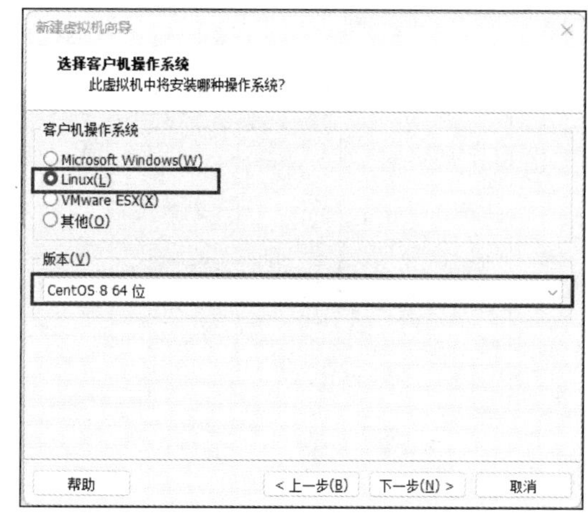

图 1-12　选择 CentOS 8 64 位客户机系统

步骤 6：为虚拟机命名一个容易识别的名称，例如 openEuler，并选择本机中存储空间足够大的文件目录来保存虚拟机的文件。命名和保存虚拟机，如图 1-13 所示。

步骤 7：选择合适的虚拟机处理器数量，内核数量乘以处理器数量的总数不能大于运行虚拟机的真实计算机的逻辑处理器数量，需根据实际情况选择。选择处理器内核数量如图 1-14 所示。

本地计算机可用键盘上的“Ctrl+Shift+Esc”组合键快速打开任务管理器，切换到“性能”选项卡。在“CPU”部分，可以看到逻辑处理器的数量。查看本地计算机逻辑处理器数量如图 1-15 所示。

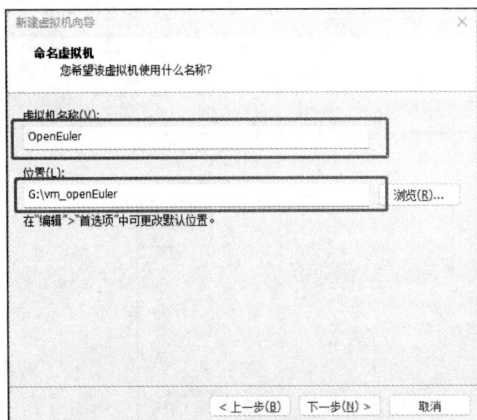

图 1-13　命名和保存虚拟机

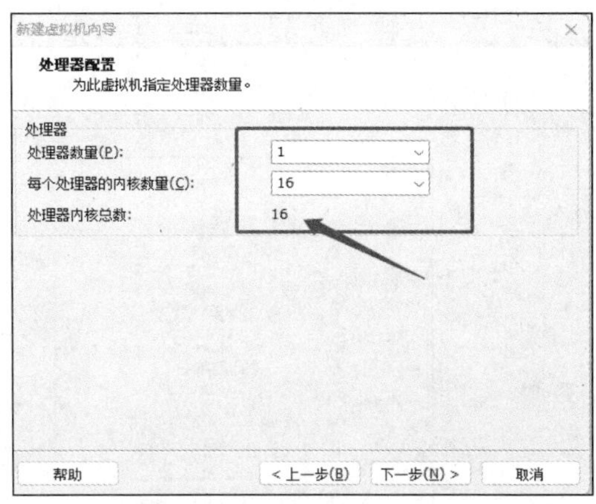

图 1-14　选择处理器内核数量

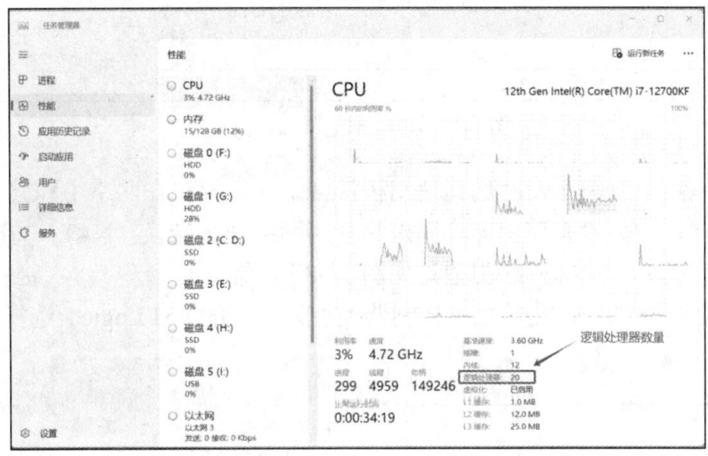

图 1-15　查看本地计算机逻辑处理器数量

步骤 8：选择合适的虚拟机内存大小。界面中给出了最低、推荐、最大的内存建议值，建议大于 2 GB 且不能超过运行虚拟机的计算机的实际内存。实际上，为保证本地计算机的正常运行，建议虚拟机内存不能超过平常空闲内存的 80%。配置虚拟机内存如图 1-16 所示。

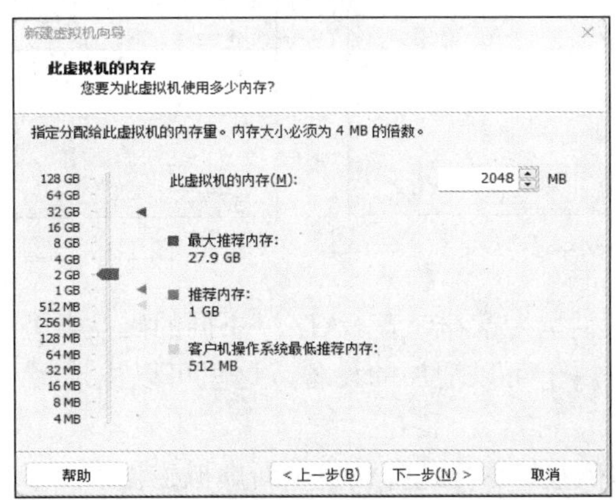

图 1-16　配置虚拟机内存

本地计算机可用键盘上的“Ctrl+Shift+Esc”组合键快速打开任务管理器，切换到“性能”选项卡。在“内存”部分，可以看到计算机可用内存信息。查看本地计算机内存如图 1-17 所示。

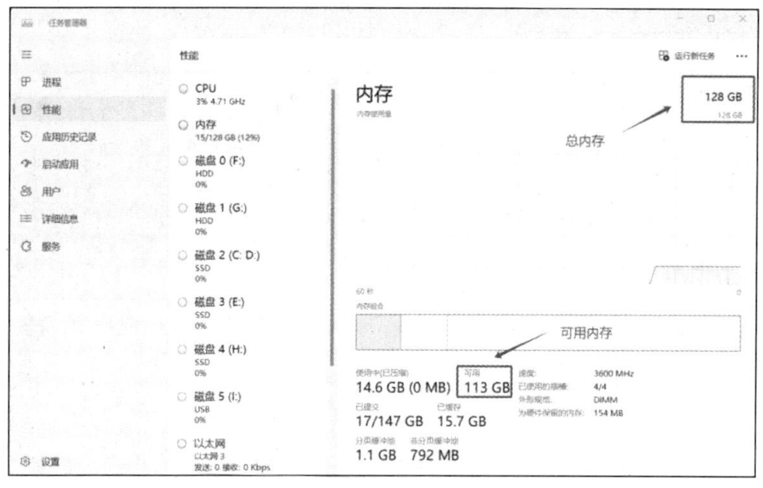

图 1-17 查看本地计算机内存

步骤 9：网络中有路由器时选择使用桥接网络，虚拟机在网络中和其他真实计算机一样可以被访问。如果没有路由器，则选择使用网络地址转换（NAT）方式，实验室环境需咨询相关负责人。选择网络类型，如图 1-18 所示。

步骤 10：选择 I/O（输入/输出）控制器类型为推荐的 LSI Logic。选择 I/O 控制器类型如图 1-19 所示。

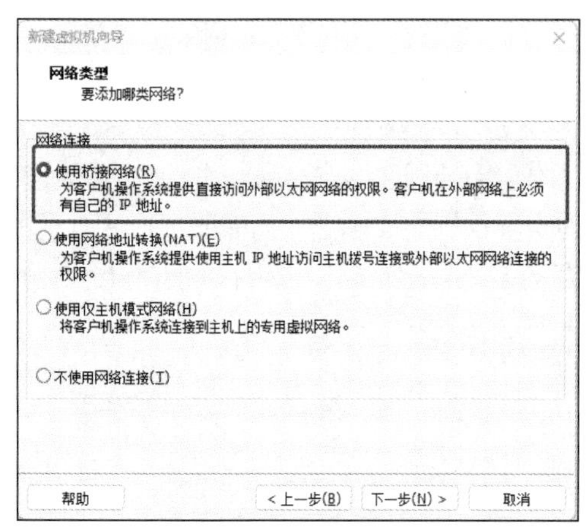

图 1-18 选择网络类型

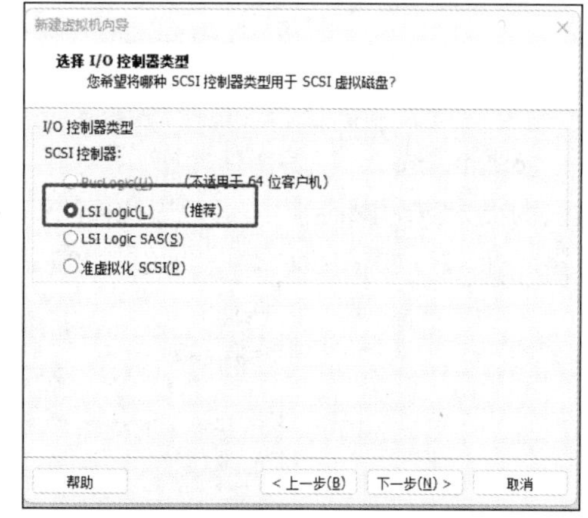

图 1-19 选择 I/O 控制器类型

步骤 11：选择磁盘类型为推荐或者 SATA。不同的磁盘类型在系统的设备管理中会显示不同的名称。磁盘属于可以增加的设备，这里可以先选择 SATA。选择磁盘类型如图 1-20 所示。

步骤 12：创建虚拟磁盘。这里选择创建全新虚拟磁盘以用于新计算机的存储。创建虚拟磁盘如图 1-21 所示。

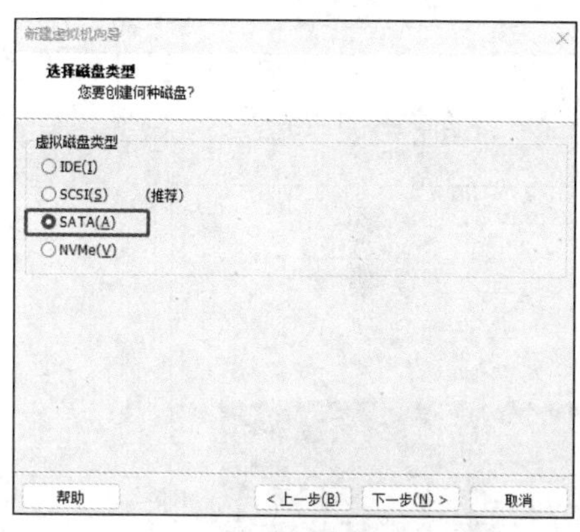

图 1-20 选择磁盘类型

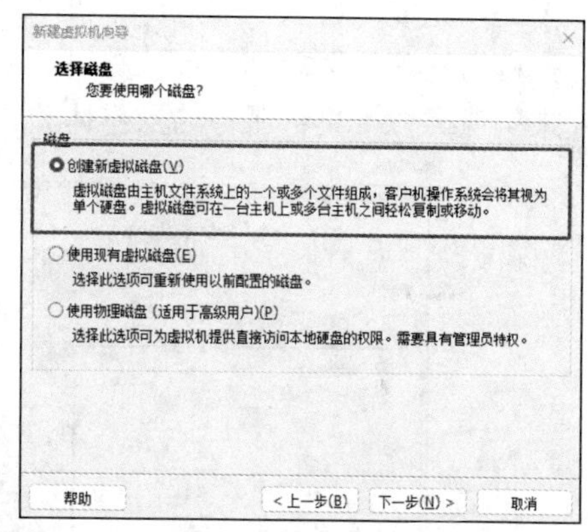

图 1-21 创建虚拟磁盘

步骤 13：指定磁盘容量，即指定虚拟机磁盘在本地计算机中的大小。在没有选择立即分配时是根据使用情况增加的，因此可以适当多分一些，不会引起本地计算机系统崩溃。将虚拟磁盘拆分成多个文件，便于在不同计算机之间通过移动存储迁移。如果没有迁移的需要，则选择将虚拟磁盘存储为单个文件。指定磁盘容量如图 1-22 所示。

步骤 14：指定磁盘文件名选择默认即可。虚拟机的磁盘文件名设置如图 1-23 所示。

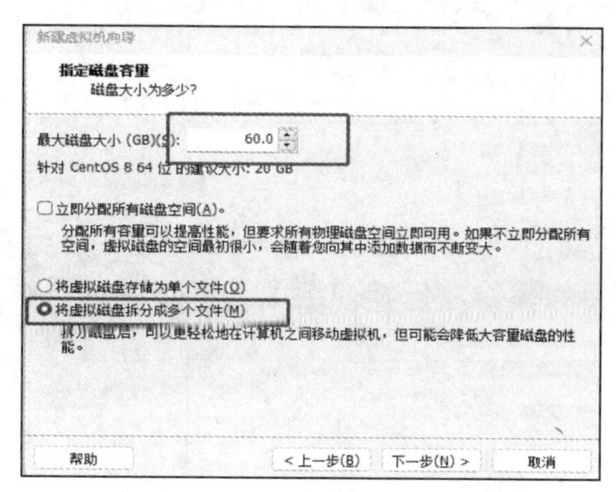

图 1-22 指定磁盘容量

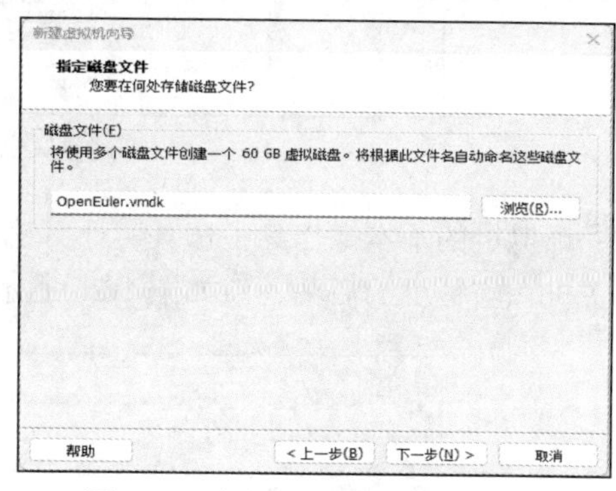

图 1-23 虚拟机的磁盘文件名设置

步骤 15：最后，显示虚拟机配置参数，单击“完成”按钮即可创建虚拟机，也可以通过自定义硬件来修改配置信息。虚拟机配置信息如图 1-24 所示。

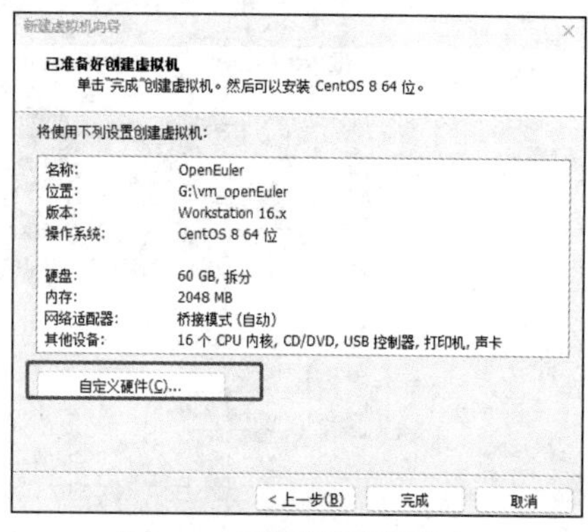

图 1-24 虚拟机配置信息

至此，完成一台空白虚拟计算机的创建，它以文件的方式保存在本地计算机，可以在虚拟机的管理界面看到这台计算机。如果本地计算机足够强大，也可以创建多台虚拟机，来实现类似于集群服务的操作体验。虚拟机管理界面如图 1-25 所示。

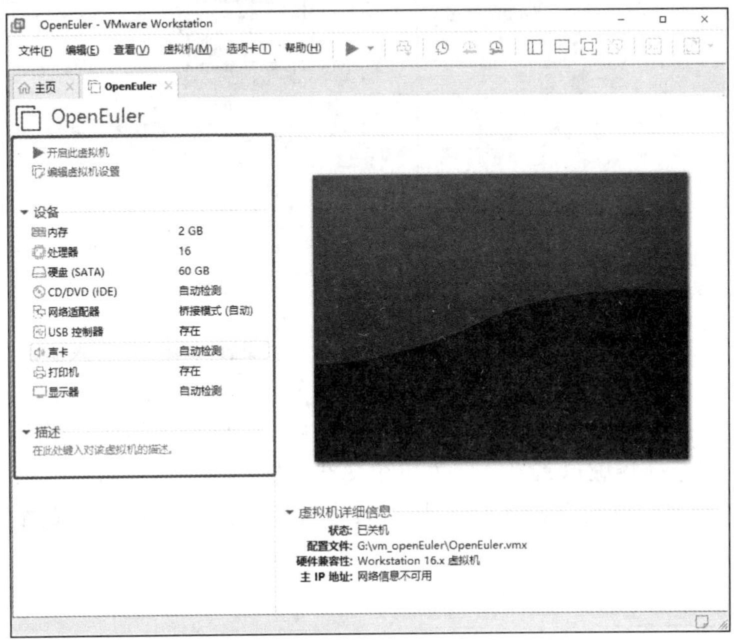

图 1-25 虚拟机管理界面

虚拟机的基本操作具备和真实计算机相同的功能，可以通过菜单或者按钮实现开机和关机。虚拟机的启动入口如图 1-26 所示，相关的操作在后续使用中会逐步进行讲解。

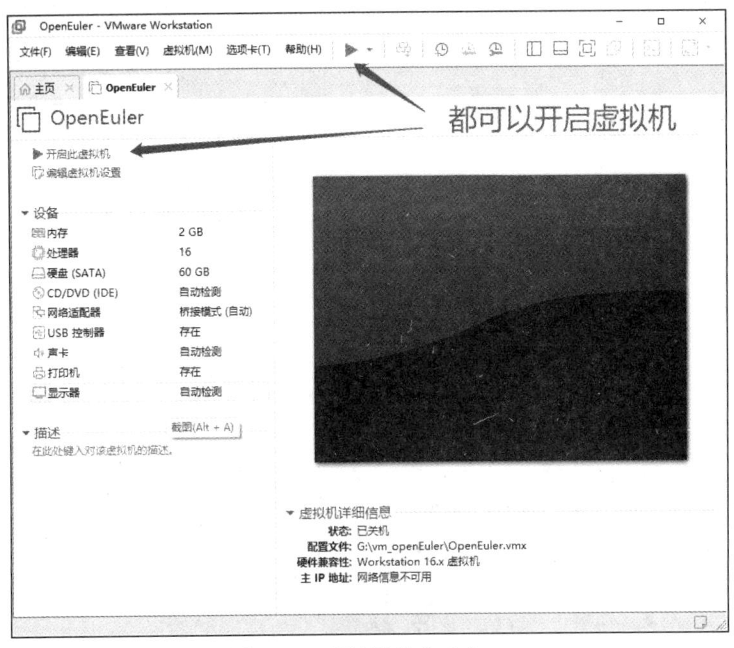

图 1-26 虚拟机的启动入口

2. 在 VMware 虚拟机中安装 openEuler 操作系统

接下来，在这台虚拟计算机中完成 openEuler 的系统安装，参考以下步骤。

步骤 1：从欧拉开源社区直接获取 ISO 格式的系统镜像。镜像可以理解为系统安装光盘的电子版。我们选择 x86 架构 64 位（这里要符合前面创建的虚拟机的架构，同时可以看到对 AARch64 和 RISC-V 架构类型的支持）的 20.03 LTS 长期维护版的 SP4 版本（SP4 指的是包含第四个服务包更新，以获得更好的支持特性）。选择系统镜像下载的版本如图 1-27 所示，该界面随时间变化可能会有变化。如图 1-28 所示，在该界面中选择 Offline Standard ISO 标准版本进行下载。

OpenEuler　用户　开发者　社区　下载

架构　全部　x86_64　AArch64　ARM32　RISC-V　LoongArch64　Power　SW64

场景　全部　服务器　边缘计算　云计算　嵌入式

版本类型　全部　LTS　创新版本

版本	架构	应用场景	发行时间	Planned EOL	下载地址
openEuler 22.03 LTS SP3	x86_64,AArch64,ARM32	服务器,边缘计算,云计算,嵌入式	2024/01	2027/12	前往下载 →
openEuler 22.03 LTS SP2	x86_64,AArch64,ARM32	服务器,边缘计算,云计算,嵌入式	2023/06	2024/03	前往下载 →
openEuler 22.03 LTS SP1	x86_64,AArch64,ARM32	服务器,边缘计算,云计算,嵌入式	2022/12	2024/12	前往下载 →
openEuler 22.03 LTS	x86_64,AArch64,RISC-V,LoongArch64,Power,SW64,ARM32	服务器,边缘计算,云计算,嵌入式	2022/03	2024/03	前往下载 →
openEuler 20.03 LTS SP4	x86_64,AArch64	服务器	2023/12	2025/12	前往下载 →
openEuler 20.03 LTS SP3	x86_64,AArch64	服务器	2021/12	2025/12	前往下载 →
openEuler 20.03 LTS SP2	x86_64,AArch64	服务器	2021/07	2022/04	前往下载 →
openEuler 20.03 LTS SP1	x86_64,AArch64	服务器	2020/12	2022/12	前往下载 →

图 1-27　选择系统镜像下载的版本

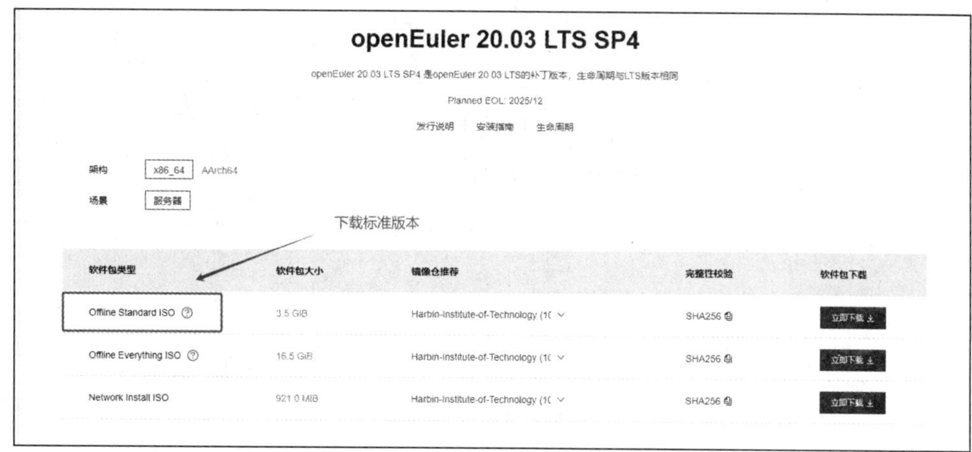

图 1-28　选择下载标准版镜像文件

步骤 2：在之前创建的虚拟机关机的状态下，选择光驱设备，如图 1-29 所示；载入下载的 openEuler 镜像文件，如图 1-30 所示。

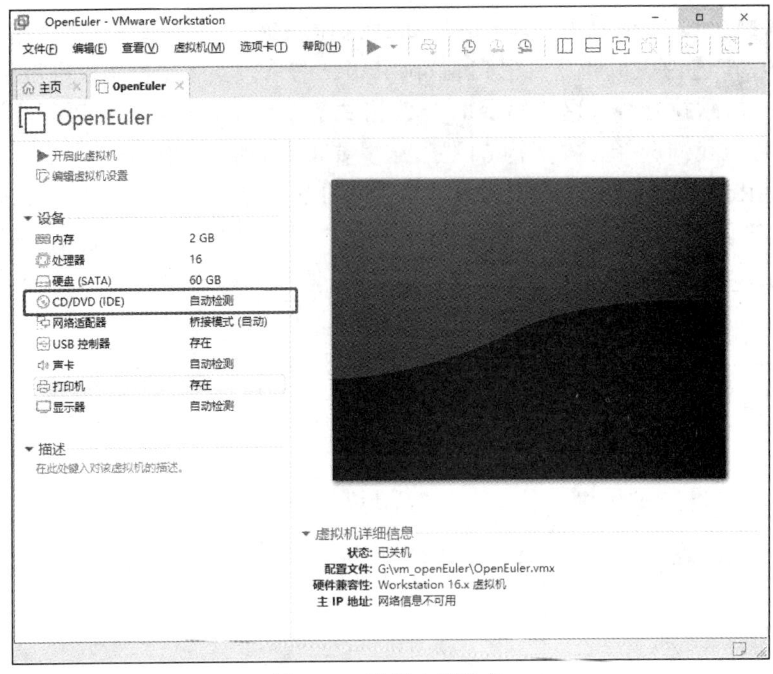

图 1-29　选择光驱设备

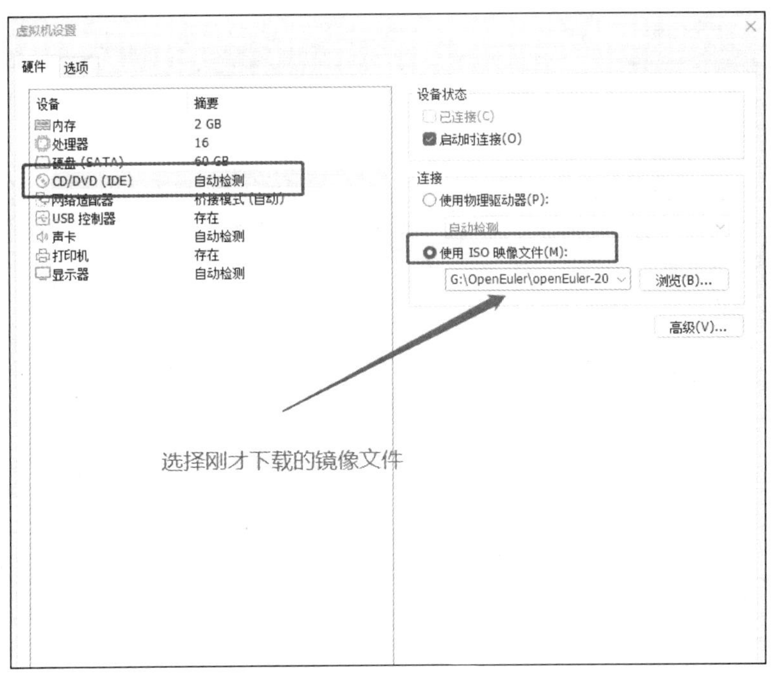

图 1-30　载入下载的 openEuler 镜像文件

步骤 3：启动虚拟机，并在出现的引导界面选择 Install openEuler 20.03-LTS-SP4，安装菜单的选择如图 1-31 所示。注意单击虚拟机界面后，进入虚拟机操作，选择界面不支持使用鼠标进行操作，需要使用上下按键改变菜单，选择后按“Enter”键进入引导加载界面，安装文件开始载入，如图 1-32 所示。使用“Ctrl + Alt”组合键可以切换回本机操作。

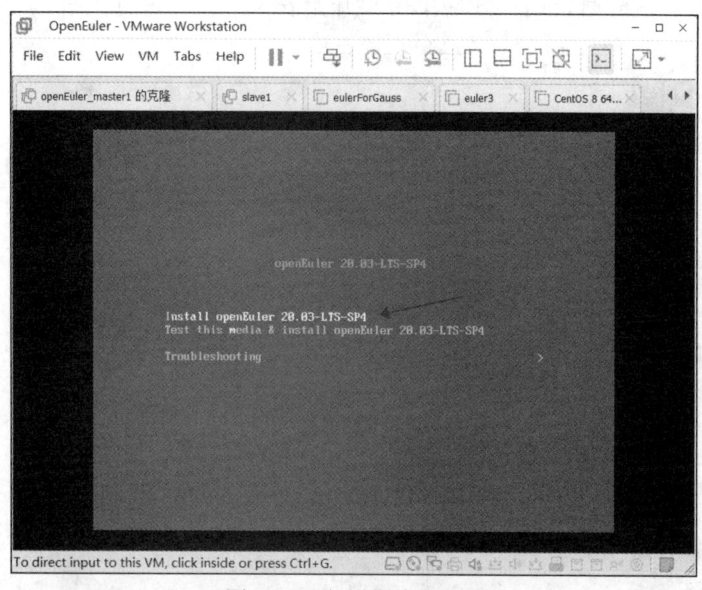

图 1-31　安装菜单的选择

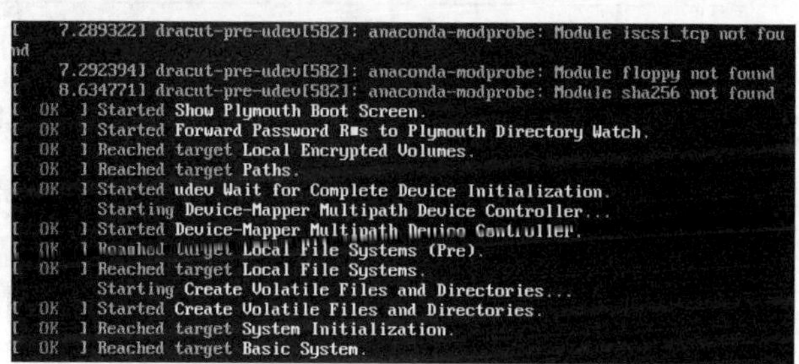

图 1-32　安装文件开始载入

步骤 4：安装界面语言选择中文，默认为英文。如果英文阅读没有问题，这里可以不用修改。选择安装界面语言如图 1-33 所示。

图 1-33　选择安装界面语言

步骤 5：进行必要的安装参数配置，如图 1-34 所示。该界面中会有提示，带有感叹号的选项为必须配置的选项，进入配置页面，完成该选项的配置后，告警符号消失。当界面上不存在告警符号时，用户才能单击“开始安装”按钮进行系统安装。

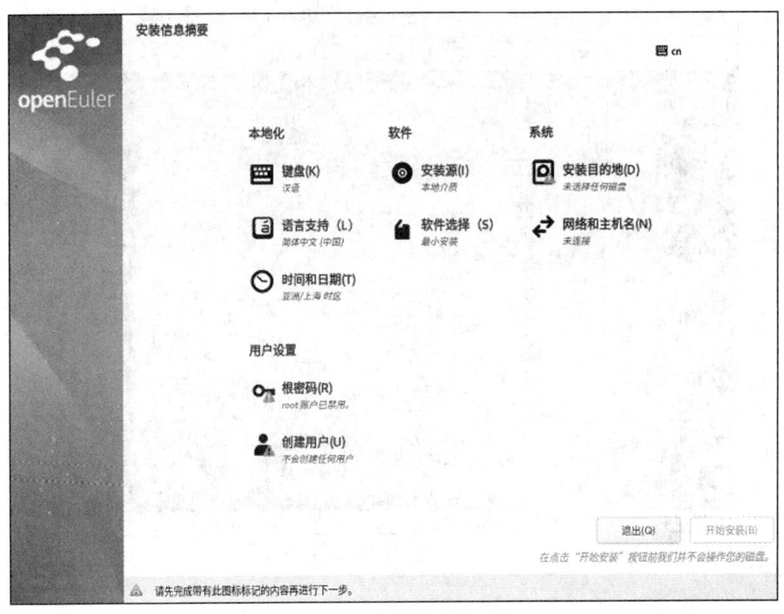

图 1-34　安装参数配置

步骤 6：设置安装磁盘。在“安装信息摘要”页面中选择“安装目的地”，设置操作系统的安装磁盘和分区。自动磁盘配置如图 1-35 所示，选中已有磁盘，选择存储配置为自动，单击左上角的“完成”按钮。

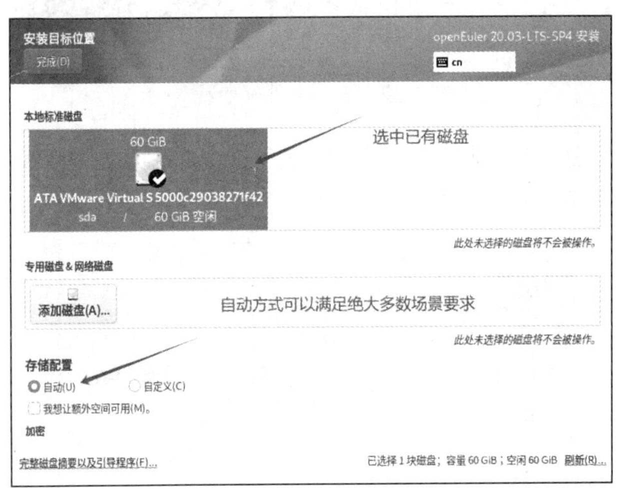

图 1-35　自动磁盘配置

手动分区设置（选用），如图 1-36 所示，如果选择自定义存储配置，则会看到手动配置界面，单击界面中的“+”逐个创建分区。单击“完成”按钮后在弹出的信息确认窗口中确定分区，完成创建。

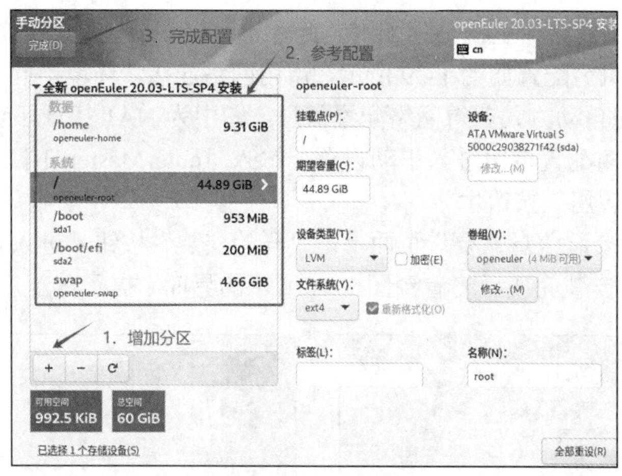

图 1-36　手动分区设置

步骤 7：在图 1-34 所示的安装参数配置界面中，选择“用户设置”下的“根密码”进入超级管理员密码设置界面。输入 root 用户（root 用户为 openEuler 默认超级管理员账户名）的密码并再次确认。密码设置默认有复杂度要求，要求包含大小写字母、特殊符号和数字。本书中的所有密码均设置为“Euler@12345”。单击“完成”按钮完成设置。设置 root 账户密码如图 1-37 所示。

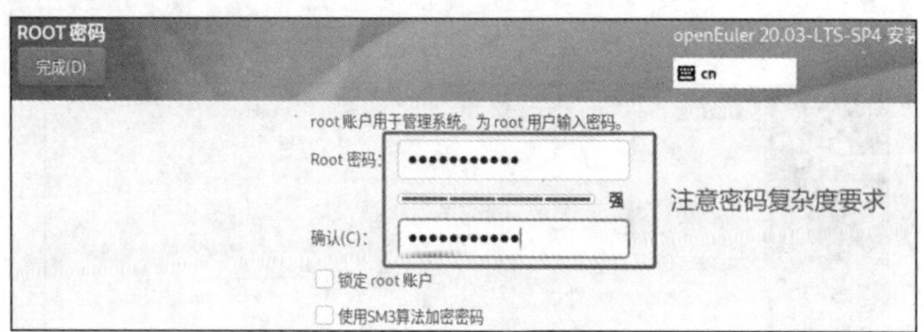

图 1-37　设置 root 账户密码

步骤 8：此时，“安装信息摘要”页面中已经没有警告信息，如图 1-38 所示，并且“开始安装”按钮可用。“软件选择”默认为“最小安装”，不用修改，后续使用中会根据需要安装对应的软件。

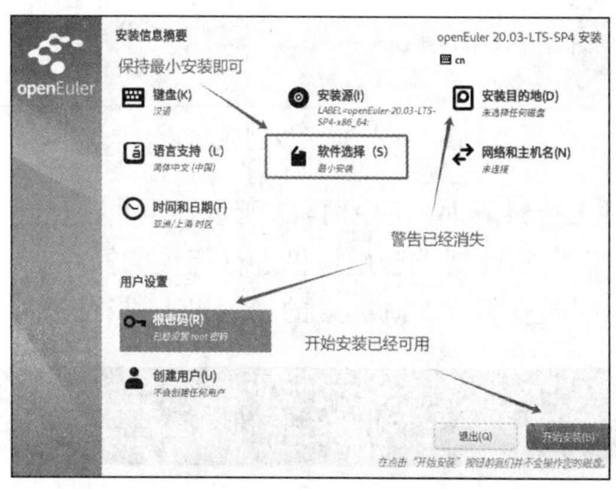

图 1-38　“安装信息摘要”页面

步骤 9：进行“网络和主机名”配置。此项也可以在安装完成后进行配置，因此为可选项。网络和主机名配置如图 1-39 所示，启用网络连接（环境不同，网络设备名称会有区别），默认按照自动方式获得网络配置信息。图中为 NAT 模式下获得的网络配置信息，可以通过右下角配置按钮进入手动设置。输入“eulerMaster01”作为网络中显示的主机名称，单击“应用”按钮生效。

步骤 10：在“安装信息摘要”页面单击“开始安装”按钮，进入安装流程，安装过程如图 1-40 所示。安装完成后将看到图 1-41 所示的界面，提示重新启动系统完成安装。

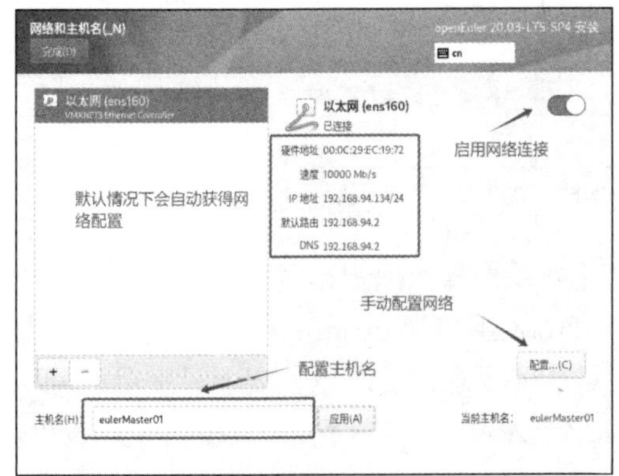

图 1-39　网络和主机名配置

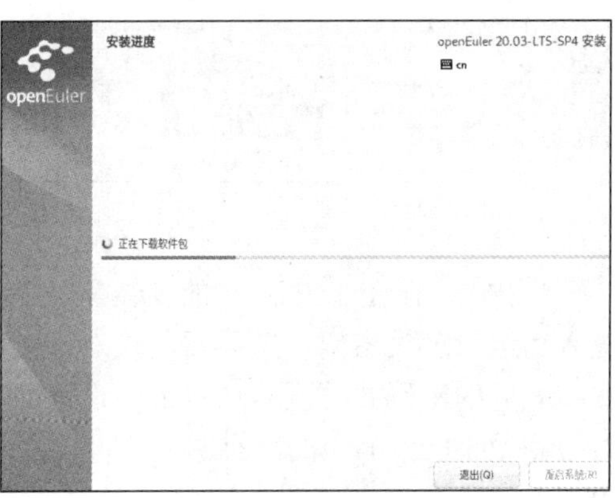

图 1-40　安装过程

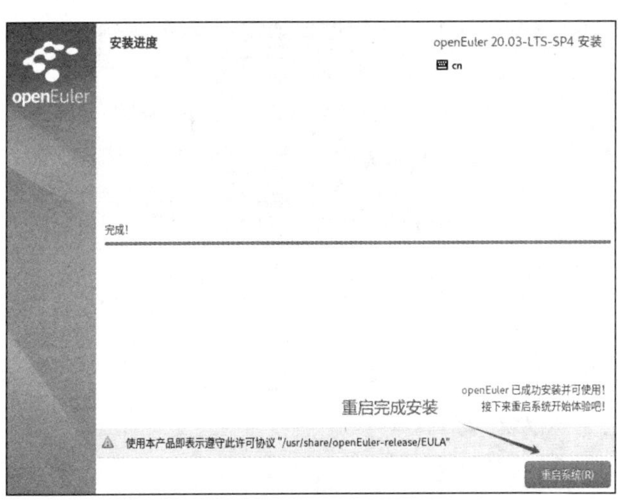

图 1-41　重启以完成安装

步骤 11：重启后进入登录界面，如图 1-42 所示。至此，已经完成 openEuler 操作系统在虚拟机中的安装，后面将使用这台虚拟机进行相关的操作实践。有必要的话可以通过移动存储，将其在不同的安装有 VMware 的计算机上进行迁移。

图 1-42　登录界面

1.3　openEuler 系统的基本使用方法

1.3.1　登录系统和基本操作

在登录界面输入有效账户和密码进入系统。这里我们使用安装时配置的 root 超级管理员账户，密码为“Euler@12345”，进入系统的命令行操作界面。成功登录后的界面如图 1-43 所示。特别注意，Linux 操作系统的密码输入是没有任何回显的，如果密码输入错误，将会看到拒绝登录的信息，并要求重新登录。密码错误拒绝登录的界面如图 1-44 所示。

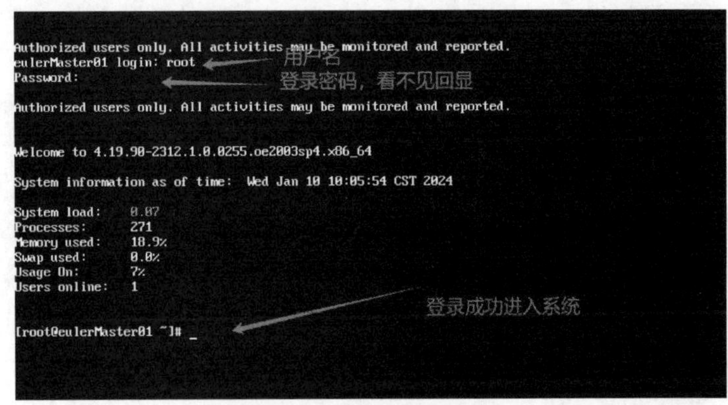

图 1-43　成功登录后的界面

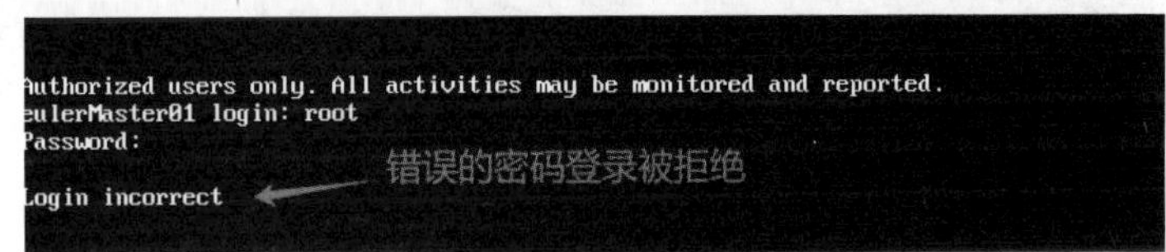

图 1-44　密码错误拒绝登录的界面

openEuler 的命令行操作界面被称为 Shell。关于 Shell 命令的语法格式和详细内容将在下一章详细介绍，本章会介绍一些基本的操作指令以满足系统使用的需要。

登录成功后看到[root@eulerMaster01 ~]#的标识，其含义如下。

① **root**：当前登录的账户名，我们使用的是 root 账户，因此看到的是 root，可以理解为当前用户。

② **@**：分隔前面用户名和后面的主机名的符号。

③ **eulerMaster01**：当前系统的主机名，也是当前系统在网络中被识别的名称。eulerMaster01 是安装系统时设置的主机名称，可以在使用中修改此名称。

④ **~**：表示当前目录。“~”符号代表的是当前用户的主目录，相当于 Windows 操作系统中的“我的文档”，如果改变了当前操作的目录位置，则这里会显示所在的目录名称。

⑤ **#**：当前操作用户的权限标识。“#”符号代表超级管理员 root，如果是“$”符号，代表当前用户为普通用户。

1. 系统控制

当需要关闭和重启 openEuler 操作系统时，可以通过 VMware 虚拟机的关机和重启菜单实现，相当于直接操控了虚拟计算机的机箱按键，但作为服务器使用的计算机不建议直接通过硬件进行关机和重启操作。虚拟机的开关机菜单如图 1-45 所示。

图 1-45 虚拟机的开关机菜单

服务器系统多数情况使用指令进行关机和重启操作。在命令行输入相应指令并按“Enter”键即可关闭系统，关机时会进行日志回写等操作，需要等待一段时间。相关指令的详细操作在后文进行讲解，这里做到能使用即可。

2. 关闭系统

关闭系统的指令如下。

```
[root@eulerMaster01 ~]# shutdown now
```

3. 重启系统

重启系统的指令如下。

```
[root@eulerMaster01 ~]# reboot now
```

VMware 的挂起菜单相当于 Windows 操作系统的休眠操作，保持当前计算机状态。虚拟机可以在任何时候（包括启动引导时）进入挂起状态。

1.3.2 openEuler 的文件结构

openEuler 操作系统作为一款 Linux 的发行版操作系统，其文件系统和其他 Linux 操作系统大致相同。

Linux 操作系统的文件系统并不像 Windows 操作系统那样使用驱动器盘符的方式。Linux 操作系统的整个系统目录结构就像一个倒置的树状结构，可以在命令行中输入以下命令并按“Enter”键。

```
[root@eulerMaster01 ~]# ls /
```

openEuler 根目录下的文件和目录如图 1-46 所示。

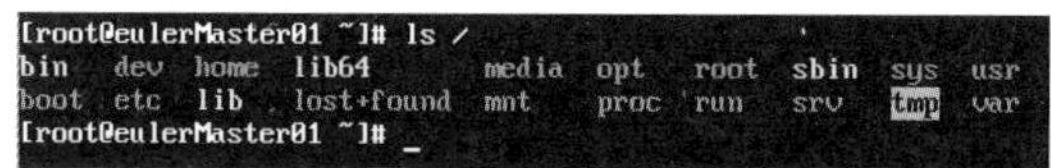

图 1-46 openEuler 根目录下的文件和目录

该命令用于查看目录下的文件夹和文件。“/”符号代表系统的根目录，是整个文件结构的入口点，其他所有驱动器、分区，甚至硬件都以文件夹和文件的方式逐级挂载到下面，构成一个倒置树状结构。Linux 的树状目录结构如图 1-47 所示。

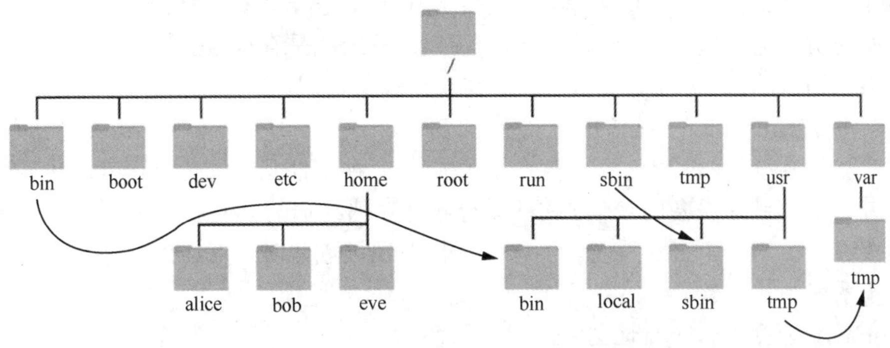

图 1-47　Linux 的树状目录结构

图 1-47 中的目录都是在安装系统时生成的常见目录，实际上 Linux 系统有更多的目录和子目录，用于组织文件和数据。了解文件目录结构可以帮助我们在 Linux 系统中更好地管理和浏览文件与目录。常见目录的名称和作用如下。

/bin：bin 是 Binaries（二进制文件）的缩写，这个目录存放着经常使用的命令。

/boot：这里存放的是启动 Linux 系统时使用的一些核心文件，包括一些连接文件和镜像文件。

/dev：dev 是 Device（设备）的缩写，该目录下存放的是 Linux 系统的外部设备。在 Linux 系统中访问设备的方式和访问文件的方式是相同的。

/etc：etc 是 Etcetera（等等）的缩写，这个目录用来存放所有的系统管理所需要的配置文件和子目录。

/home：用户的主目录。在 Linux 系统中，每个用户都有一个自己的目录，一般该目录名是以用户的账号命名的，如图 1-47 中的 alice、bob 和 eve。

/lib：lib 是 Library（库）的缩写，这个目录里存放着系统最基本的动态连接共享库，其作用类似于 Windows 中的 DLL 文件。大多数应用程序都需要用到这些共享库。

/lost+found：这个目录一般情况下是空的，当系统非法关机后，这里会存放一些文件。

/media：Linux 系统会自动识别一些设备，例如 U 盘、光驱等，识别后，Linux 系统会把识别的设备挂载到这个目录下。

/mnt：该目录是为了让用户临时挂载别的文件系统。我们可以将光驱挂载在/mnt/上，然后进入该目录，即可查看光驱里的内容。

/opt：给主机额外安装软件所存放的目录。例如，安装一个 Oracle 数据库就可以放到这个目录下。该目录默认是空的。

/proc：一种伪文件系统（即虚拟文件系统），存储的是当前内核运行状态的一系列特殊文件。该目录是一个虚拟的目录，它是系统内存的映射，我们可以通过直接访问这个目录来获取系统信息。该目录的内容不在硬盘上而是在内存里，我们也可以直接修改里面的某些文件，例如可以通过下面的命令来屏蔽主机的 ping 命令，使别人无法 ping 你的机器。

```
echo 1>/proc/sys/net/ipv4/icmp_echo_ignore_all
```

/root：该目录为系统管理员目录，也称作超级权限者的用户主目录。

/sbin：该目录存放的是系统管理员使用的系统管理程序。

/selinux：RedHat/CentOS 特有的目录。SELinux 是一个安全机制，类似于 Windows 操作系统的防火墙，但是这套机制比较复杂，该目录就是存放 SELinux 相关文件的。

/srv：该目录存放一些服务启动之后需要提取的数据。

/sys：这是 Linux 2.6 内核的一个很大的变化，该目录下安装了 Linux 2.6 内核中新出现的一个文件系统 sysfs。sysfs 文件系统集成了 3 种文件系统的信息：针对进程信息的 proc 文件系统、针对设备的 devfs 文件系统和针对伪终端的 devpts 文件系统。该文件系统是内核设备树的一个直观反映。当一个内核对象被创建时，对应的文件和目录也在内核对象子系统中被创建。

/tmp：用于存放一些临时文件。

/usr：一个非常重要的目录，用户的很多应用程序和文件都放在这个目录下，类似于 Windows 操作系统中的 program files 目录。

/usr/bin：该目录用于存放系统用户使用的应用程序。

/usr/sbin：该目录用于存放超级用户使用的比较高级的管理程序和系统守护程序。

/usr/src：内核源代码默认的放置目录。

/var：var 是 variable（变量）的缩写，该目录中存放着不断扩充的东西，我们习惯将那些经常被修改的目录放在这个目录下，包括各种日志文件。

/run：一个临时文件目录，存储系统启动以来的信息。当系统重启时，该目录下的文件应该被删掉或清除。如果你的系统上有/var/run 目录，应该让它指向 run。

1.3.3 查看系统信息

了解 openEuler 操作系统所在计算机系统的配置和特征，有助于更好地使用和维护 openEuler 操作系统。例如，临时接手一台已有的 openEuler 服务器，通过一些简单的命令可以查阅当前系统的软硬件信息。

1. 查看 CPU 信息

在命令行输入“uname -a”后按“Enter”键，将看到图 1-48 所示的 CPU 属性的简短信息。在当前信息中可以看到，目前操作系统为 Linux，内核版本为 4.19.90。前面说过 Linux 的发行版本由 Linux 的内核版本和应用程序构成，当前系统的内核版本为 4.19.90。

```
[root@eulerMaster01 ~]# uname -a
```

```
[root@eulerMaster01 ~]# name -a
-bash: name: command not found
[root@eulerMaster01 ~]# uname -a
Linux eulerMaster01 4.19.90-2312.1.0.0255.oe2003sp4.x86_64 #1 SMP Mon Dec 11 19:58:24 CST 2023 x86_6
4 x86_64 x86_64 GNU/Linux
```

Linux内核版本

图 1-48 查看到的 CPU 信息

x86_64 表明当前计算机为 x86 架构，64 位处理器。如果使用的是 ARM 架构鲲鹏处理器的泰山服务器（安装时需使用 ARM 架构系统镜像），则看到的是 aarch64，表示处理器是一颗 ARM 架构的 64 位处理器。

更多的信息可以在命令行中输入“lscpu”查看，当前系统的 CPU 详细信息如图 1-49 所示，其中包括 CPU 的型号、频率、内核数量和内核编号等信息。

```
[root@localhost ~]# lscpu
Architecture:                    x86_64
CPU op-mode(s):                  32-bit, 64-bit
Byte Order:                      Little Endian
Address sizes:                   45 bits physical, 48 bits virtual
CPU(s):                          16
On-line CPU(s) list:             0-15
Thread(s) per core:              1
Core(s) per socket:              16
Socket(s):                       1
NUMA node(s):                    1
Vendor ID:                       GenuineIntel
CPU family:                      6
Model:                           165
Model name:                      Intel(R) Core(TM) i7-10700 CPU @ 2.90GHz
Stepping:                        5
CPU MHz:                         2903.998
BogoMIPS:                        5807.99
Hypervisor vendor:               VMware
Virtualization type:             full
L1d cache:                       512 KiB
L1i cache:                       512 KiB
L2 cache:                        4 MiB
L3 cache:                        16 MiB
NUMA node0 CPU(s):               0-15
Vulnerability Itlb multihit:     Not affected
Vulnerability L1tf:              Not affected
Vulnerability Mds:               Not affected
Vulnerability Meltdown:          Not affected
Vulnerability Spec store bypass: Mitigation; Speculative Store Bypass disabled via prctl and seccomp
Vulnerability Spectre v1:        Mitigation; usercopy/swapgs barriers and __user pointer sanitization
Vulnerability Spectre v2:        Mitigation; Full generic retpoline, IBPB conditional, IBRS_FW, STIBP disabled, RSB filling
Vulnerability Srbds:             Not affected
Vulnerability Tsx async abort:   Not affected
Flags:                           fpu vme de pse tsc msr pae mce cx8 apic sep mtrr pge mca cmov pat pse36 clflush mmx fxsr sse sse2 ss
                                 cp lm constant_tsc arch_perfmon nopl xtopology tsc_reliable nonstop_tsc cpuid pni pclmulqdq ssse3 fm
                                 2apic movbe popcnt tsc_deadline_timer aes xsave avx f16c rdrand hypervisor lahf_lm abm 3dnowprefetch
                                 bpb stibp fsgsbase tsc_adjust bmi1 avx2 smep bmi2 invpcid rdseed adx smap clflushopt xsaveopt xsavec
                                 l1d arch_capabilities
[root@localhost ~]#
```

图 1-49　当前系统的 CPU 详细信息

2．查看内存信息

在命令行中输入“free”后按“Enter”键，可以看到内存信息和使用状态，如图 1-50 所示。Mem 是物理内存信息，Swap 是交换分区信息。交换分区是内存数据在磁盘中的临时存放区域。从图 1-50 中可以看到内存资源的总数、已使用、可用空间等，显示的单位为字节。

```
[root@localhost ~]# free
              total        used        free      shared  buff/cache   available
Mem:        1489664      253240      884640        8988      351784      881672
Swap:       2146300           0     2146300
```

图 1-50　查看内存信息和使用状态

3．查看系统信息

openEuler 系统的版本众多，可以通过 cat 命令显示系统信息文件内容来查看系统信息。在命令行输入“cat /etc/os-release”后按“Enter”键，显示系统信息如图 1-51 所示，表示当前系统为 openEuler，版本为 20.03（LTS-SP4）。

```
[root@eulerMaster01 ~]# cat /etc/os-release
NAME="openEuler"
VERSION="20.03 (LTS-SP4)"
ID="openEuler"
VERSION_ID="20.03"
PRETTY_NAME="openEuler 20.03 (LTS-SP4)"
ANSI_COLOR="0;31"
```

图 1-51　显示系统信息

1.3.4　环境信息的查看和配置

在安装 openEuler 系统时，有语言环境和键盘布局的配置，我们选择了默认配置。如果和当前使用环境不匹配，可以查看并进行修改。

1. 查看和设置语言环境

通过 localectl 命令查看、修改系统的语言环境，对应的参数设置保存在/etc/locale.conf 文件中。这些参数会在系统启动过程中被 systemd 的守护进程读取。在命令行中输入以下命令后按“Enter”键，可以显示当前的语言环境，如图 1-52 所示。目前的语言环境是中文 UTF-8，键盘布局和图形化显示界面均为 cn（中文）。如果在安装时未选择中文，或者需要其他语言环境，可以单独设置。

```
[root@eulerMaster01 ~]# localectl status
```

```
[root@localhost ~]# localectl status
   System Locale: LANG=zh_CN.UTF-8
       VC Keymap: cn
      X11 Layout: cn
[root@localhost ~]# _
```

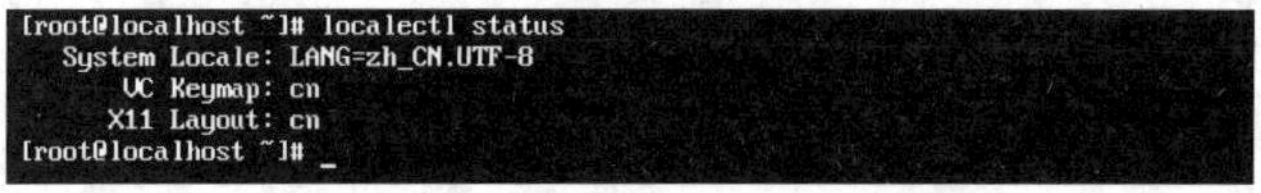

图 1-52　显示语言环境等相关信息

使用“localectl list-locales”命令可以查看可用语言环境，显示的名称即可作为改变语言环境的参数（小技巧：上下按键可以调出之前执行的命令）。查看可用语言环境如图 1-53 所示。

```
[root@eulerMaster01 ~]# localectl list-locales
```

```
C.UTF-8
aa_DJ.UTF-8
aa_ER.UTF-8
aa_ER.UTF-8@saaho
aa_ET.UTF-8
af_ZA.UTF-8
agr_PE.UTF-8
ak_GH.UTF-8
am_ET.UTF-8
an_ES.UTF-8
anp_IN.UTF-8
ar_AE.UTF-8
ar_BH.UTF-8
ar_DZ.UTF-8
ar_EG.UTF-8
ar_IN.UTF-8
```

图 1-53　查看可用语言环境

设置语言环境，可以在 root 账户权限下执行以下命令，其中 locale 是要设置的语言类型，取值范围可通过“localectl list-locales”命令获取，请根据实际情况修改。

```
[root@eulerMaster01 ~]# localectl set-locale LANG=locale
```

例如，设置为简体中文语言环境，在 root 权限下执行以下命令。

```
[root@eulerMaster01 ~]# localectl set-locale LANG=zh_CN.UTF-8
```

2. 设置键盘

和语言设置类似，可以使用“localectl list-keymaps”命令查看可用键盘布局，再进行设置。下列命令为先查询可用中文键盘布局，再进行设置。可用键盘布局如图 1-54 所示。

```
[root@eulerMaster01 ~]# localectl list-keymaps | grep cn
```

```
cn
cn-altgr-pinyin
cn-mon_manchu_galik
cn-mon_todo_galik
cn-mon_trad
cn-mon_trad_galik
cn-mon_trad_manchu
cn-mon_trad_todo
cn-mon_trad_xibe
cn-tib
cn-tib_asciinum
cn-ug
it-scn
```

图 1-54　可用键盘布局

设置键盘布局，在 root 权限下执行以下命令，其中 map 是想要设置的键盘类型，取值范围可通过“localectl list-keymaps”命令获取，请根据实际情况修改。

```
[root@eulerMaster01 ~]# localectl set-keymap map
```

此时设置的键盘布局同样也会应用到图形界面中。通过几个命令的操作，能看出控制台操作就是用英文指令和系统沟通交流的过程，单词的含义基本可以反映出命令的作用。

3. 设置日期和时间

timedatectl、date、hwclock 命令分别用于设置系统的日期、时间和时区等。timedatectl 可以显示系统的日期和时间，查看时间信息如图 1-55 所示。

```
[root@eulerMaster01 ~]# timedatectl
```

```
               Local time: Fri 2022-07-29 23:28:09 CST
           Universal time: Fri 2022-07-29 15:28:09 UTC
                 RTC time: Fri 2022-07-29 15:28:09
                Time zone: Asia/Shanghai (CST, +0800)
System clock synchronized: no
              NTP service: active
          RTC in local TZ: no
```

图 1-55　查看时间信息

自动同步时间： 此项很重要，尤其是在使用虚拟机的情况下，系统可能无法获得准确的时间。如果系统时间和其他网络服务器的时间差距较大，则会产生很多问题。可以通过启用 NTP 远程服务器进行系统时钟的自动同步。是否启用 NTP，可在 root 权限下执行以下命令进行设置。该命令参数 boolean 可取值 yes 和 no，分别表示启用和不启用 NTP 进行系统时钟自动同步，请根据实际情况修改。例如开启自动远程时间同步，命令如下。

```
[root@eulerMaster01 ~]# timedatectl set-ntp yes
```

手动设置时间： 如果需要手动修改日期，请先使用“timedatectl set-ntp no”命令关闭 NTP 自动时间更新。在 root 权限下执行“timedatectl set-time YYYY-MM-DD”命令，其中 YYYY 代表年份，MM 代表月份，DD 代表某天，例如，修改当前的日期为 2022 年 7 月 12 日，命令如下。

```
[root@eulerMaster01 ~]# timedatectl set-time '2022-07-12'
```

如果需要修改时间，在 root 权限下执行“timedatectl set-time HH:MM:SS”命令，其中 HH 代表小时，MM 代表分钟，SS 代表秒，例如，修改当前的时间为 14 点 37 分 34 秒，命令如下。

```
[root@eulerMaster01 ~]# timedatectl set-time 14:37:34
```

如果系统安装时没有选对时区，或者需要修改，可以通过 timedatectl 命令操作。使用“timedatectl list-timezones”显示当前设置的时区，可以看到一个长的列表，这些时区名称后续可以进行设置。

首先使用“timedatectl list-timezones | grep Asia”命令筛选显示亚洲的时区列表，然后使用以下命令修改当前的时区为列表中的“Asia/Shanghai”。

```
[root@eulerMaster01 ~]# timedatectl set-timezone Asia/Shanghai
```

4. 设置主机名

安装时指定了主机名，如果有管理需要，可以进行修改。在命令行输入以下命令将主机名更改为“server01”。

```
[root@eulerMaster01 ~]# hostnamectl set-hostname server01
```

执行完需要重启系统。

```
[root@eulerMaster01 ~]# reboot now
```

重启后可以看见命令行中主机名已经变更，如图 1-56 所示。

图 1-56　主机名变更

也可以在命令行中输入“hostname”命令显示主机名，如图 1-57 所示。

```
[root@eulerMaster01 ~]# hostname
```

```
[root@server01 ~]# hostname
server01
```

图 1-57　查看主机名

1.4　习题

1. openEuler 属于（　　）操作系统。

A. 实时操作系统　　B. 分时操作系统

C. 嵌入式操作系统　　D. 分布式操作系统

2. 关于开源软件的描述，错误的是（　　）。

A. 开源软件开放源代码可以下载　　B. 开源软件就是免费软件

C. 开源软件都是社区维护的　　D. openEuler 属于开源软件

3. openEuler 不支持（　　）系统架构。

A. x86（64 位）　　B. ARM

C. RISC-V　　D. x86（32 位）

4. openEuler 的超级管理员账户是（　　）。

A. root　　B. admin　　C. host　　D. user

5. 关于 Linux 的发行版本，描述错误的是（　　）。

A. 由 Linux 的内核版本和应用程序构成

B. 发行版本由企业研发出品

C. Linux 的发行版本不一定是免费的

D. openEuler 操作系统属于一款 Linux 社区发行版本

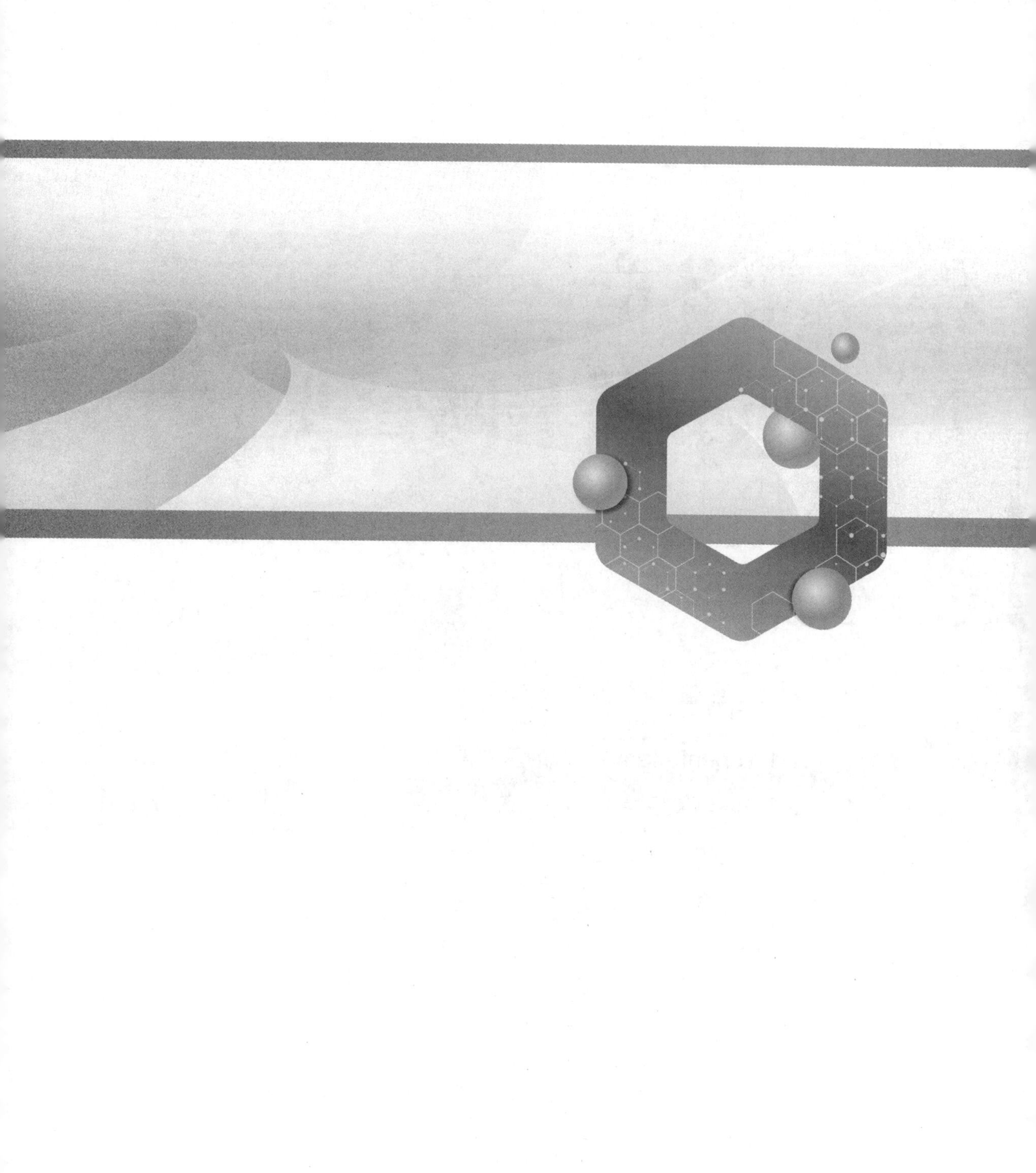

第2章 服务器基础管理

主要内容

2.1 openEuler 命令行的基本操作

2.2 网络管理

2.3 配置远程 Shell 工具

2.4 习题

平常所使用的 Windows 操作系统具有华丽的外表、直观的图形化界面。而 Linux 系统常用的是字符模式的人机交互界面，看起来非常简陋。但试想一下，我们在使用语音客服的时候，关心的是服务的内容而并非线路另一端服务人员的样貌，以后台服务为主的服务器系统也是如此，华丽的外表在消耗大量的计算资源的同时并不能提高最终用户的满意度，还不如尽量将其简化，把有限的资源全部用来提升用户的使用体验。因此，服务器领域往往使用和个人操作系统不同的纯命令行交互界面。人机交互界面对比如图 2-1 所示。

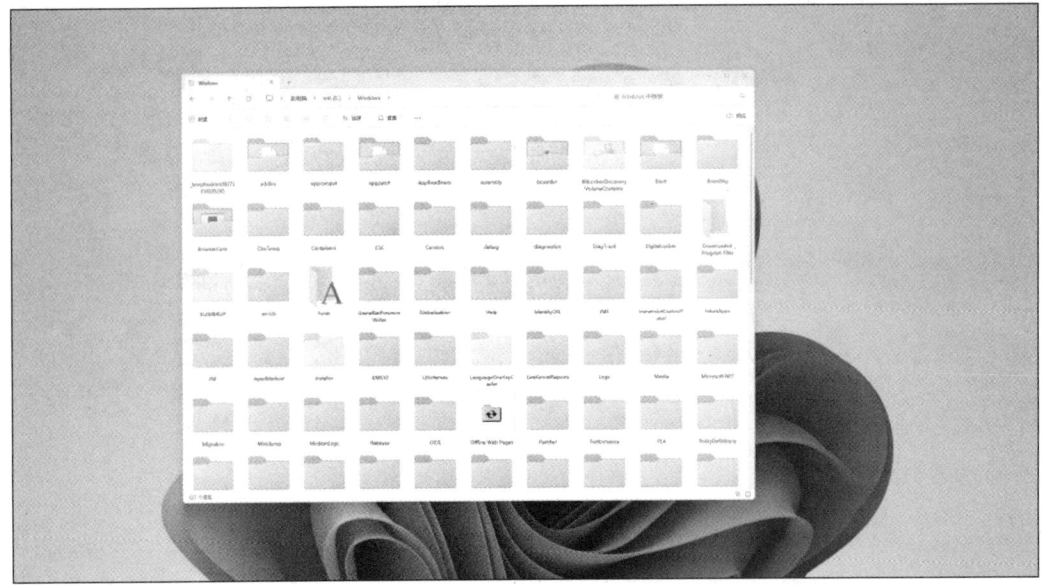

（a）Windows 操作系统的图形化界面

```
[root@localhost ~]# lscpu
Architecture:                    x86_64
CPU op-mode(s):                  32-bit, 64-bit
Byte Order:                      Little Endian
Address sizes:                   45 bits physical, 48 bits virtual
CPU(s):                          16
On-line CPU(s) list:             0-15
Thread(s) per core:              1
Core(s) per socket:              16
Socket(s):                       1
NUMA node(s):                    1
Vendor ID:                       GenuineIntel
CPU family:                      6
Model:                           165
Model name:                      Intel(R) Core(TM) i7-10700 CPU @ 2.90GHz
Stepping:                        5
CPU MHz:                         2903.998
BogoMIPS:                        5807.99
Hypervisor vendor:               VMware
Virtualization type:             full
L1d cache:                       512 KiB
L1i cache:                       512 KiB
L2 cache:                        4 MiB
L3 cache:                        16 MiB
NUMA node0 CPU(s):               0-15
Vulnerability Itlb multihit:     Not affected
Vulnerability L1tf:              Not affected
Vulnerability Mds:               Not affected
Vulnerability Meltdown:          Not affected
Vulnerability Spec store bypass: Mitigation; Speculative Store Bypass disabled via prctl and seccomp
Vulnerability Spectre v1:        Mitigation; usercopy/swapgs barriers and __user pointer sanitization
Vulnerability Spectre v2:        Mitigation; Full generic retpoline, IBPB conditional, IBRS_FW, STIBP disabled, RSB filling
Vulnerability Srbds:             Not affected
Vulnerability Tsx async abort:   Not affected
Flags:                           fpu vme de pse tsc msr pae mce cx8 apic sep mtrr pge mca cmov pat pse36 clflush mmx fxsr sse sse2 ss ht syscall nx pdpe1gb rdts
                                 cp lm constant_tsc arch_perfmon nopl xtopology tsc_reliable nonstop_tsc cpuid pni pclmulqdq ssse3 fma cx16 pcid sse4_1 sse4_2 x
                                 2apic movbe popcnt tsc_deadline_timer aes xsave avx f16c rdrand hypervisor lahf_lm abm 3dnowprefetch invpcid_single ssbd ibrs i
                                 bpb stibp fsgsbase tsc_adjust bmi1 avx2 smep bmi2 invpcid rdseed adx smap clflushopt xsaveopt xsavec xgetbv1 xsaves arat flush_
                                 l1d arch_capabilities

[root@localhost ~]# _
```

（b）Linux 操作系统的命令行界面

图 2-1 人机交互界面对比

为了满足个人用户的使用需求，Linux 操作系统多数也可以用外部辅助程序的方式运行和 Windows 操作系统相同的图形交互界面，其效果并不比 Windows 操作系统的桌面差。openEuler 操作系统的桌面环境如图 2-2 所示。但作为大多数时间不会被用户直接接触的服务器，这并没有太大的意义。

图 2-2 openEuler 操作系统的桌面环境

Linux 系统使用命令行界面的原因如下。

① **灵活**：命令行界面允许用户通过输入命令来操作系统，这种方式非常灵活，可以完成各种复杂的任务。用户可以自定义脚本和命令，以满足自己的需求。

② **效率高**：对于熟练掌握命令行的用户来说，使用命令行界面可以比使用图形界面更快速地完成一些任务。命令行界面通常无须加载大量图形资源，因此可以更快地响应和执行命令。

③ **便于远程管理**：命令行界面可以通过安全外壳（SSH）等远程连接方式进行访问和管理。这种方式在远程服务器管理和维护时非常有用，不需要物理接触服务器即可操作。

既然命令行操作是服务器操作的常见场景，并且 openEuler 是 Linux 的发行版本，那么我们就有必要熟练掌握其使用方法，本书后续的绝大多数操作都涉及命令行操作。

本章首先对 openEuler 的命令行操作界面、命令的格式进行讲解，详细说明最基本的命令使用方式。如通过命令行进行系统登录、电源管理，进行基本的文件管理操作。从第 2 节开始，我们将陆续介绍如何通过命令行进行服务器的网络配置；如何配置远程 Shell 工具；按照大多数的服务器管理场景（服务器被集中和隔离存放），如何通过网络对服务器进行远程管理。掌握本章内容后，读者就能比较自由地远程操控 openEuler 系统了。

2.1 openEuler 命令行的基本操作

2.1.1 openEuler 命令行基础知识

在命令行交互中，Linux 系统使用 Shell 作为命令行交互的工具，并进行命令的解释执行。目前，Linux 系统中普遍使用 Bash（Shell 的一种）作为解释器，openEuler 也不例外。

Bash 比起普通的 Shell 具有更加强大的特性。Bash 具有命令补全、命令历史记录、别名、函数、数组、条件判断等高级特性，支持多种编程语言的语法，其代码更加易读和易维护。Bash 提供了更丰富的环境变量和配置选项，更加可定制化和满足不同的工作需求。用户可以通过修改 Bash 的配置文件（例如.bashrc 和.bash_profile 文件），来配置一些环境变量和命令别名，进一步提升工作效率。

Bash 支持很多语言的语法，所以在一些复杂的程序编写方面更有优势。例如，在读取文件、字符串操作、数组操作等方面提供更加丰富的语法支持。

在 Shell 中执行 Linux 命令的格式为“**命令名称[命令选项][命令参数]**”。命令需要在命令行提示符下输入，如图 2-3 所示。命令行交互界面由命令行提示符“**[用户名@所属域 当前路径]#或$**”构成（超级管理员显示为#，普通用户显示为$）。

```
[root@server01 ~]# _
```

图 2-3　命令行提示符

命令名称、命令选项、命令参数之间用空格分隔，相关说明如下。

① **命令名称**：在 Shell 中要执行的命令，例如列出文件、创建目录等。

② **命令选项**：用于调整命令功能或者丰富命令的内容。**命令选项有长格式和短格式。** 命令选项可以使用包含完整选项名称的长格式或者单个字母缩写的短格式，例如 ls--help 和 ls-h。多个长格式选项需要用空格隔开，短格式则可以单独写并用空格分隔，也可以合并书写，例如 ls-a、ls-a-l、ls-al 都是正确的。

③ **命令参数**：指定要处理的文件、目录、用户等资源目标。

Linux 系统具有丰富的命令，例如 ls、cd、mkdir、cp、mv、rm 等，用于文件和目录操作；apt、yum 等，用于软件包管理；ps、kill、top 等，用于进程管理；ifconfig、ping、ssh 等，用于网络配置和通信。用户可以通过查看命令文档或使用命令行帮助来学习和了解每个命令的用法。使用命令的自动补全和历史记录操作可以大幅提高命令输入的效率。

命令行界面虽然不如图形界面那样直观和易于使用，但它提供了更高级的控制能力和自动化操作。同时，通过命令行界面还可以轻松地编写和执行脚本，以完成更复杂的任务和自动化操作。

在命令操作中，掌握快捷操作的小技巧可以大幅度提高操作效率，更加轻松地执行命令。下面两个快捷操作经常被使用到。

① **自动补全**：在 Linux 命令行模式中，指令、程序、路径，都可以只输入部分字符，然后使用键盘的 Tab 键进行自动补全。如果输入字符可以唯一匹配一个结果，则命令行会自动补全剩下的字符；如果候选项超过一个，则连续敲击两次 Tab 会列出所有候选项；如果不显示任何内容则表示无匹配内容。此操作可以让操作者不需要准确完整地记忆命令和路径，还可以帮助操作者验证输入的正确性。

② **重复调用命令**：在命令行模式中，执行过的命令，可以通过键盘的上下箭头滚动寻找，并再次执行，大幅提升输入效率。Linux 系统提供历史命令的完整操作和管理功

能，读者可以自行深入了解。

以下梳理了常见的组合键或快捷键，读者通过阅读先进行全面的了解，后续在使用中逐步加深印象。

（1）以!开始的快捷键

① **!!**：重复执行上一条命令。

② **!a**：重复执行最近执行过的以 a 为首的命令。

③ **!number**：重复执行在 history 表中记录号码为 number 的命令。

④ **!-number**：重复执行前第 number 条命令。

⑤ **!$**：获得上一条命令的执行结果，一般用于验证上一条命令是否执行成功。

（2）以 Ctrl 开始的组合键

① **Ctrl+a**：光标回到命令行首（a：ahead）。

② **Ctrl+e**：光标回到命令行尾（e：end）。

③ **Ctrl+b**：光标向行首移动一个字符（b：backwards）。

④ **Ctrl+f**：光标向行尾移动一个字符（f：forwards）。

⑤ **Ctrl+w**：删除光标处到行首的字符。

⑥ **Ctrl+k**：删除光标处到行尾的字符。

⑦ **Ctrl+u**：删除整个命令行文本字符。

⑧ **Ctrl+h**：向行首删除一个字符。

⑨ **Ctrl+d**：向行尾删除一个字符。

⑩ **Ctrl+y**：粘贴由“Ctrl+u”“Ctrl+k”“Ctrl+w”组合键删除的文本。

⑪ **Ctrl+p**：上一个使用的历史命令（p：previous）。

⑫ **Ctrl+n**：下一个使用的历史命令（n：next）。

⑬ **Ctrl+r**：快速检索历史命令（r：retrieve）。

⑭ **Ctrl+t**：交换光标所在字符和其前面的字符。

⑮ **Ctrl+i**：相当于“Tab”键。

⑯ **Ctrl+o**：相当于“Ctrl+m”组合键。

⑰ **Ctrl+m**：相当于“Enter”键。

⑱ **Ctrl+s**：使终端静止，使快速输出的终端屏幕停下来。

⑲ **Ctrl+q**：退出由“Ctrl+s”组合键引起的终端静止。

⑳ **Ctrl+z**：使正在运行于终端的任务，运行于后台（可用 g 恢复）。

㉑ **Ctrl+c**：中断终端正在执行的任务。

㉒ **Ctrl+[**：相当于“Esc”键。

（3）以 Esc 开始的组合键

① **Esc+d**：删除光标后的一个词。

② **Esc+f**：往右跳一个词。

③ **Esc+b**：往左跳一个词。

④ **Esc+t**：交换光标位置前的两个单词。

（4）其他快捷键

① **Esc 键**：连续按 3 次显示所有支持的终端命令。

② **Tab 键**：命令、文件名等自动补全功能。

2.1.2 登录相关命令

在第 1 章中，在安装系统后使用 root 账户进行了系统的本地登录操作。在 Linux 系统的用户登录命令的使用中还有以下扩展性操作。

1. SSH 登录

用户可通过 SSH 协议远程（其他计算机）登录 Linux 操作系统（客户端可以是 Windows、Linux 等任何具有 SSH 终端的操作系统或者是实现相关协议的应用）。该方式可以让用户非常快捷地使用现有资源对服务器系统进行管理，后文将讲解网络和远程 SSH 的配置，这里演示时使用已有的网络配置进行。服务器远程管理方式如图 2-4 所示。

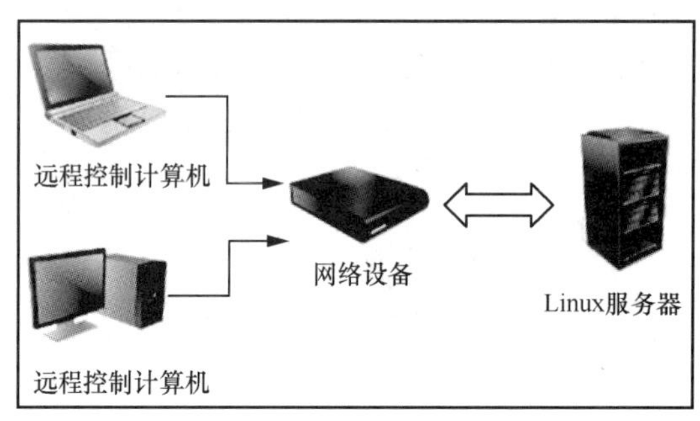

图 2-4 服务器远程管理方式

命令示例：ssh username@hostname。

参数说明如下。

① username：登录使用的用户名。

② hostname：目标主机名或 IP 地址。

环境说明如下。

① openEuler 操作系统 IP 地址为 172.28.221.127（根据实际情况替换）。

② Windows 操作系统 IP 地址为 172.28.208.1（根据实际情况替换）。

使用网络中的 Windows 操作系统远程登录 openEuler 主机的步骤如下。

步骤 1：打开 Windows 操作系统中的命令窗口（在 Windows 操作系统的运行窗口中输入“cmd”并按“Enter”键）。

在命令行窗口输入：ssh root@172.28.221.127（按“Enter”键）。

步骤 2：首次远程连接 openEuler 操作系统，会看到连接确认提示，输入“yes”后按“Enter”键进行确认。

```
The authenticity of host '172.28.221.127 (172.28.221.127)' can't be established.
ED25519 key fingerprint is SHA256:hU+nqmSwyFaALGVBIdVZMYo1+2C+GoGv5irIWxQ7p5g.
This key is not known by any other names
Are you sure you want to continue connecting (yes/no/[fingerprint])?
```

步骤 3：接下来看见密码输入提示，输入 root 账户密码并按“Enter”键，需要注意，在命令行界面中输入密码，控制台不回显（输入时看不见输入的密码或者提示信息），也可以直接复制并粘贴密码后按“Enter”键。

```
Authorized users only. All activities may be monitored and reported.
root@172.28.221.127's password:
```

步骤 4：登录成功后可以看到和 openEuler 本地登录相同的命令行界面（见图 2-5），此时可以进行相关的命令操作。

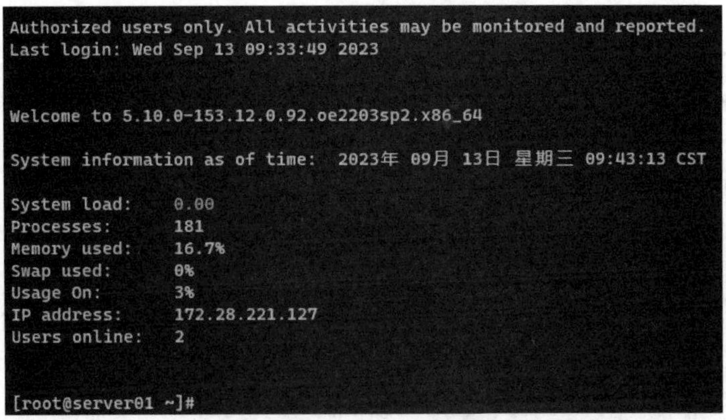

```
Authorized users only. All activities may be monitored and reported.
Last login: Wed Sep 13 09:33:49 2023


Welcome to 5.10.0-153.12.0.92.oe2203sp2.x86_64

System information as of time:  2023年 09月 13日 星期三 09:43:13 CST

System load:     0.00
Processes:       181
Memory used:     16.7%
Swap used:       0%
Usage On:        3%
IP address:      172.28.221.127
Users online:    2


[root@server01 ~]#
```

图 2-5　Windows 控制台远程 SSH 登录成功

2. 退出登录

本地或者远程登录成功且对 openEuler 服务器进行管理后，服务器继续工作，为了安全起见，需要退出并注销当前用户的登录状态，并终止本次交互对话，下一次访问时需要重新连接和登录。

命令示例：logout 或者 exit。

在 openEuler 操作系统本地登录状态下，在命令行界面输入“logout”或者“exit”后按“Enter”键，将返回到 openEuler 的未登录状态，如图 2-6 所示。

```
Authorized users only. All activities may be monitored and reported.
server01 login: _
```

图 2-6　openEuler 的未登录状态

在 Windows 操作系统远程 SSH 登录状态中，在命令行界面中输入“logout”或者“exit”后按“Enter”键，将返回到 Windows 操作系统的原始命令行状态，如图 2-7 所示。

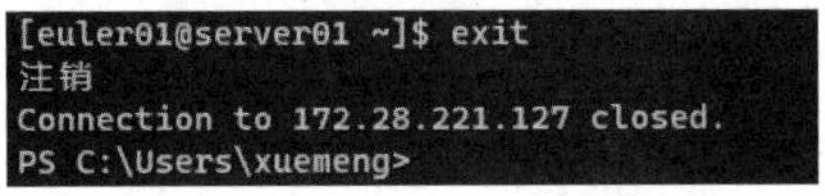

```
[euler01@server01 ~]$ exit
注销
Connection to 172.28.221.127 closed.
PS C:\Users\xuemeng>
```

图 2-7　Windows 操作系统的原始命令行状态

3. 使用 help 获得命令的使用说明

借助帮助系统获得命令的使用说明，可以大大降低命令的使用难度。help 命令和选项是最为常见的一种方式。help 命令用于显示 Bash Shell 内置命令的帮助信息，但无法显示所有命令的帮助信息。对于外部命令（例如 ls、grep 等），help 命令无效。其他帮助命令将在后文中讲解。

help 命令：使用 help 加命令名称的方式，可以获得该内置命令的使用说明。

--help 选项：许多命令都支持--help 选项，用于显示命令的简要帮助信息，一般用法是在命令后面添加--help。

示例：输入“exit --help”或者“help exit”，会看到关于 exit 命令的说明和可用选项。

```
[root@server01 ~]# exit --help
exit: exit [n]
    退出 Shell。
    以状态 N 退出 Shell。如果 N 被省略，则退出状态为最后一个执行的命令的退出状态。
```

需要注意的是，exit 命令并不能使用--help 选项的短命令方式-h，因为 exit 只是一个用于退出当前 Shell 会话的内置命令，不需要选项或参数。

4．多用户登录

openEuler 和 Linux 一样，是一款支持多用户的服务器系统，多个用户可以在不同终端中同时登录并管理系统。相同的用户账户也可以在多个终端或会话中同时登录，这种机制称为“会话共享”。会话共享允许用户在不同的终端或计算机上同时访问相同的会话，并执行相同的命令或任务。为了安全起见，应该只允许可信用户使用会话共享功能，并尽量限制会话共享的时间和范围，避免数据泄露或未经授权的访问。

示例：

① 使用 root 账户在虚拟机界面中以本地方式登录 openEuler 系统。

② 使用 root 账户在 Windows 操作系统中通过 SSH 远程登录 openEuler 系统。

③ 使用新增用户 euler01（**用 root 账户登录系统，输入“useradd euler01”后按“Enter”键，再输入“passwd euler01”并按“Enter”键后输入两遍密码即可创建用户**）通过 SSH 登录 openEuler 系统。

④ 在命令行界面输入“who”后按“Enter”键，可查看当前登录到 openEuler 系统的用户。

```
[root@server01 ~]# who
root         tty1         2023-09-13 15:26
euler01      pts/0        2023-09-13 15:27 (172.28.208.1)
root         pts/3        2023-09-13 10:32 (172.28.208.1)
```

信息解释：第一列为用户名，第二列为登录终端类型和编号。tty 为本地登录，pts 为远程登录。从上面运行结果中可以看到有两个 root 用户，分别是从本地登录和从远程终端登录。这些用户在没有操作冲突的情况下都可以操作系统。

⑤ 在其中一个终端使用 exit 或者 logout 命令退出后，再次使用 who 命令查询用户状态，可以看到用户状态的实时变化。

5．su 和 sudo 命令

为了安全起见，多用户系统的用户往往被配置不同的权限。使用较低权限的用户登录后，需要临时切换用户或者提升权限，可以使用以下方式实现。

su：用于切换用户。部分系统操作需要较高权限，在知道具有权限的账户信息的前提下，可以使用 su 命令临时切换到具有对应权限的账户进行操作。

sudo：以超级用户（root）权限执行命令。在 Linux 系统中，超级用户拥有最高权限，sudo 命令允许普通用户暂时以超级用户的身份执行特定的命令。

2.1.3 电源管理相关命令

在工作时，服务器往往不止一台，通常是多台以集群化方式部署的，并且会以非常密集的方式隔离集中放置，如图 2-8 所示。所以服务器的维护管理操作在大多数情况下也是通过远程命令进行的，包括电源的基本管理。下面对电源相关的控制指令进行介绍。

图 2-8　服务器集群

1. 基本电源管理命令

① **poweroff 命令**：立即关闭系统，并停止电源供应。在终端命令行中输入“poweroff”并按“Enter”键，openEuler 系统将会关闭，并关闭服务器电源，远程连接终端会显示以下信息并断开连接。

```
[root@server01 ~]# Connection to 172.28.221.127 closed by remote host.
Connection to 172.28.221.127 closed.
```

poweroff 命令常用选项及其说明见表 2-1（注意选项的长短命令的识别）。

表 2-1　poweroff 命令常用选项及其说明

命令	说明
--help	显示帮助信息
-halt	硬件关机，并关闭电源
-p --poweroff	立即关闭设备，属于正常关机
-f --force	强制关闭计算机和电源，不管是否有进程在运行，大多数情况下不建议使用
-w --wtmp-only	仅写入 wtmp 记录文件而不进行实际的关机、关闭电源或重启操作
-d --no-wtmp	关机时避免将关机操作写入 wtmp 记录文件中
--no-wall	关机前不给其他用户发送任何信息进行提示

我们并不需要记住所有可用选项，必要时使用相关帮助命令即可获得详细说明。

下面是 poweroff 命令的应用示例。

强制关机：在命令行输入“sudo poweroff -f”后按“Enter”键，将会强制关闭计算机和电源，不管是否有进程在运行。大多数情况下不建议使用。

进入休眠：在命令行输入“poweroff -h”后按“Enter”键，将会进入休眠状态。

② **shutdown 命令**：按照指定的时间或延迟时间关机。

shutdown 命令常用选项及其说明见表 2-2。

表 2-2　shutdown 命令常用选项及其说明

命令	说明
--help	显示帮助信息
-h --halt	停止所有进程进入停机状态，需要手动关闭电源
-p --poweroff	停止所有进程并关闭系统
-r --reboot	关机并重新启动系统
-h	正常关机，会向所有登录用户发送通知
-k	发送关机通知
--no-wall	不发送通知并直接关机
-c	取消正在执行的关机计划

2. 时间参数

shutdown +m：指定 *m* 分钟后执行关机操作，表 2-2 中的选项大部分可以和时间参数结合，指定具体的延迟时间。时间参数如果使用 now，则不延迟立刻关机，例如 shutdown now。

shutdown 命令的使用示例如下。

延迟 3 分钟关机：在命令行上输入“shutdown +3”后按“Enter”键，将会看到预计关机的具体时间和取消操作的方式。

```
[root@server01 ~]# shutdown +3
Shutdown scheduled for Wed 2023-09-13 18:46:52 CST, use 'shutdown -c' to cancel.
```

取消关机：在关机执行前，在命令行输入“shutdown -c”后按“Enter”键，即可取消关机计划，如上个示例看到的提示信息。

延迟 3 分钟后重启，并提示其他终端用户：在多用户系统下，在其他用户进行操作时直接关闭系统是不友好的，应在关机前进行通知，并给其他用户留出适当的时间保存当前的操作。此示例将在计划关机前先发送消息广播，执行结果如图 2-9 所示，可以看到来自哪个用户通过哪个终端发送的消息。发送消息广播的命令如下。

```
echo "系统将在 3 分钟后重启，请保存您的工作，并退出系统。" | wall
```

echo "XXX"为输出文本信息到控制台命令，" "内的信息为需要显示的信息。“|”为管道符，用于将一个命令的输出作为另一个命令的输入，它可以将多个命令连接在一起，实现数据流的传递和处理。wall 为向所有终端发送广播命令。

```
来自 root@server01 (pts/0) (Wed Sep 13 18:53:36 2023) 的广播消息：

系统将在3分钟后重启，请保存您的工作，并退出系统。
```

图 2-9　终端广播消息

输入“shutdown　--r +3”后按“Enter”键执行，3 分钟后系统将重新启动。

立刻关机：直接输入“shutdown”后按“Enter”键，默认会在 3 分钟后关机。如果没有其他用户在操作计算机，需要立刻关闭计算机时，可以使用 shutdown now 命令立刻关闭系统，终端会收到关机信息并断开连接。

```
[root@server01 ~]# shutdown now
[root@server01 ~]# Connection to 172.28.221.127 closed by remote host.
Connection to 172.28.221.127 closed.
```

3. systemctl 管理系统电源状态

① **reboot 命令**：执行一个重新引导操作，和某些参数组合，功能上和 shutdown 相同，例如，reboot now 和 shutdown --r 都能实现系统的重启操作。

reboot 命令常用选项及其说明见表 2-3。

表 2-3　reboot 命令常用选项及其说明

命令	说明
-d	重启时不把数据写入/var/tmp/wtmp 记录文件，本选项具有“-n”选项效果
-f	强制重启，不调用 shutdown 指令的功能
-i	在重启之前，先关闭所有网络界面
-n	重启之前不检查是否有未结束的程序
-w	仅做测试，并不是真正让系统重启，只把重启的数据写入/var/log 目录下的 wtmp 记录文件
-t	延迟多少秒后重启，例如 reboot -t 30 为延迟 30 秒后重启系统

读者可自行尝试不同选项的组合以验证常见操作。

② **systemctl 命令（需要 root 权限）**：systemd 通过 systemctl 命令（后文将对该命令的细节进行详细讲解）对系统进行关机、重启、休眠等一系列操作，这些操作都需要 root 权限。具体操作如下。

- **systemctl halt**：用于关闭系统。在终端命令行中输入“systemctl halt”并按“Enter”键，此时系统被关闭，远程终端连接被断开，但服务器电源保持开启状态，需要进一步手动关闭电源。执行该命令后控制台会提示信息并断开连接。
- **systemctl poweroff**：用于关闭电源。在终端命令行中输入“systemctl poweroff”并按“Enter”键，此时系统将会关机，同时电源也会关闭。远程登录终端同样显示连接关闭信息。
- **systemctl reboot**：用于重启系统。在终端命令行中输入“systemctl reboot”并按“Enter”键，此时系统将会关闭，然后重新启动。远程登录终端同样显示连接关闭信息。
- **systemctl hibernate**：用于使系统休眠。在终端命令行中输入“systemctl hibernate”并按“Enter”键，此时系统会进入休眠状态，远程连接将会被重置。
- **systemctl hybrid-sleep**：用于使系统待机且处于休眠状态。在终端命令行中输入“systemctl hybrid-sleep”并按“Enter”键，此时系统会进入休眠状态，远程连接将会被重置。

2.1.4　文件管理和基本操作命令

第 1 章介绍了 openEuler 的基本文件结构，openEuler 作为操作系统同样具备基本的文件管理操作，包括文件和文件夹的增删改查、复制、剪切和粘贴等操作。下面通过命令来实现这些常见操作。

1. ls 命令

ls 命令用于列出目录内容，列出给定文件（默认为当前目录）的信息。其语法格式如下。

```
ls [选项]… [文件]…
```

ls 命令可用选项非常多，下面重点讲解一些常用选项的使用方法。对于其余的选项，读者可以借助帮助进行了解和验证。在命令行中输入“ls --help”并按“Enter”键，使用帮助可以反馈 ls 命令所有的用法和选项信息，如图 2-10 所示。

```
[root@server01 ~]# ls --help
用法：ls [选项]... [文件]...
列出给定文件（默认为当前目录）的信息。
如果不指定 -cftuvSUX 中任意一个或--sort 选项，则根据字母大小排序。

必选参数对长短选项同时适用。
  -a, --all                  不隐藏任何以 . 开始的项目
  -A, --almost-all           列出除 . 及 .. 以外的任何项目
      --author               与 -l 同时使用时，列出每个文件的作者
  -b, --escape               以 C 风格的转义序列表示不可打印的字符
      --block-size=大小      与 -l 同时使用时，将文件大小以此处给定的大小为
                               单位进行缩放；例如："--block-size=M"；
                               请参考下文的大小格式说明
  -B, --ignore-backups       不列出任何以 ~ 字符结束的项目
  -c                         与 -lt 共同使用时：根据 ctime 排序并显示
                             ctime（文件状态最后更改的时间）；
                             与 -l 共同使用时：显示 ctime 并按照名称排序；
                             其他情况：按照 ctime 排序，最新的在最前
  -C                         每栏由上至下列出项目
      --color[=WHEN]         控制是否使用带颜色的输出；WHEN 可以是
                               "always"（默认缺省值）、"auto"或
                               "never"；更多信息请见下文
  -d, --directory            当遇到目录时列出目录本身而非目录内的文件
  -D, --dired                产生适合 Emacs 的 dired 模式使用的结果
  -f                         list all entries in directory order
  -F, --classify[=WHEN]      append indicator (one of */=>@|) to entries;
                               WHEN can be 'always' (default if omitted),
```

图 2-10 ls 的帮助信息

帮助信息的说明如下。

① 命令说明中的中括号“[]”，代表括号里的选项或者命令对象为可选项。有则按选项和指令执行，没有则按默认值执行。

② 命令说明中的省略号“…”，代表参数或者命令对象的数量可以有多个。例如 ls 命令说明中的“ls [选项]… [文件]…”。

如果某些命令说明中有“<>”，代表括号里的选项或者命令参数为必选项，书写命令时如果未包含，执行时则会报错。

例如，列出当前目录下的文件，执行 ls 命令后按“Enter”键会列出当前目录下的所有文件。

本例以 root 用户登录系统，登录后默认所在目录为 root 用户的主目录，全路径为 /root/。登录后不改变所在文件夹位置，执行 ls 命令按“Enter”键后，得到的就是/root/目录下的内容，和执行“ls/root/”（绝对路径）命令或者直接 ls 命令效果相同。

直接使用 ls 命令不会显示隐藏文件，我们只能看见一个 anaconda-ks.cfg 文件（**各自计算机看到的可能不同**），具体如下。

```
[root@server01 ~]# ls
anaconda-ks.cfg
```

- 如果输入“ls -a”，则可以看到所有的文件，包括隐藏文件和系统文件。-a 选项

表示可以看到所有类型的文件。

- 文件名前带“.”符号的是 Linux 文件系统中的隐藏文件，在-a 选项下可以被看到。隐藏文件如图 2-11 所示。

```
[root@server01 ~]# ls -a
.   anaconda-ks.cfg  .bash_logout   .bashrc  .lesshst  test
..  .bash_history    .bash_profile  .cshrc   .tcshrc   .wget-hsts
```

图 2-11　隐藏文件

有两个特殊的目录名分别代表当前目录和上级目录的相对路径。相对路径如图 2-12 所示。

```
[root@server01 ~]# ls -a
.   anaconda-ks.cfg  .bash_logout   .bashrc  .lesshst  test
..  .bash_history    .bash_profile  .cshrc   .tcshrc   .wget-hsts
```

图 2-12　相对路径

- 在 root 用户的主目录/root/下执行 ls.命令和 ls 命令效果相同，都是显示当前目录下的内容。
- ..代表当前目录的上级目录。如当前目录为/root/，则 .. 就代表/root/的上一级/根目录，也可以使用 cd .. 命令从任意目录快速返回到上一级目录。
- ls 命令显示的目录之间分割不明显，可以增加 m 选项，让目录中的文件通过逗号分隔。短命令可以将 m 和 a 连在一起写。使用逗号分隔的显示效果如图 2-13 所示。

```
[root@server01 ~]# ls -ma
., .., anaconda-ks.cfg, .bash_history, .bash_logout, .bash_profile, .bashrc,
.cshrc, .lesshst, .tcshrc, test, .wget-hsts
```

图 2-13　使用逗号分隔的显示效果

- 文件具有的信息很多。需要看到更多的文件信息时，可以为 ls 命令增加 l 选项，以长格式显示当前目录下的文件和子目录的详细信息，其中包括文件类型、相关权限、作者、数组、文件大小、创建时间、文件名信息。文件信息列表如图 2-14 所示。

```
[root@server01 ~]# ls -mal
总用量 48
dr-xr-x---.  3 root root 4096 11月 25 00:06 .
dr-xr-xr-x. 19 root root 4096  9月 11 17:22 ..
-rw-------.  1 root root  794  9月 11 17:27 anaconda-ks.cfg
-rw-------.  1 root root 3303 11月 26 16:34 .bash_history
-rw-r--r--.  1 root root   18  5月 27  2023 .bash_logout
-rw-r--r--.  1 root root  176  5月 27  2023 .bash_profile
-rw-r--r--.  1 root root  176  5月 27  2023 .bashrc
-rw-r--r--.  1 root root  100  5月 27  2023 .cshrc
-rw-------.  1 root root   20 11月 25 00:06 .lesshst
-rw-r--r--.  1 root root  129  5月 27  2023 .tcshrc
drwxr-xr-x.  3 root root 4096  9月 14 11:24 test
-rw-r--r--.  1 root root  176  9月 13 18:20 .wget-hsts
```

图 2-14　文件信息列表

长格式显示结果说明如下。

① **文件或目录的权限信息**：显示 10 个字符，表示所有者、群组和其他用户对文件

的读、写和执行权限。以 d 开头的是目录，以-开头的是普通文件。

② **硬链接数**：指向该文件的硬链接数量。

③ **所有者**：文件或目录的所有者用户名。

④ **群组**：文件或目录所属的群组名。

⑤ **文件大小**：以字节为单位显示文件的大小。

⑥ **修改时间**：文件或目录的最后修改时间。

⑦ **文件名**：文件或目录的名称。以 d 开头代表是目录，以-开头代表是文件。

- 文件大小习惯以 K 为单位，若要在结果中显示，则可以在命令选项中加上 h，如图 2-15 所示。

```
[root@server01 ~]# ls -malh
总用量 48K
dr-xr-x---.  3 root root 4.0K 11月 25 00:06 .
dr-xr-xr-x. 19 root root 4.0K  9月 11 17:22 ..
-rw-------.  1 root root  794  9月 11 17:27 anaconda-ks.cfg
-rw-------.  1 root root 3.3K 11月 26 16:34 .bash_history
-rw-r--r--.  1 root root   18  5月 27  2023 .bash_logout
-rw-r--r--.  1 root root  176  5月 27  2023 .bash_profile
-rw-r--r--.  1 root root  176  5月 27  2023 .bashrc
-rw-r--r--.  1 root root  100  5月 27  2023 .cshrc
-rw-------.  1 root root   20 11月 25 00:06 .lesshst
-rw-r--r--.  1 root root  129  5月 27  2023 .tcshrc
drwxr-xr-x.  3 root root 4.0K  9月 14 11:24 test
-rw-r--r--.  1 root root  176  9月 13 18:20 .wget-hsts
```

图 2-15　文件大小以 K 显示

- **列出指定目录内容**：以 ls 命令后加目标路径作为命令对象，则会显示目标路径下的内容。选项的使用方式和前面的示例完全相同，例如以长格式列出/usr/目录下的内容，如图 2-16 所示。
- **列出父目录文件列表**：当需要显示当前路径的上一级目录内容时，并不需要重新定位路径，可以使用“..”相对路径符号。例如，在 root 的主目录（/root/）下，以相对路径定位方式显示/usr/目录内容。相对路径定位方式如图 2-17 所示，结果和图 2-16 是相同的，只是两者的定位起点不同，一个是从当前所在目录开始定位，另一个是从系统根目录开始定位。

```
[root@server01 ~]# ls -l /usr/
总用量 128
dr-xr-xr-x.  2 root root 36864  9月 13 18:24 bin
drwxr-xr-x.  2 root root  4096  5月 27  2023 games
drwxr-xr-x.  4 root root  4096  9月 13 18:24 include
dr-xr-xr-x. 31 root root  4096  9月 11 17:24 lib
dr-xr-xr-x. 51 root root 36864  9月 13 18:24 lib64
drwxr-xr-x. 27 root root  4096  9月 11 17:24 libexec
drwxr-xr-x. 12 root root  4096  9月 11 17:22 local
dr-xr-xr-x.  3 root root 20480  9月 11 17:24 sbin
drwxr-xr-x. 91 root root  4096  9月 13 18:24 share
drwxr-xr-x.  4 root root  4096  9月 11 17:22 src
```

图 2-16　显示指定路径下的内容

```
[root@server01 ~]# ls -l ../usr/
总用量 128
dr-xr-xr-x.  2 root root 36864  9月 13 18:24 bin
drwxr-xr-x.  2 root root  4096  5月 27  2023 games
drwxr-xr-x.  4 root root  4096  9月 13 18:24 include
dr-xr-xr-x. 31 root root  4096  9月 11 17:24 lib
dr-xr-xr-x. 51 root root 36864  9月 13 18:24 lib64
drwxr-xr-x. 27 root root  4096  9月 11 17:24 libexec
drwxr-xr-x. 12 root root  4096  9月 11 17:22 local
dr-xr-xr-x.  3 root root 20480  9月 11 17:24 sbin
drwxr-xr-x. 91 root root  4096  9月 13 18:24 share
drwxr-xr-x.  4 root root  4096  9月 11 17:22 src
```

图 2-17　相对路径定位方式

2. mkdir 命令

mkdir 命令用于在命令行或终端中创建新目录（文件夹），如果创建成功，将不会有任何输出。执行后可以使用 ls 命令查看目录是否成功创建。mkdir 命令语法格式如下。

```
mkdir [选项]... 目录...
```

使用--help 选项可以列出其中常用的命令选项和操作（部分扩展选项无法列出）。mkdir 命令的帮助信息如图 2-18 所示。

```
[root@server01 ~]# mkdir --help
用法：mkdir [选项]... 目录...
若指定<目录>不存在则创建目录。

必选参数对长短选项同时适用。
  -m, --mode=模式    设置权限模式（类似chmod），而不是 a=rwx 或 umask
  -p, --parents      需要时创建目标目录的上层目录，即使这些目录已存在
                     也不当作错误处理，其文件权限模式不受 -m 选项的影响。
  -v, --verbose      每次创建新目录都显示信息
  -Z                      设置每个创建的目录的 SELinux 安全上下文为默认类型
      --context[=CTX]  类似 -Z，或如果指定了 CTX，则将 SELinux 或 SMACK 安全
                          上下文设置为 CTX 对应的值
      --help              显示此帮助信息并退出
      --version           显示版本信息并退出
```

图 2-18　mkdir 命令的帮助信息

mkdir 命令的示例如下。

（1）在 root 主目录下创建 test 目录

以 root 用户登录终端，在默认定位位置/root/下，使用相对路径定位方式创建目录，在命令行输入“mkdir test”后按“Enter”键，并使用“ls -l”命令查看结果，可以看到属主用户为 root 的文件 test。

```
[root@server01 ~]# mkdir test
[root@server01 ~]# ls -l
总用量 8
-rw-------. 1 root root  794  9月 11 17:27 anaconda-ks.cfg
drwxr-xr-x. 2 root root 4096  9月 14 11:20 test
```

（2）在 test 目录下创建 soft 目录

在（1）的基础上，使用绝对路径定位方式创建目录。在命令行输入“mkdir /root/test/game”后按“Enter”键，/root/test/game 是指定的目录对象，已存在的上级目录/root/test/会作为父路径，并在下面创建 game 目录，如果父路径错误或者不存在，则会报错。创建后使用“ls -l”命令可以查看创建结果。

```
[root@server01 ~]# mkdir /root/test/game
[root@server01 ~]# ls -l
总用量 8
-rw-------. 1 root root  794  9月 11 17:27 anaconda-ks.cfg
drwxr-xr-x. 3 root root 4096  9月 14 11:24 test
```

（3）在/opt/目录下创建多级目录 mysoft/httpd

如果需要创建多级目录，例如“/目录 a/目录 b”，且目录 a、b 均不存在，直接使用 mkdir 命令指定路径对象，会报告路径不存在。使用-p 选项，将会自动创建这个目录路径的所有父目录。在命令行中输入“mkdir -p /opt/mysoft/httpd”后按“Enter”键。使用“ls -R /opt/”命令递归查看所有子目录验证结果，可以看到 opt 目录下新增的 mysoft 目录，以及 mysoft 目录下的 httpd 目录。

```
[root@server01 ~]# mkdir -p/opt/mysoft/httpd
[root@server01 ~]# ls -R /opt/
[root@server01 ~]# ls -R /opt/
/opt/:
mysoft

/opt/mysoft:
httpd
```

```
/opt/mysoft/httpd:
```

（4）同时创建多个目录

如果需要创建多个非同级目录，也可以使用一条命令完成，从而提高执行效率。创建时需将多个要创建的路径用空格隔开，例如，在/opt/mysoft/httpd 目录下创建 web1、web2、web3 文件夹，可以在命令行中输入“mkdir /opt/mysoft/httpd/web1 /opt/mysoft/httpd/web2/opt/mysoft/httpd/web3”后按“Enter”键，然后使用“ls /opt/mysoft/httpd/ -l”命令验证结果，可以看到 3 个目录均被成功创建。

```
[root@server01 mysoft]# mkdir /opt/mysoft/httpd/web1 /opt/mysoft/httpd/web2/opt/
mysoft/httpd/web3
[root@server01 mysoft]# ls /opt/mysoft/httpd/ -l
总用量 12
drwxr-xr-x. 2 root root 4096  9月 14 13:47 web1
drwxr-xr-x. 2 root root 4096  9月 14 13:47 web2
drwxr-xr-x. 2 root root 4096  9月 14 13:47 web3
```

（5）使用集合方式创建多个目录

在示例（4）中，如果需要创建多个（例如大于 10）目录，仍然需要输入过多的信息。在本示例中可以使用集合方式批量创建多个目录，在命令行中输入“mkdir /opt/mysoft/httpd/web{4..20}”后按“Enter”键，web{4..20}会使用数字 4～20 和 web 组成目录名。使用“ls /opt/mysoft/httpd/”命令验证结果。

```
[root@server01 mysoft]# mkdir /opt/mysoft/httpd/web{4..20}
[root@server01 mysoft]# ls /opt/mysoft/httpd/
web1   web11  web13  web15  web17  web19  web20  web4  web6  web8
web10  web12  web14  web16  web18  web2   web3   web5  web7  web9
```

3. cd 命令

cd 命令用于在命令行或终端中更改当前工作目录，如果切换成功，将不会有任何输出。可以使用 pwd 命令来查看当前所在的目录是否成功改变。cd 命令语法格式如下。

```
cd [-L|[-P [-e]] [-@]] [目录]
```

登录后默认当前路径为用户的主目录，如果需要改变当前路径位置，可以使用 cd 命令加目标路径实现。cd 命令的帮助信息可以使用--help 命令查看，如图 2-19 所示。

```
[root@server01 ~]# cd --help
cd: cd [-L|[-P [-e]] [-@]] [目录]
    改变 shell 工作目录。

    改变当前目录至 DIR 目录。默认的 DIR 目录是 shell 变量 HOME
    的值。

    变量 CDPATH 定义了含有 DIR 的目录的搜索路径，其中不同的目录名称由冒号 (:)分
    隔。
    一个空的目录名称表示当前目录。如果要切换到的DIR目录由斜杠(/)开头，则 CDPATH
    不会用到变量。

    如果路径找不到，并且 shell 选项“cdable_vars”被设定，则参数词被假定为一个
    变量名。如果该变量有值，则它的值被当作 DIR 目录。

    选项：
        -L      强制跟随符号链接：在处理“..”之后解析DIR目录中的符号链接。
        -P      使用物理目录结构而不跟随符号链接：在处理“..”之前解析DIR目录中的
                符号链接。
        -e      如果使用了 -P 参数，但不能成功确定当前工作目录时，返回非零的返回
                值。
        -@      在支持拓展属性的系统上，将一个有这些属性的文件当作有文件属性的目
                录。
```

图 2-19 cd 命令的帮助信息

cd 命令的示例如下。

（1）定位到/opt/mysoft/httpd 目录下

在任何目录下，都可以使用绝对路径定位方式改变路径。例如，在命令行输入“cd /opt/mysoft/httpd”并按“Enter”键，命令行当前路径发生改变，同时命令行提示符的当前路径部分发生改变。在命令行输入“pwd”命令并按“Enter”键，可查看当前位置的全路径，结果如图 2-20 所示。

```
[root@server01 ~]# cd /opt/mysoft/httpd
[root@server01 httpd]# pwd
/opt/mysoft/httpd
[root@server01 httpd]#
```

提示符路径改变

图 2-20　使用 cd 命令改变路径

（2）从任意位置重新定位到 root 用户的主目录

以 root 身份登录终端，在任何目录下，在命令行输入“cd ~”或者直接输入“cd”后按“Enter”键，都可以将当前路径定位到当前用户的主目录下。“~”符号在路径组合中代表当前用户的主目录，cd 选项则代表默认为主目录。这里使用 root 用户，则会定位到/root/目录下。可以使用 pwd 命令验证结果。

```
[root@server01 httpd]# cd
[root@server01 ~]# pwd
/root
```

（3）重新回到上一次操作的目录

维护服务器的过程中，经常需要在一些目录中来回跳转，此时，可以通过参数符号“-”快速定位到上一次操作的目录。例如，在示例（2）中跳转到主目录后如果需要再次返回之前操作的目录，可以在命令行中输入“cd -”后按“Enter”键，当前路径将返回之前操作的目录。可以使用 pwd 验证结果。

```
[root@server01 ~]# cd -
/opt/mysoft/httpd
[root@server01 httpd]# pwd
/opt/mysoft/httpd
```

（4）定位到上一级目录

目录中的..代表从当前位置起，以相对路径定位方式向上定位路径。例如，从示例（3）中将当前路径定位到/opt/mysoft 目录，使用相对路径定位方式，在命令行输入“cd ..”，当前路径将向上跳一级（可以../..向上累加）。可以使用 pwd 验证结果。

```
[root@server01 httpd]# cd ..
[root@server01 mysoft]# pwd
/opt/mysoft
```

4．cp 命令

在 Linux 系统中，cp 命令用于复制文件和目录，相当于在 Windows 操作系统中复制并粘贴的连续执行。cp 命令的语法格式如下。

```
cp [选项]... [-T] 源文件 目标文件
```

cp 命令将一个源文件复制到目标路径，可以复制文件或者文件夹，使用过程中通过不同的选项对文件和文件夹进行区分，如果选项和操作的对象类型不匹配，则会报错。cp 命令的帮助信息可以使用--help 命令查看，如图 2-21 所示。

```
[root@server01 httpd]# cp --help
用法：cp [选项]··· [-T] 源文件 目标文件
  或  cp [选项]··· 源文件··· 目录
  或  cp [选项]··· -t 目录 源文件···
将指定<源文件>复制至<目标文件>，或将多个<源文件>复制至<目标目录>。

必选参数对长短选项同时适用。
  -a, --archive                等于-dR --preserve=all
      --attributes-only 仅复制属性而不复制数据
      --backup[=CONTROL 为每个已存在的目标文件创建备份
  -b                           类似--backup,但不接受参数
      --copy-contents          在递归处理时复制特殊文件内容
  -d                           等于--no-dereference --preserve=links
  -f, --force                 如果有已存在的目标文件且无法打开，则将其删除并重
                              试
```

图 2-21　cp 命令的帮助信息

cp 命令的示例如下。

（1）复制 Linux 用户文件到 root 用户主目录

Linux 用户文件为/etc/目录下的 passwd 文件（无扩展名），本示例对这个文件进行操作，将它复制到 root 用户的主目录中。在命令行中输入“cp　/etc/passwd　~”（“~”代表当前用户主目录）后按“Enter”键。使用“ls　~　-l”命令查看主目录文件列表，验证结果。

```
[root@server01 mysoft]# cp /etc/passwd ~
[root@server01 mysoft]# ls ~ -l
总用量 12
-rw-------. 1 root root  794  9月 11 17:27 anaconda-ks.cfg
-rw-r--r--. 1 root root 1383  9月 14 13:26 passwd
drwxr-xr-x. 3 root root 4096  9月 14 11:24 test
```

（2）复制文件并重新命名

将文件复制到目标路径时，如果将同名文件已存在，会提示是否覆盖，在复制文件的同时将复制的文件名更改为指定目标文件名。再次将/etc/passwd 文件复制到主目录，并更新文件名为 mypasswd。在命令行输入“cp　/etc/passwd　~/mypasswd”后按“Enter”键，并使用“ls　~　-l”命令验证复制结果。

```
[root@server01 mysoft]# cp /etc/passwd ~/mypasswd
[root@server01 mysoft]# ls ~ -l
总用量 16
-rw-------. 1 root root  794  9月 11 17:27 anaconda-ks.cfg
-rw-r--r--. 1 root root 1383  9月 14 13:34 mypasswd
-rw-r--r--. 1 root root 1383  9月 14 13:26 passwd
drwxr-xr-x. 3 root root 4096  9月 14 11:24 test
```

（3）复制多份文件到目标目录

在文件管理中，经常需要复制多份文件，使用单个文件进行逐个操作效率低下，此时可以对要操作的文件进行批量复制。例如，要将示例（2）中~目录下的 passwd 和 mypasswd 文件通过一条指令复制到/opt/mysoft/目录下，使用空格隔开输入的多个源文件，在命令行中输入“cp　~/passwd　~/mypasswd　/opt/mysoft/”，再使用“ls　/opt/mysoft/　-l”命令验证结果。

```
[root@server01 mysoft]# cp ~/passwd ~/mypasswd /opt/mysoft/
[root@server01 mysoft]# ls /opt/mysoft/ -l
总用量 12
drwxr-xr-x. 2 root root 4096  9月 14 11:28 httpd
-rw-r--r--. 1 root root 1383  9月 14 13:39 mypasswd
-rw-r--r--. 1 root root 1383  9月 14 13:39 passwd
```

（4）复制目录（文件夹）到目标路径

如果需要复制的是目录（包括目录下的所有文件），需要指定-r 选项实现。例如，

要将/opt/mysoft/httpd 目录和下面的所有文件与文件夹复制到主目录中。在命令行输入“cp　-r　/opt/mysoft/httpd/　~”后按“Enter”键，再输入“ls　~/httpd/”验证结果。

```
[root@server01 mysoft]# cp -r /opt/mysoft/httpd/ ~
[root@server01 mysoft]# ls ~/httpd/
web1   web11  web13  web15  web17  web19  web20  web4  web6  web8
web10  web12  web14  web16  web18  web2   web3   web5  web7  web9
```

5. rm 命令

rm 命令用于删除文件或者目录，语法格式如下。

```
rm [选项]... [文件]...
```

该命令用于删除指定目录下的文件，通过选项和匹配的单个或者多个文件及文件夹进行删除。需要注意的是，使用 rm 命令删除的文件不会进入回收站，而是被彻底删除。rm 命令的帮助信息可以使用--help 选项查看，如图 2-22 所示。

```
[root@server01 httpd]# rm --help
用法：rm [选项]... [文件]...
删除（unlink）指定<文件>。

  -f, --force           强制删除。忽略不存在的文件，不提示确认
  -i                    每次删除前提示确认
  -I                    在删除超过 3 个文件或者递归删除前提示一次并要求确认；
                        此选项比 -i 提示内容更少，但同样可以阻止大多数错误
                        发生
      --interactive[=场景]  根据指定的<场景>进行确认提示：never（从不）、
                          once（一次，等效于使用 -I）或者 always（总是，
                          等效于使用 -i）。如果使用此参数没有指定<场景>则
                          总是提示
      --one-file-system   递归删除一个层级时，跳过所有不符合命令行参数的
                          文件系统中的文件
      --no-preserve-root  不要对“/”进行特殊处理
      --preserve-root[=all]  不要删除“/”（默认行为）；
                             如添加了“all”参数，将拒绝处理与父目录位于
                             不同设备上的命令行参数
  -r, -R, --recursive   递归删除目录及其内容
  -d, --dir             删除空目录
  -v, --verbose         详细显示进行的步骤
      --help            显示此帮助信息并退出
      --version         显示版本信息并退出
```

图 2-22　rm 命令的帮助信息

rm 命令的示例如下。

（1）删除主目录下的 passwd 文件

在命令行中输入“rm　/root/passwd”后按“Enter”键，默认情况下会提示用户是否确认删除，通过键盘输入“y”或者“n”进行回应。如果不想在删除时出现相应的确认信息，也可以在命令中增加“-f”选项实行强制删除，执行时就不会出现提示信息。执行后使用“ls　/root”命令查看文件列表，验证删除结果。

```
[root@server01 mysoft]# rm /root/passwd
rm：是否删除普通文件 '/root/passwd'? y
[root@server01 mysoft]# ls /root
anaconda-ks.cfg  httpd  mypasswd  test
```

（2）使用通配符删除多个文件

进行文件维护时，经常需要删除多个文件，一个个删除效率低下，此时可以使用通配符删除多个符合要求的文件。例如，同时删除前面示例中创建的/opt/mysoft/目录下的 passwd 和 mypasswd 文件。这两个文件末尾有相同的 passwd 字符，可以使用*通配符进行匹配（更多通配符请自行扩展学习）。在命令行输入“rm　/opt/mysoft/*passwd　-f”后按“Enter”键强制删除，不再显示确认提示，然后使用“ls　/opt/mysoft/”命令验证删除结果。

```
[root@server01 mysoft]# rm /opt/mysoft/*passwd -f
[root@server01 mysoft]# ls /opt/mysoft/
httpd
```

（3）删除目录

使用 rm 命令直接删除文件时会报错，如果需要删除文件夹，需要为 rm 命令增加-r 选项，执行后将会递归删除下面的所有子目录和文件。要注意，在加-f 选项前每个被删除的项目均要确认。例如，在命令行输入“rm -rf /opt/mysoft/httpd”并按“Enter”键后进行静默删除，使用“ls /opt/mysoft/httpd”命令验证删除结果，可以看到 httpd 目录已经不在了。

```
[root@server01 mysoft]# rm -rf /opt/mysoft/httpd
[root@server01 mysoft]# ls /opt/mysoft/httpd
ls: 无法访问 '/opt/mysoft/httpd': No such file or directory
[root@server01 mysoft]# ls /opt/mysoft/
```

6. mv 命令

mv 命令用于移动文件或重命名文件/目录。mv 命令和 Windows 操作系统中的剪切命令相似。mv 命令的帮助信息可以通过--help 选项获得，如图 2-23 所示。

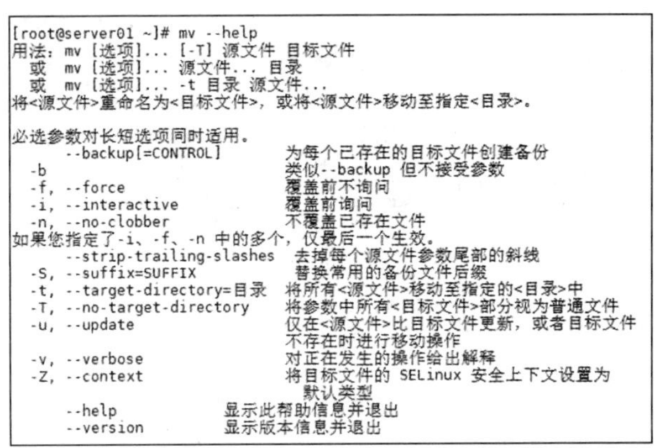

图 2-23　mv 命令的帮助信息

mv 命令的常用选项说明如下。

① **-i**：交互式操作。使用该选项表示，mv 操作会对已存在的目标文件进行覆盖，此时系统会询问是否覆盖，用户输入“y”表示覆盖，输入“n”则表示不覆盖，这样可以避免误覆盖文件。

② **-f**：禁止交互式操作。使用该选项表示，mv 操作要覆盖某个已有的目标文件或目录时，不会给任何指示，默认覆盖。如果所给目标文件（不是目录）已存在，该文件的内容将被新文件覆盖。为防止用户用 mv 命令破坏另一个文件，使用 mv 命令移动文件时，最好使用-i 选项。

③ **-b**：使用该选项表示，覆盖文件前先对其进行备份。

④ **-S 或--suffix=SUFFIX**：使用该选项表示，指定自定义备份后缀（而非默认后缀）。

⑤ **-u 或--update**：使用该选项表示，移动或覆盖目的文件时，若源文件日期比目标文件的日期旧，且目的文件已经存在，则不执行覆盖文件命令。

⑥ **-t 或--target-directory=目录**：使用该选项表示，将所有<源文件>移动至指定的<目录>中。

⑦ **-T 或--no-target-directory**：使用该选项表示，将 DEST 作为普通文件。

⑧ **--help**：使用该选项表示，显示帮助信息。

⑨ **-v 或--verbose**：使用该选项表示，显示执行的详细信息。

⑩ **--version**：使用该选项表示，显示版本详细信息。

mv 命令的示例如下。

（1）移动文件到指定目录

将主目录中/root/下的 mypasswd 文件移动到/opt/mysoft/目录。在命令行输入“mv /root/mypasswd /opt/mysoft/”并按“Enter”键完成文件移动操作，使用“ls ~”命令验证结果，可以看到主目录下 mypasswd 文件已经不存在了，在目标路径下可以看到移动的文件。

```
[root@server01 mysoft]# mv /root/mypasswd  /opt/mysoft/
[root@server01 mysoft]# ls ~
anaconda-ks.cfg  httpd  test
[root@server01 mysoft]# ls /opt/mysoft/
Mypasswd
```

（2）移动文件夹并修改名称

移动文件或者文件夹时，如果目标路径指定了新名字，可以实现移动并修改名称操作。在相同路径下执行移动并修改名称操作，则等同于修改名称操作。例如，将/root/目录下的 httpd 目录移动到/opt/mysoft/目录下，并将名称改为 myweb。在命令行中输入“mv /root/httpd/ /opt/mysoft/myweb”并按“Enter”键，目标路径中的 myweb 为新名字。执行完毕使用 ls 命令查看移动结果。

```
[root@server01 mysoft]# mv /root/httpd/  /opt/mysoft/myweb
[root@server01 mysoft]# ls /opt/mysoft/myweb/
web1   web11  web13  web15  web17  web19  web20  web4  web6  web8
web10  web12  web14  web16  web18  web2   web3   web5  web7  web9
```

7. find 命令

在 Linux 操作系统中，find 命令用于按照指定的条件搜索文件和目录。find 命令语法格式如下。

```
find [-H] [-L] [-P] [-Olevel] [-D debugopts] [path...] [expression]
```

不清楚文件所在的具体位置时，就需要查找该文件。find 命令在功能上和 Windows 操作系统中的文件搜索相同。使用 find 命令可以进行基本的文件查找工作。find 命令的帮助信息借助可以使用--help 选项查看，如图 2-24 所示。

```
[root@server01 ~]# find --help
Usage: find [-H] [-L] [-P] [-Olevel] [-D debugopts] [path...] [expression]

默认路径为当前目录；默认表达式为 -print
表达式可能由下列成份组成：操作符、选项、测试表达式和动作
操作符（优先级递减；未做任何指定时默认使用 -and):
      ( EXPR )   ! EXPR   -not EXPR   EXPR1 -a EXPR2   EXPR1 -and EXPR2
      EXPR1 -o EXPR2   EXPR1 -or EXPR2   EXPR1 , EXPR2
positional options (always true): -daystart -follow -regextype

normal options (always true, specified before other expressions):
      -depth --help -maxdepth LEVELS -mindepth LEVELS -mount -noleaf
      --version -xautofs -xdev -ignore_readdir_race -noignore_readdir_race
比较测试 (N 可以是 +N 或 -N 或 N): -amin N -anewer FILE -atime N -cmin N
      -cnewer 文件 -ctime N -empty -false -fstype 类型 -gid N -group 名称
      -ilname 匹配模式 -iname 匹配模式 -inum N -ipath 匹配模式 -iregex 匹配模式
      -links N -lname 匹配模式 -mmin N -mtime N -name 匹配模式 -newer 文件
      -nouser -nogroup -path PATTERN -perm [-/]MODE -regex PATTERN
      -readable -writable -executable
      -wholename PATTERN -size N[bcwkMG] -true -type [bcdpflsD] -uid N
      -used N -user NAME -xtype [bcdpfls]      -context 文本

actions: -delete -print0 -printf FORMAT -fprintf FILE FORMAT -print
      -fprint0 FILE -fprint FILE -ls -fls FILE -prune -quit
      -exec COMMAND ; -exec COMMAND {} + -ok COMMAND ;
      -execdir COMMAND ; -execdir COMMAND {} + -okdir COMMAND ;
```

图 2-24　find 命令的帮助信息

注意该命令的很多短命令选项为完整的单词，例如-name，单词前面是-而不是--。find 命令常用选项说明如下。

① **-name filename**：查找名为 filename 的文件。

② **-perm**：按执行权限来查找。

③ **-user username**：按文件属主来查找。

④ **-group groupname**：按组来查找。

⑤ **-mtime-n +n**：按文件更改时间来查找文件，-n 指 *n* 天以内，+n 指 *n* 天以前。

⑥ **-atime-n +n**：按文件访问时间来查找文件，-n 指 *n* 天以内，+n 指 *n* 天以前。

⑦ **-ctime-n +n**：按文件创建时间来查找文件，-n 指 *n* 天以内，+n 指 *n* 天以前。

⑧ **-nogroup**：查找无有效属组的文件，即文件的属组在/etc/groups 中不存在。

⑨ **-nouser**：查找无有效属主的文件，即文件的属主在/etc/passwd 中不存在。

⑩ **-type b/d/c/p/l/f**：查找块设备、目录、字符设备、管道、符号链接、普通文件。

⑪ **-size n[c]** ：查找长度为 *n* 块[或 *n* 字节]的文件。

⑫ **-mount**：查找文件时不跨越文件系统 mount 点。

⑬ **-follow**：如果遇到符号链接文件，则跟踪链接所指的文件。

⑭ **-prune**：忽略某个目录。

find 命令的示例如下。

（1）按名称查找文件

最常见的场景模式是记得全部或者部分文件名称，查找其在文件系统的具体位置，这时需要指定-name 选项。我们将从文件系统的根开始查找，如果知道文件的大概位置，也可以进一步缩小查找的位置，以提高查询效率。

命令模式：find /path/to/search -name "filename"。

例如，在命令行输入“find / -name passwd”后按“Enter”键，会显示符合的查询结果。

```
[root@server01 mysoft]# find / -name passwd
/etc/passwd
/etc/pam.d/passwd
/usr/share/doc/passwd
/usr/share/licenses/passwd
/usr/bin/passwd
/sys/fs/selinux/class/passwd
/sys/fs/selinux/class/passwd/perms/passwd
```

find 查询支持通配符，例如“find / -name '*wd'”命令可以查询所有以 wd 结尾的文件。

（2）排除某个目录进行查找

前面的操作产生了很多 passwd 文件并存储在多个目录下，如果不想查找主目录中的 passwd 文件，可以使用 prnue 选项进行排除。在命令行输入“find / -name '/root' -prune -o -name 'passwd'”并按“Enter”键执行，-name '/root' -prune -o 是排除的目录。执行后可以发现没有查找/root/目录下的 passwd 文件。

```
[root@server01 mysoft]# find / -name '/root' -prune -o -name 'passwd'
find: warning: '-name' matches against basenames only, but the given pattern contains
a directory separator ('/'), thus the expression will evaluate to false all the time.
Did you mean '-wholename'?
/etc/passwd
```

```
/etc/pam.d/passwd
/usr/share/doc/passwd
/usr/share/licenses/passwd
/usr/bin/passwd
/sys/fs/selinux/class/passwd
/sys/fs/selinux/class/passwd/perms/passwd
```

2.1.5　帮助命令

在 Linux 系统中，除了前面使用的 help 命令和选项，还有一些可以使用帮助的命令，借助这些命令可以通过多种途径获得完整、全面的使用说明。

1．man 命令

man 命令用于查看命令的手册页。在终端中输入“man”和要查看的命令名，可以查看该命令的手册页。阅读时可以使用箭头键上、下、左、右来浏览手册页，按“q”键退出手册页。

使用“man vim”可以获得 Linux 操作系统中常用的文本编辑工具 vi 的使用说明。Vim 文本编辑器命令的手册页如图 2-25 所示。手册页通常包含命令的详细介绍，但要注意并不是所有的命令都有帮助手册。

2．info 命令

info 命令同样可以用于获得命令的帮助文档，并且支持在阅读中按“page”键进行翻页。同样需要注意，并不是所有的命令都有 info 帮助信息。

使用“info vim”命令同样可以输出 Vim 文本编辑器命令的完整手册。vim info 命令的帮助信息如图 2-26 所示。

```
VIM(1)                     General Commands Manual                     VIM(1)

NAME
       vim - Vi IMproved, a programmer's text editor

SYNOPSIS
       vim [options] [file ..]
       vim [options] -
       vim [options] -t tag
       vim [options] -q [errorfile]

       ex
       view
       gvim gview evim eview
       rvim rview rgvim rgview

DESCRIPTION
       Vim  is a text editor that is upwards compatible to Vi.  It can be used
       to edit all kinds of plain text.  It is especially useful  for  editing
       programs.
 Manual page vim(1) line 1 (press h for help or q to quit)
```

图 2-25　Vim 文本编辑器命令的手册页

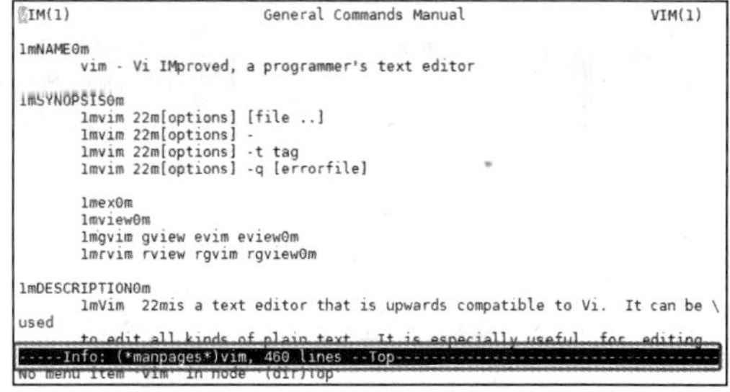

图 2-26　vim info 命令的帮助信息

在实际使用中，为了获得相关命令的帮助信息，会混合使用多种帮助命令，并借助网络搜索，或者使用官方文档。

2.2　网络管理

服务器通过网络提供服务并进行远程访问维护，因此，保证服务器网络的可访问性是系统维护的基本。openEuler 或者其他发行版本的 Linux 有多种网络配置方式。有些配置方式要通过修改配置文件来实现，在学习文本编辑器之前，需要先掌握使用命令行进行网络配置的方法。

在应用服务器时往往需要配置多张网卡，以满足访问多个网络并保证其互相隔离，多网卡场景如图 2-27 所示。

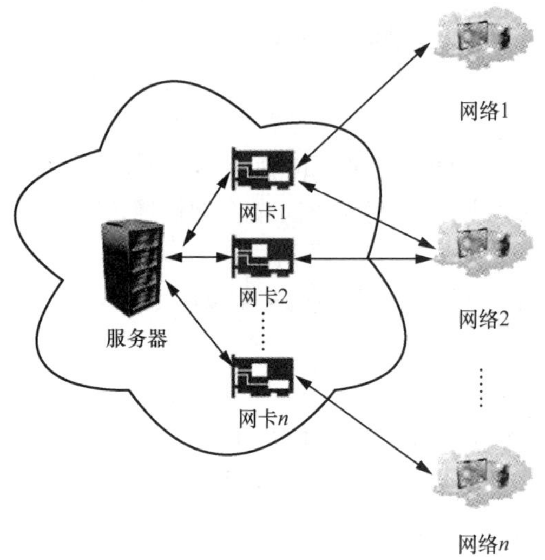

图 2-27　多网卡场景

下面通过给虚拟机增加网卡来模拟这种情况。

步骤 1：在虚拟机关机状态下，编辑虚拟机设置，如图 2-28 所示。单击“添加(A)...”按钮进入“添加硬件向导”界面。

图 2-28　编辑虚拟机设置

步骤 2：在“添加硬件向导”界面中，选择“网络适配器”，如图 2-29 所示。单击“完成”按钮，可以看到在设备列表新增的网卡设备，如图 2-30 所示，在此界面中可以重复多次添加多张网卡。

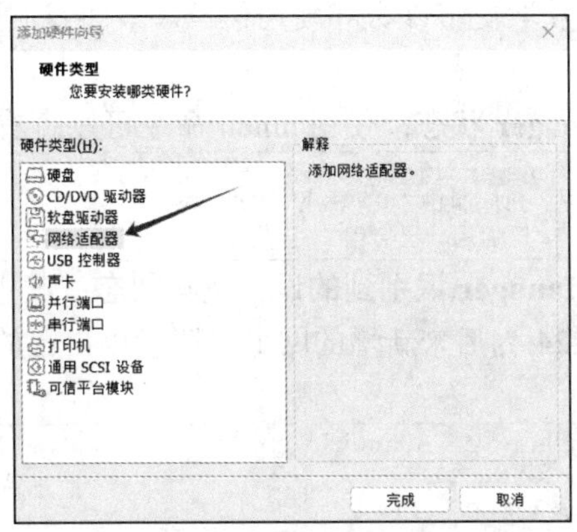

图 2-29　选择“网络适配器”

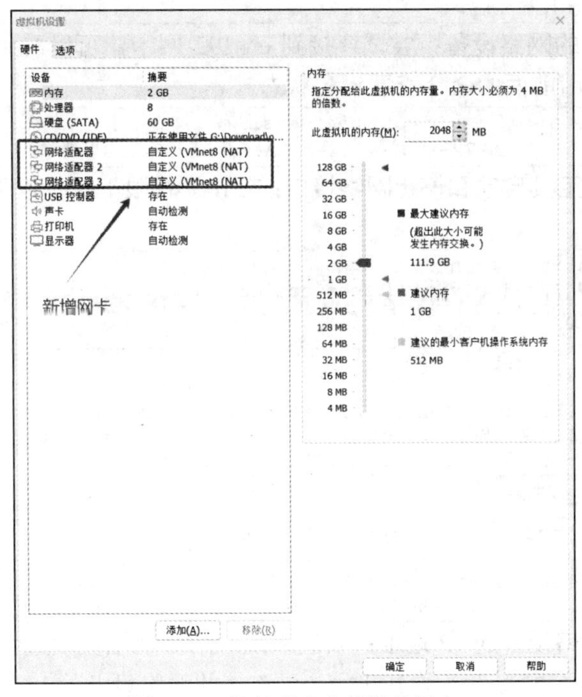

图 2-30　设备列表中新增的网卡

2.2.1　使用 nmcli 命令管理网络

nmcli 是 NetworkManager 的一个命令行工具，它提供了使用命令行配置由 NetworkManager 管理网络连接的方法。nmcli 命令的语法格式如下。

```
nmcli [OPTIONS] OBJECT { COMMAND | help }
```

nmcli 命令常用选项说明如下。

-t, --terse：以简洁格式输出（省略标题、分隔符等），便于脚本解析。

-p, --pretty：以交互式友好格式输出，优化终端显示可读性。

-h, --help：用于显示该命令的帮助信息。

操作对象 OBJECT 可以是 general、networking、radio、connection 或 device 等。可以使用“nmcli help”命令获取更多参数和使用信息。下面我们分别通过案例来查看信息和进行连接管理。

① **显示 NetworkManager 状态**：使用 nmcli 命令可以查看网络连接是否正常。

```
[root@server01 ~]# nmcli general status
STATE   CONNECTIVITY  WIFI-HW  WIFI    WWAN-HW  WWAN
已连接  完全          已启用   已启用  已启用   已启用
```

② **显示由 NetworkManager 识别到的设备及其状态**：其中设备 ens160 为最初的第一张网卡；ens192 和 ens224 为后来新增的网卡（读者以自己的环境为准），目前状态是已断开。

```
[root@server01 ~]# nmcli device status
DEVICE  TYPE      STATE   CONNECTION
ens160  ethernet  已连接  ens160
ens192  ethernet  已断开  --
ens224  ethernet  已断开  --
lo      loopback  未托管  --
```

③ **连接到对应的网络设备**：尝试连接到 ens192 网卡，可以看到激活提示。同样激活 ens224 网卡，使用前面的命令查看设备状态。

```
[root@server01 ~]# nmcli device connect ens192
设备 "ens192" 成功以 "35f66972-9bdc-4352-ba1a-6d45bad227c8" 激活。
```

④ **使用 nmcli 工具启动和停止网络接口**：在 root 权限下执行以下命令，可以启用和关闭 ens160 网卡。

```
[root@server01 ~]# nmcli connection up id ens160
[root@server01 ~]# nmcli device disconnect ens160
```

⑤ **显示所有连接**。

```
[root@server01 ~]#  nmcli connection show
NAME    UUID                                  TYPE      DEVICE
ens160  4ff5233a-e41a-4ad3-b6a2-da87c7443b81  ethernet  ens160
ens224  2dd40d7a-a3cd-4c05-93e6-fe11ad7ac6fd  ethernet  ens224
ens192  35f66972-9bdc-4352-ba1a-6d45bad227c8  ethernet  --
```

⑥ **只显示活动的连接**。

```
[root@server01 ~]# nmcli connection show --active
NAME    UUID                                  TYPE      DEVICE
ens160  4ff5233a-e41a-4ad3-b6a2-da87c7443b81  ethernet  ens160
ens224  2dd40d7a-a3cd-4c05-93e6-fe11ad7ac6fd  ethernet  ens224
```

⑦ **查看所有网络设备的 IP 地址**：安装系统时网络地址被设置为自动获得，现在使用 nmcli 命令查看各个网络设备的 IP 地址。已连接的网络设备的 IP 地址如图 2-31 所示。

```
[root@server01 ~]# nmcli
```

⑧ **查看特定网络设备的 IP 地址**：在网络设备较多的情况下，我们可能需要查看特定的设备信息，可以使用以下命令显示指定设备的连接信息。

```
[root@server01 ~]# nmcli device show ens160
```

使用上面的命令看到的是 ens160 网卡的所有网络信息，包括 IPv4 和 IPv6 地址。如果只查看 ens160 网卡的 IPv4 地址，可以使用以下命令。

```
[root@server01 ~]# nmcli -g IP4.ADDRESS device show ens160
192.168.94.128/24
```

```
[root@server01 ~]# nmcli
ens160: 已连接 到 ens160
        "VMware VMXNET3"
        ethernet (vmxnet3), 00:0C:29:EC:19:72, 硬件, mtu 1500
        ip4 默认
        inet4 192.168.94.128/24
        route4 0.0.0.0/0
        route4 192.168.94.0/24
        inet6 fe80::43b0:ec17:b2c6:d1ba/64
        route6 fe80::/64
        route6 ff00::/8

ens224: 已连接 到 ens224
        "VMware VMXNET3"
        ethernet (vmxnet3), 00:0C:29:EC:19:86, 硬件, mtu 1500
        inet4 192.168.94.130/24
        route4 0.0.0.0/0
        route4 192.168.94.0/24
        inet6 fe80::e3d:6607:7e7e:1b73/64
        route6 fe80::/64
        route6 ff00::/8

ens192: 已断开
        "VMware VMXNET3"
        1 连接可用
        ethernet (vmxnet3), 00:0C:29:EC:19:7C, 自动连接, 硬件, mtu 1500
```

图 2-31 已连接的网络设备的 IP 地址

2.2.2 配置服务器静态 IP 地址

静态 IP 地址就是使用中固定不变的 IP 地址；动态 IP 地址是指每次计算机连接到网络时，由网络自动分配的 IP 地址，因此其是可以改变的。

服务器作为网络中为其他软件或者设备提供服务的设备，最好具有固定的地址，也就是固定的 IP 地址。安装系统时选择的是自动获取 IP 地址，在租约到期后 IP 地址可能会发生变化，因此我们需要将系统的 IP 地址设置为固定。

通过查阅 IP 地址，获知当前环境的网络号为 192.168.94.0，网关（访问外网的网络设备）地址为 192.168.94.1。当虚拟机网络设备选择桥接模式时，需查看本地网络的路由信息以获取网络配置；若选择网络地址转换（NAT）模式，则需参考 VMware 安装时生成的 NAT 代理网络设备。在 Windows 操作系统中，可以在高级网络设置中查看相关信息，如图 2-32 所示。NAT 网关信息如图 2-33 所示，可以看到 NAT 网关为 192.168.94.1，则网络号是 192.168.94。读者应根据自己的实际环境进行设定。

图 2-32 高级网络设置

图 2-33 NAT 网关信息

使用以下命令为 ens160 网卡创建新的链接，IPv4 地址为 192.168.94.50，网关为 192.168.94.1。

```
[root@server01 ~]# nmcli con add type ethernet con-name net-static ifname ens160 ip4
192.168.94.50/24 gw4 192.168.94.1
```

参数说明如下。

① **net-static** 后面是链接名。

② **ifname** 后面是网络链接名称。

③ **ip4** 后面是要配置的 IPv4 地址，“/24”代表子网掩码，十进制表现形式为 255.255.255.0。

④ **gw4** 后面是网关地址。

再使用下列指令为该链接增加两个 DNS（域名服务）地址，这里使用网关地址和通用 DNS 地址 8.8.8.8。

```
[root@server01 ~]# nmcli con mod net-static ipv4.dns "192.168.94.1 8.8.8.8"
```

使用以下命令激活新增的链接。

```
[root@server01 ~]# nmcli con up net-static ifname ens160
```

使用前面的 nmcli 命令查看改变后的链接地址，修改后的 IP 地址如图 2-34 所示。使用 nmcli 命令配置网络立即生效，不需要重启服务或者系统。

```
[root@server01 ~]# nmcli device show ens160
```

```
[root@server01 ~]# nmcli device show ens160
GENERAL.DEVICE:                         ens160
GENERAL.TYPE:                           ethernet
GENERAL.HWADDR:                         00:0C:29:EC:19:72
GENERAL.MTU:                            1500
GENERAL.STATE:                          100（已连接）
GENERAL.CONNECTION:                     net-static
GENERAL.CON-PATH:                       /org/freedesktop/NetworkManager/ActiveConnection/4
WIRED-PROPERTIES.CARRIER:               开
IP4.ADDRESS[1]:                         192.168.94.50/24
IP4.GATEWAY:                            192.168.94.1
IP4.ROUTE[1]:                           dst = 192.168.94.0/24, nh = 0.0.0.0, mt = 103
IP4.ROUTE[2]:                           dst = 0.0.0.0/0, nh = 192.168.94.1, mt = 103
IP4.DNS[1]:                             192.168.94.1
IP4.DNS[2]:                             8.8.8.8
IP6.ADDRESS[1]:                         fe80::b9de:8e76:de9:f44d/64
IP6.GATEWAY:                            --
IP6.ROUTE[1]:                           dst = fe80::/64, nh = ::, mt = 103
IP6.ROUTE[2]:                           dst = ff00::/8, nh = ::, mt = 256, table=255
```

图 2-34 修改后的 IP 地址

2.2.3　网络配置工具 nmtui

nmtui 是 NetworkManager 的一个命令行 UI 工具。它提供了简单图形化配置界面，使用户可以根据提示完成相关的配置工作，大大简化了对配置文件或者命令不熟练的用户的网络配置工作。nmtui 配置工具界面如图 2-35 所示。

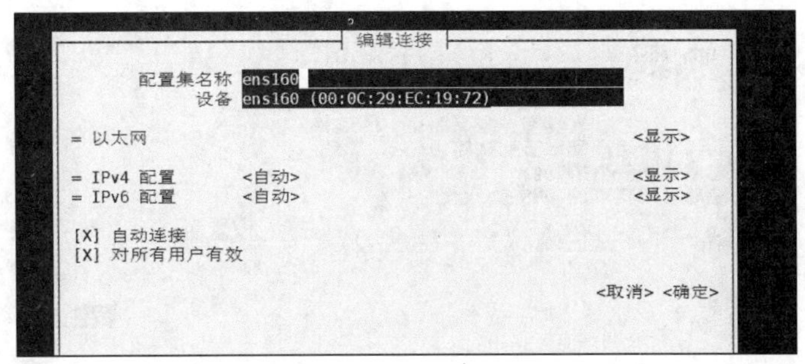

图 2-35　nmtui 配置工具界面

1．编辑网络连接

在命令行中输入“nmtui”命令并按“Enter”键，即可进入 nmtui 功能界面。在该界面中可以看到编辑连接、启用连接、设置系统主机名选项，如图 2-36 所示。操作界面不支持使用鼠标选择，可以通过键盘的“↑”“↓”按键进行选择。此处选择“编辑连接”然后按“Enter”键。

在编辑连接界面可以看到目前已有的连接，如图 2-37 所示，其中包括前面创建的 net-static 静态 IP 地址连接。在该界面可以进行添加、编辑和删除操作。

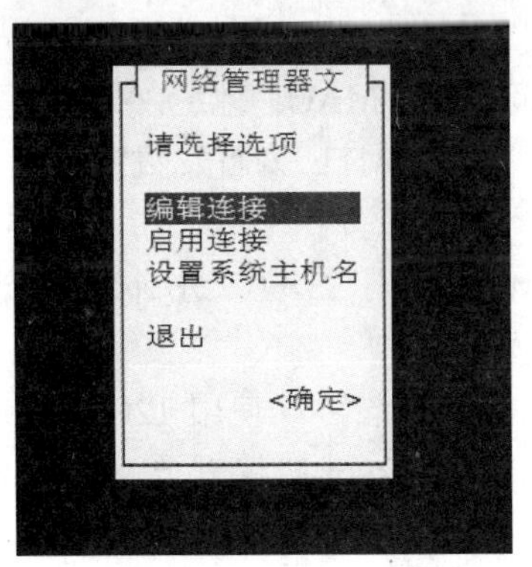

图 2-36　nmtui 功能菜单

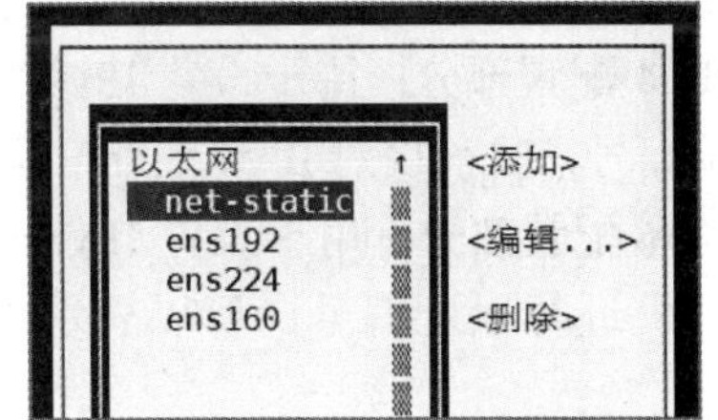

图 2-37　已有的连接列表

最初的 ens160 连接为自动获得 IP 地址的方式，现在将其改为静态 IP 地址。使用键盘方向按键移动光标在连接列表中选中 ens160，按“Tab”键切换到操作列表，并移动光标到编辑菜单按“Enter”键，可以看到图 2-35 所示的界面。最上方的是配置集名称和绑定的设备名称，这里的配置集名称和设备名称均为“ens160”。

使用键盘方向按键移动光标，将光标定位在属性设置后面的“<显示>”选项上按“Enter”键或者空格键，可以展开图 2-38 所示的各项属性的详细信息并进行配置。

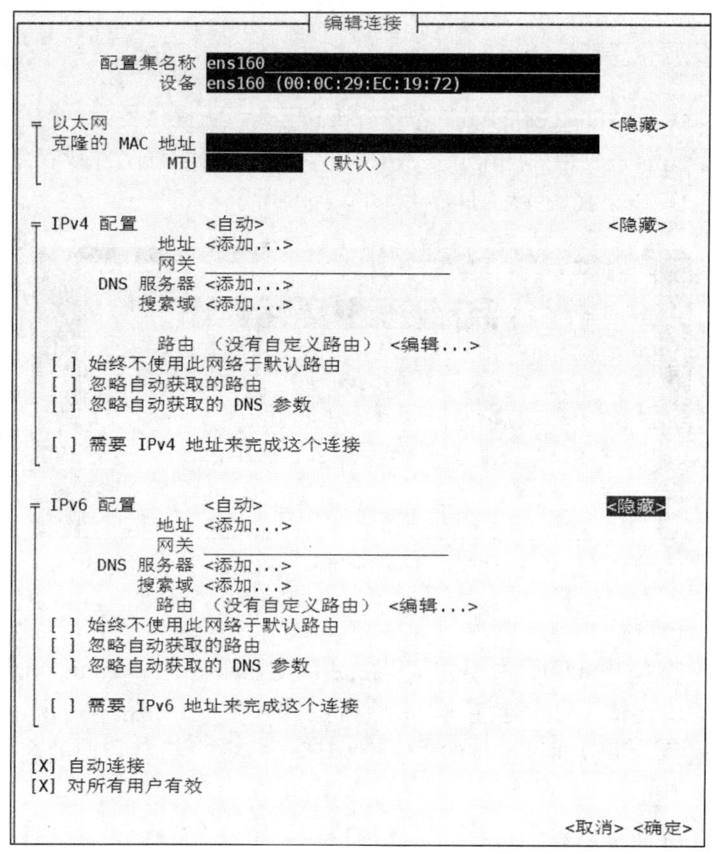

图 2-38　属性的详细信息

图 2-38 中各部分说明如下。

以太网部分：用于克隆其他网络设备的介质访问控制（MAC）地址，某些场景服务和 MAC 地址绑定，如果需要模拟，可以克隆 MAC 地址。MTU 为首发数据包大小，一般不用修改。

IPv4 配置部分：用于设置 IPv4 协议的 IP 地址信息，用 32 位二进制数对计算机进行地址编号，目前仅对 IPv4 地址信息进行编辑。

IPv6 配置部分：用于设置 IPv6 协议的 IP 地址信息，该协议使用 128 位二进制数对计算机进行地址编号，可以表示更多的计算机设备。IPv6 协议需要网络设备同步支持。

连接设置部分：光标定位后，通过空格可以切换选择。“自动连接”选项将会在系统启动时自动连接，否则需要通过命令或者操作进行连接。选中“对所有用户有效”选项，则所有用户都可以使用该连接。

确定操作：将光标定位到“<取消>”按钮并按“Enter”键，可以放弃当前编辑；定位到“<确定>”按钮并按“Enter”键，会保存当前设置。

“IPv4 配置”后面的“<自动>”选项，表示当前连接的 IP 地址为自动获得。因此下面的配置信息都是空白。将光标定位到“<自动>”选项并按“Enter”键，可以看到展开的子菜单，将光标定位到“手动”选项并按“Enter”键以手动配置 IP 地址，如图 2-39 所示。

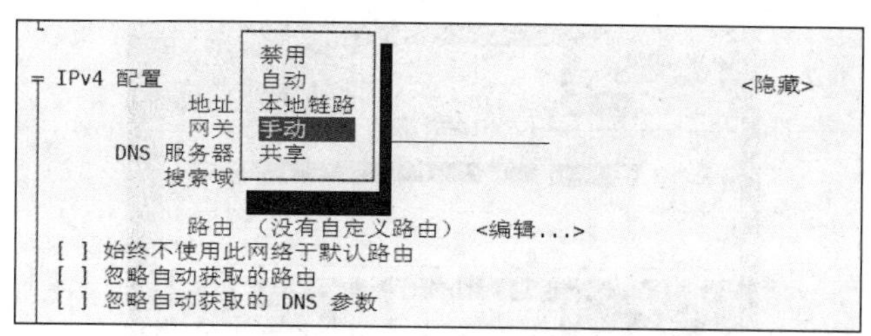

图 2-39　选择手动配置

使用地址后的“<添加...>”选项可以增加新的地址内容，部分属性可以增加多条地址记录。参考 nmcli 命令配置的内容，将 ens160 连接的 IP 地址改为 192.168.94.51，网关设置为 192.168.94.1，DNS 设置为 192.168.94.1 和 8.8.8.8，如图 2-40 所示，后续选项保持默认不变。

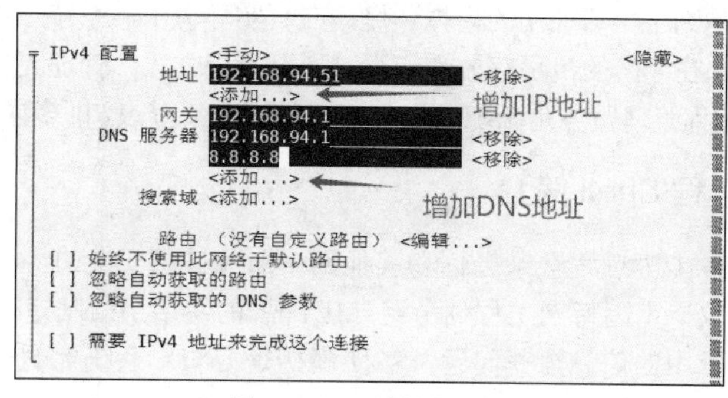

图 2-40　IP 地址的配置

设置完成后，将光标定位到“<确定>”按钮上并逐级向上返回，直到退出 nmtui 界面。重新启动系统可以看到目前的连接和 IP 地址，如图 2-41 所示。

2．启用连接

再次打开 nmtui，在功能界面中选择“启用连接”进入编辑界面，如图 2-42 所示。连接名称前面带“*”的表明该连接是激活生效的连接。可以切换右侧菜单项的“<停用>”和“<启用>”选项，一个网络设备上只能同时有一个连接处于激活状态。

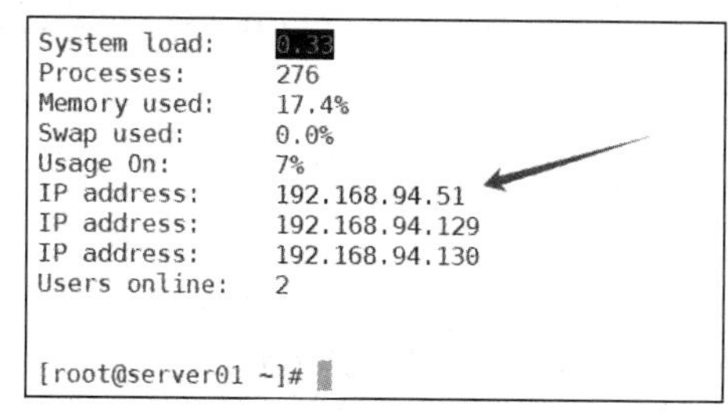

图 2-41　目前的连接和 IP 地址

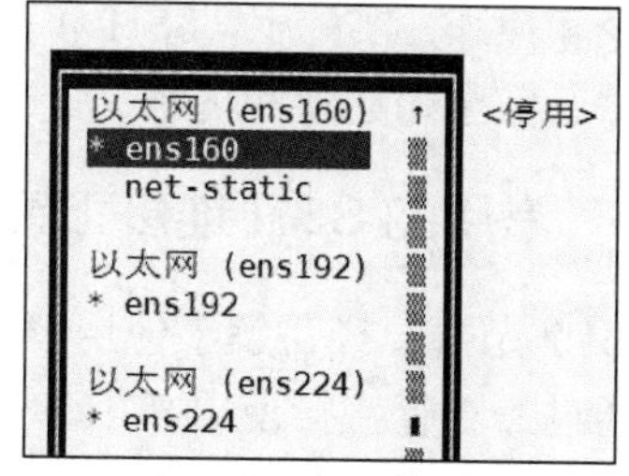

图 2-42　启用连接

3．修改主机名

在 nmtui 功能界面中选择“设置系统主机名”进入设置界面，如图 2-43 所示。输入要设置的主机名，将光标定位到“<确定>”选项上后按“Enter”键，逐级返回退出，主机名修改完成。

图 2-43　修改主机名

2.3 配置远程 Shell 工具

设置虚拟机只是为了学习使用的模拟环境，在真实环境中，系统一般被装在独立的物理机上，且服务器都在专门的机房存放和运行。通过远程方式，管理人员可以同时管理多台服务器。常见的远程管理服务是 SSH，且 SSH 支持多用户登录，即多人同时操作服务器。

2.3.1 SSH 和远程 Shell 简介

SSH 是较可靠、专为远程登录会话和其他网络服务提供安全的协议，是建立在应用层基础上的安全协议，由因特网工程任务组（IETF）的网络小组制定。SSH 协议可以有效解决远程管理过程中的信息泄露问题。SSH 最初是 UNIX 系统上的一个程序，后来迅速扩展到其他操作平台。大多数 UNIX 及类 UNIX 操作平台（包括 HP-UX、AIX、Solaris、IRIX 等商业 UNIX，以及 Linux 等兼容系统）和其他平台都支持 SSH 协议，默认情况下 openEuler 已安装并启用了 SSH 服务，如未安装，可参照后续内容进行安装。

远程 Shell 是指通过网络远程登录并在远程系统上执行 Shell 命令的行为。使用 SSH 连接到远程主机，实际上就是在远程主机上打开一个远程 Shell 会话，可以像在本地一样在远程主机上执行命令。这意味着我们可以通过远程 Shell 在远程系统上执行命令、管理文件、启动程序等，而不需要在远程系统的物理控制台上直接操作。

SSH 提供了安全的远程连接方式，并且可以通过远程 Shell 在连接的远程系统上执行命令和操作。实际上，SSH 和远程 Shell 是一对密不可分的概念，SSH 为远程 Shell 执行提供了安全的通道和机制。

2.3.2 常用的 SSH 连接工具

2.1.2 节中已经讲解了使用 Windows 命令行进行 SSH 登录，虽然 Windows 和 Linux 均可通过命令行直接使用 SSH，但在 Windows 下管理多台服务器时，专用工具（如 PuTTY 或 MobaXterm）能提供更高效的会话管理和扩展功能。

MobaXterm 是一款免费的工具，虽然免费版本有一定限制，但其功能比较全面，但可以满足学习使用。下面介绍使用 MobaXterm 进行 SSH 远程操作的方法。

（1）下载安装软件

在官网下载 MobaXterm 的 Free 免费版本。在下载页面选择家庭安装版，如图 2-44 所示。安装完成后启动软件。

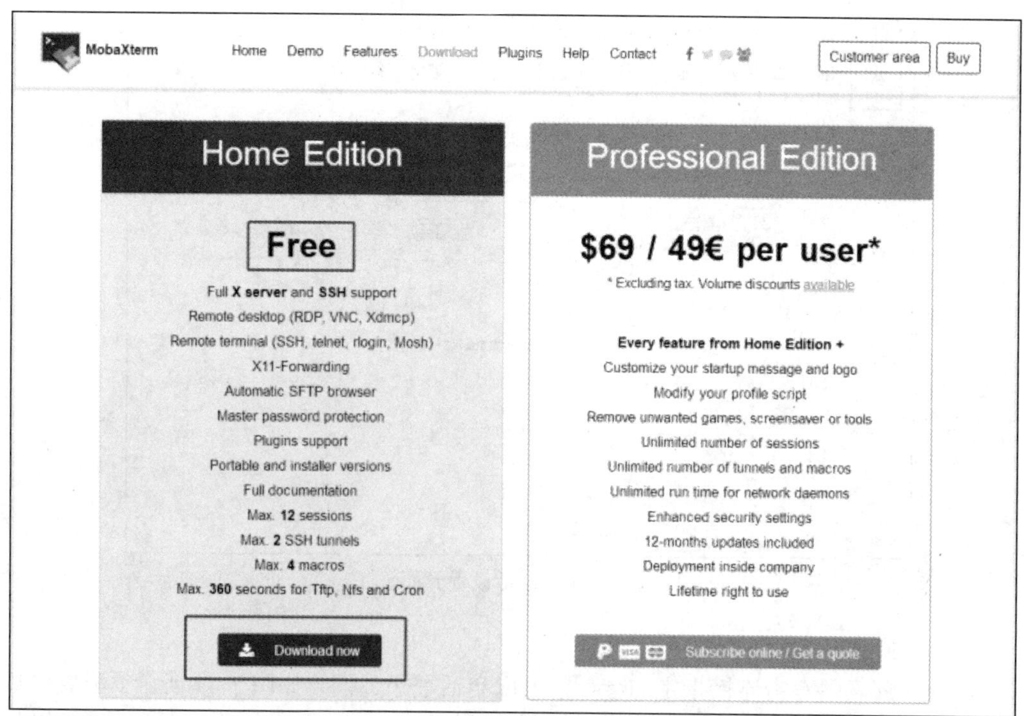

图 2-44　下载页面

（2）新建会话

启动软件后的主界面如图 2-45 所示，每个远程连接都被当作一次会话。需要先建立会话，然后通过会话进行连接。在主界面单击“会话”按钮，根据实际情况设置会话信息并确定（小提示：软件也支持 RDP 远程桌面连接，MobaXterm 可用于 Windows 或者 Linux 操作系统的远程图形化界面登录）即可新建会话。会话设置界面如图 2-46 所示。

图 2-45　启动软件后的主界面

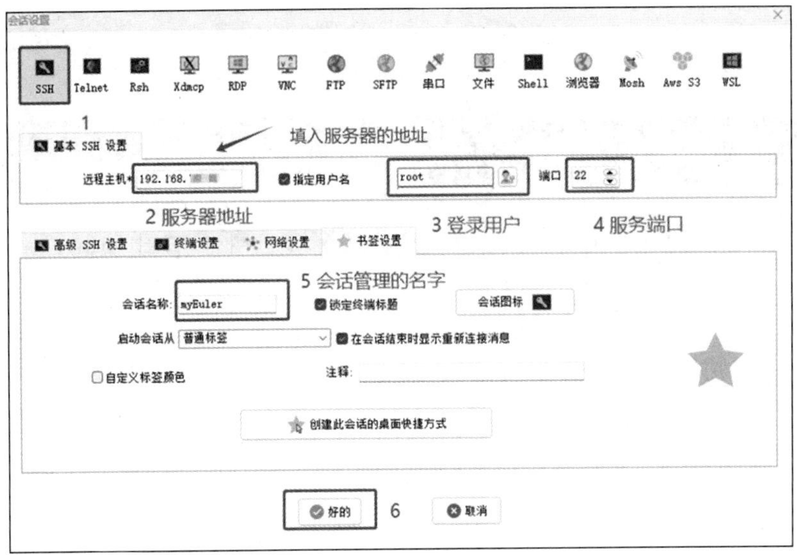

图 2-46　会话设置界面

（3）打开会话

在会话列表中双击连接指定的会话，出现会话登录界面，如图 2-47 所示，配置会话属性时指定了用户 root，因此，这里不需要再输入用户名。输入密码登录成功后的操作和本地操作相同。

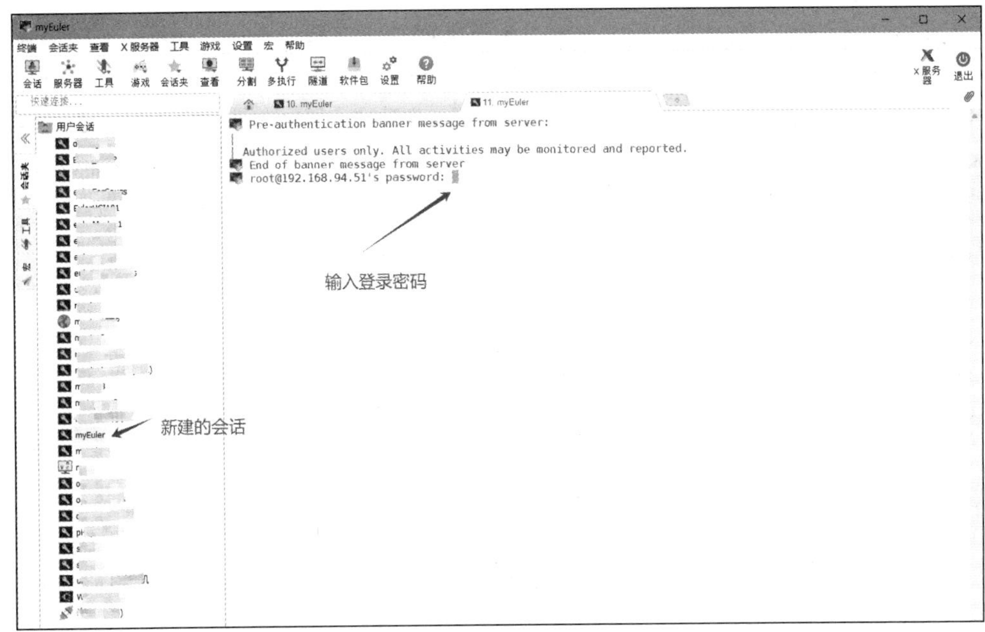

图 2-47　会话登录界面

（4）主要操作

会话操作主界面如图 2-48 所示，可以在指令区进行 Shell 指令交互。同时，软件还整合了服务器端文件管理，选中跟踪终端文件夹选项，服务器端当前路径会随命令行的当前路径变化。可以使用鼠标拖曳的方式直接将本地文件上传到服务器端，也可以将服务器端文件拖曳下载到本地。后续操作相对简单，读者可以自行尝试和练习。

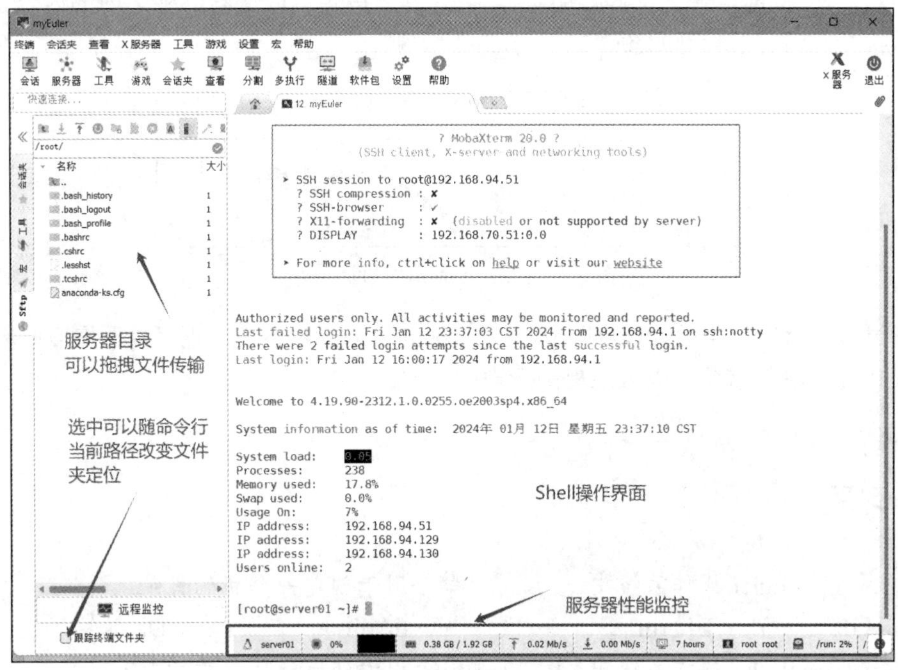

图 2-48　会话操作主界面

（5）复制链接

在打开的会话选项卡上单击鼠标右键，在弹出的快捷菜单中选择“复制标签”选项，如图 2-49 所示。可以打开多个会话标签分别做不同的事情，如图 2-50 所示。

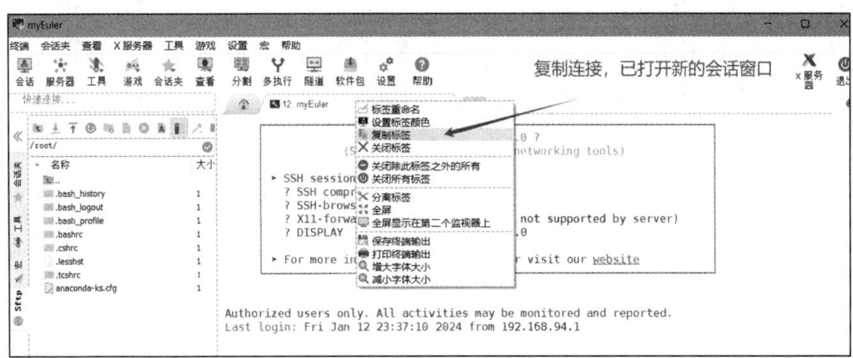

图 2-49　复制标签

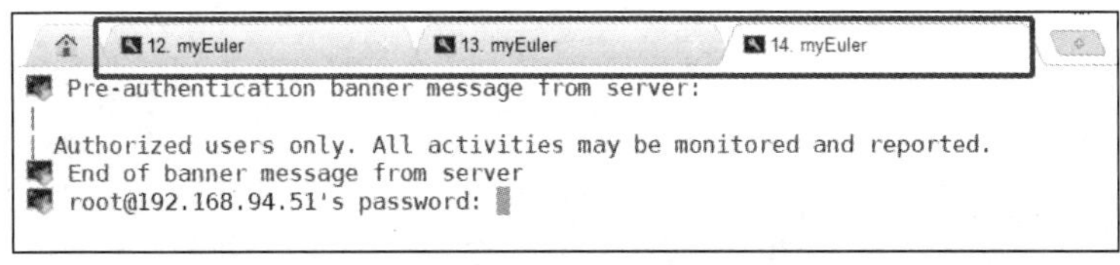

图 2-50　多个会话标签

（6）连接断开处理

如果会话中长时间未操作，或者服务器连接断开， 会提示会话中断。根据提示信息可以按“r”按键重新尝试连接服务器。按“s”按键可以保存终端之前的内容到文件中。连接断开后可以看到如图 2-51 所示的提示内容。

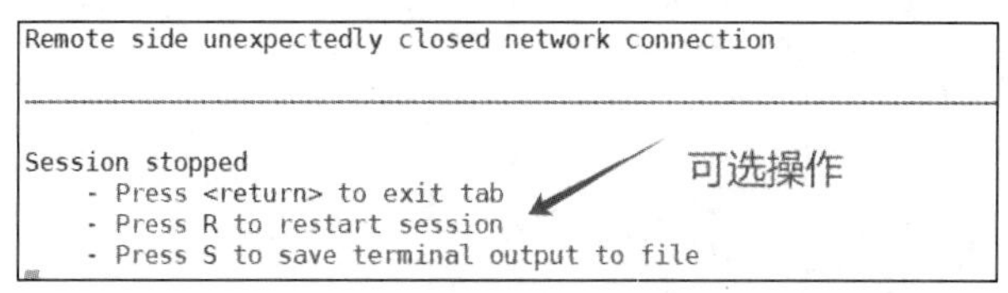

图 2-51 连接断开后的可选操作

通过 SSH 终端，我们可以便利地维护 openEuler 操作系统，也可以采取复制粘贴的方式在控制台输入指令，极大地提高管理的效率。

2.4 习题

1. 在 openEuler 操作系统中，（ ）命令用于创建一个新的目录。

A. cd　B. rm　C. mkdir　D. ls

2. 在 openEuler 操作系统中，（ ）命令用于列出当前目录的内容。

A. pwd　B. cd　C. ls　D. cp

3. 在 openEuler 操作系统中，（ ）命令用于复制文件或目录。

A. mv　B. rm　C. cp　D. touch

4. 在 openEuler 操作系统中，（ ）命令用于删除文件或目录。

A. rm　B. mv　C. cp　D. cat

5. 在 openEuler 操作系统中，（ ）命令用于查看当前的 DNS 配置。

A. dnsconfig　B. ifconfig　C. resolvconf　D. nmcli

第3章 文本查看与编辑

主要内容

3.1 Linux 操作系统中常见的文本处理命令

3.2 使用 Vim 文本编辑器进行文本处理

3.3 习题

在 Linux 操作系统中，文本文件是存储配置信息、脚本代码、用户数据的关键媒介。许多重要的系统配置都借助编辑文本文件实现，而且文本文件的格式跨平台兼容性好，是程序之间和程序员之间进行信息交换的常用方式。因此，能够高效地查看和编辑文本文件对于系统管理员、开发人员乃至普通用户来说都至关重要。

在 Linux 操作系统中，文本的编辑和查看具有以下常见用途。

① **查看内容**：无论是配置文件、源代码还是日志文件，查看文本文件内容都是日常任务的一部分。使用命令行工具可以快速查看文件内容，无须打开图形界面的编辑器，这个特点在使用远程连接时尤其重要。

② **配置系统**：Linux 操作系统大量依赖文本文件进行配置。修改这些配置文件需要准确且安全地编辑它们，错误的编辑可能会导致系统服务或应用程序运行不正确。

③ **编写和维护代码**：对于开发者而言，使用文本编辑器编写代码是日常工作的一部分。即使是简单的脚本也需要一个编辑器来创建和修改。

④ **日志分析**：Linux 操作系统和大多数应用程序会生成日志文件。在进行故障排除或系统监控时，能够有效查看和分析这些日志文件是解决问题的关键步骤。

⑤ **自动化和脚本编写**：为了提高效率，Linux 操作系统的用户和系统管理员会经常编写 Shell 脚本，这同样需要可靠的文本编辑工具来实现。

⑥ **资源兼容性和可访问性**：文本文件消耗的资源少，可以在任何环境中被轻松打开，不依赖于特定的软件应用程序，并且可以通过简单的命令行工具进行处理。

无论是从功能性、灵活性还是从效率的角度考虑，Linux 操作系统的文本查看与编辑工具都是系统操作不可或缺的一部分。掌握这些工具，对于高效使用 Linux 操作系统来说至关重要。openEuler 系统作为 Linux 发行版本，具有相同的文本处理方式。

本章将讲解 openEuler 系统中常见的查看文本信息的方法，以及常见的文本编辑的使用方式，重点讲解常见的 Linux 文本编辑工具 Vim 的使用方法。

3.1 Linux 操作系统中常见的文本处理命令

因为 Linux 操作系统中常见的信息都是以文本方式呈现的，所以 Shell 整合了多种处理文本信息的程序，提供了多种指令操作方式。

3.1.1 使用 cat 命令进行文本操作

cat 是 Linux 和其他类 UNIX 操作系统中一个常用的命令行工具，用于读取、合并和写入文件。cat 命令的语法格式如下。

```
cat [选项]... [文件]...
```

常见选项说明如下。

① **A**：用于展示所有文件内容。

② **b**：用于提供具有非空/非空输出行的数字，并覆盖选项-n。

③ **e**：等同于选项-vE。

④ **E**：用于显示文件行尾。

⑤ **n**：用于在文件每行前面打印行号。

⑥ **s**：用于抑制多个空输出行 s。

⑦ **t**：等同于选项-vT。

⑧ **T**：用于显示特殊的制表符^I。

⑨ **u**：用于禁用输出缓冲，实时显示数据。

⑩ **v**：用于显示使用的^和 M 符号的不可打印字符。

cat 指令的常见操作如下。

（1）显示文本文件

执行以下命令，显示 openEuler 系统中的账户文件/etc/passwd 的内容，文件内容会全部显示出来，如图 3-1 所示。

```
[root@server01 ~]# cat /etc/passwd
```

```
[root@server01 ~]# cat /etc/passwd
root:x:0:0:root:/root:/bin/bash
bin:x:1:1:bin:/bin:/sbin/nologin
daemon:x:2:2:daemon:/sbin:/sbin/nologin
adm:x:3:4:adm:/var/adm:/sbin/nologin
lp:x:4:7:lp:/var/spool/lpd:/sbin/nologin
sync:x:5:0:sync:/sbin:/bin/sync
shutdown:x:6:0:shutdown:/sbin:/sbin/shutdown
halt:x:7:0:halt:/sbin:/sbin/halt
mail:x:8:12:mail:/var/spool/mail:/sbin/nologin
operator:x:11:0:operator:/root:/sbin/nologin
games:x:12:100:games:/usr/games:/sbin/nologin
ftp:x:14:50:FTP User:/var/ftp:/sbin/nologin
nobody:x:65534:65534:Kernel Overflow User:/:/sbin/nologin
systemd-coredump:x:999:997:systemd Core Dumper:/:/sbin/nologin
systemd-network:x:192:192:systemd Network Management:/:/sbin/nologin
systemd-resolve:x:193:193:systemd Resolver:/:/sbin/nologin
systemd-timesync:x:998:996:systemd Time Synchronization:/:/sbin/nologin
unbound:x:997:995:Unbound DNS resolver:/etc/unbound:/sbin/nologin
dbus:x:81:81:D-Bus:/var/run/dbus:/sbin/nologin
tss:x:59:59:Account used by the trousers package to sandbox the tcsd daemon:/dev/null:/sbin/nologin
polkitd:x:996:994:User for polkitd:/:/sbin/nologin
dhcpd:x:177:177:DHCP server:/:/sbin/nologin
sshd:x:74:74:Privilege-separated SSH:/var/empty/sshd:/sbin/nologin
chrony:x:995:992::/var/lib/chrony:/sbin/nologin
euler01:x:1000:1000::/home/euler01:/bin/bash
```

图 3-1　显示文本文件

（2）显示行号

如果阅读的是代码或者日志文件，经常需要精确地定位代码行。可以使用以下命令，在显示文本时加上行号，运行结果如图 3-2 所示。

```
[root@server01 ~]# cat -n /etc/passwd
```

```
[root@server01 ~]# cat -n /etc/passwd
     1	root:x:0:0:root:/root:/bin/bash
     2	bin:x:1:1:bin:/bin:/sbin/nologin
     3	daemon:x:2:2:daemon:/sbin:/sbin/nologin
     4	adm:x:3:4:adm:/var/adm:/sbin/nologin
     5	lp:x:4:7:lp:/var/spool/lpd:/sbin/nologin
     6	sync:x:5:0:sync:/sbin:/bin/sync
     7	shutdown:x:6:0:shutdown:/sbin:/sbin/shutdown
     8	halt:x:7:0:halt:/sbin:/sbin/halt
     9	mail:x:8:12:mail:/var/spool/mail:/sbin/nologin
    10	operator:x:11:0:operator:/root:/sbin/nologin
    11	games:x:12:100:games:/usr/games:/sbin/nologin
    12	ftp:x:14:50:FTP User:/var/ftp:/sbin/nologin
    13	nobody:x:65534:65534:Kernel Overflow User:/:/sbin/nologin
    14	systemd-coredump:x:999:997:systemd Core Dumper:/:/sbin/nologin
    15	systemd-network:x:192:192:systemd Network Management:/:/sbin/nologin
    16	systemd-resolve:x:193:193:systemd Resolver:/:/sbin/nologin
    17	systemd-timesync:x:998:996:systemd Time Synchronization:/:/sbin/nologi
    18	unbound:x:997:995:Unbound DNS resolver:/etc/unbound:/sbin/nologin
    19	dbus:x:81:81:D-Bus:/var/run/dbus:/sbin/nologin
    20	tss:x:59:59:Account used by the trousers package to sandbox the tcsd d
    21	polkitd:x:996:994:User for polkitd:/:/sbin/nologin
    22	dhcpd:x:177:177:DHCP server:/:/sbin/nologin
    23	sshd:x:74:74:Privilege-separated SSH:/var/empty/sshd:/sbin/nologin
    24	chrony:x:995:992::/var/lib/chrony:/sbin/nologin
    25	euler01:x:1000:1000::/home/euler01:/bin/bash
```

图 3-2　显示行号

（3）创建文件

cat 命令还可以用于创建纯文本文件，通过以下命令在当前路径创建一个名为“testFile.txt”的文件，并在里面写入“hello openEuler!”。

```
[root@server01 ~]# cat > testFile.txt
hello openEuler!
```

“>”表示输出重定向，输入“hello openEuler”后按“Ctrl+d”组合键结束并保存输入。再次使用 cat 指令查询文本文件的内容。

```
[root@server01 ~]# cat testFile.txt
hello openEuler!
```

（4）显示多个文件

cat 命令还可以用于把多个文件的内容连在一起显示，在查看单个文件的基础上，在命令后面增加想要查看的文件即可。执行以下命令，将/etc/password 文件和 testFile.txt 文件连在一起显示，如图 3-3 所示。

```
[root@server01 ~]# cat /etc/passwd testFile.txt
```

```
systemd-network:x:192:192:systemd Network Management:/:/sbin/nologin
systemd-resolve:x:193:193:systemd Resolver:/:/sbin/nologin
systemd-timesync:x:998:996:systemd Time Synchronization:/:/sbin/nologin
unbound:x:997:995:Unbound DNS resolver:/etc/unbound:/sbin/nologin
dbus:x:81:81:D-Bus:/var/run/dbus:/sbin/nologin
tss:x:59:59:Account used by the trousers package to sandbox the tcsd daemon
polkitd:x:996:994:User for polkitd:/:/sbin/nologin
dhcpd:x:177:177:DHCP server:/:/sbin/nologin
sshd:x:74:74:Privilege-separated SSH:/var/empty/sshd:/sbin/nologin
chrony:x:995:992::/var/lib/chrony:/sbin/nologin
euler01:x:1000:1000::/home/euler01:/bin/bash
hello openEuler!
```

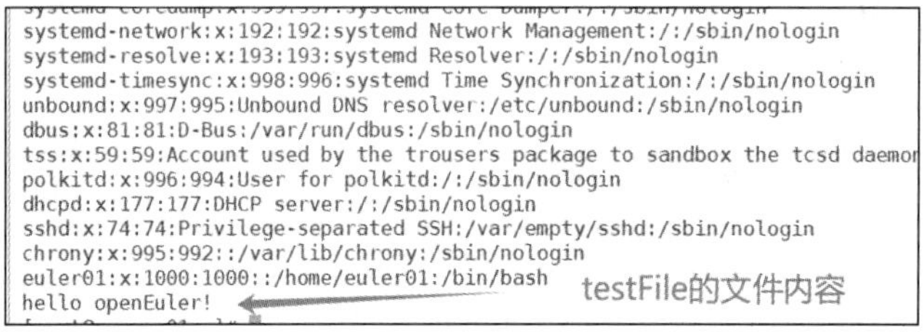

图 3-3 连接显示内容

（5）将文件内容添加到另一个文件的末尾

“>”为输出重定向，输出内容会覆盖目标文件。“>>”为追加重定向，输出内容以追加方式加在目标文件末尾。使用以下命令将/etc/password 的文件内容追加到之前创建的 testFile.txt 文件中，如图 3-4 所示。也可以参考前例，将控制台输入的文本信息追加到指定文件或者多个文件中。

```
[root@server01 ~]# cat /etc/passwd >> testFile.txt
```

```
[root@server01 ~]# cat testFile.txt
hello openEuler!
root:x:0:0:root:/root:/bin/bash
bin:x:1:1:bin:/bin:/sbin/nologin
daemon:x:2:2:daemon:/sbin:/sbin/nologin
adm:x:3:4:adm:/var/adm:/sbin/nologin
lp:x:4:7:lp:/var/spool/lpd:/sbin/nologin
sync:x:5:0:sync:/sbin:/bin/sync
shutdown:x:6:0:shutdown:/sbin:/sbin/shutdown
halt:x:7:0:halt:/sbin:/sbin/halt
mail:x:8:12:mail:/var/spool/mail:/sbin/nologin
operator:x:11:0:operator:/root:/sbin/nologin
```

图 3-4 追加内容

3.1.2 其他命令行文本操作指令

除了 cat，还有很多命令行的文本处理指令，下面对一些常见操作指令进行讲解。

1．反序查看文件内容

当需要快速查看文件末尾内容时，可使用 tac 命令（cat 的反序拼写），反序命令显示文件内容时，将从文件的尾行开始显示，文件的首行会显示在末尾。

2. 翻页查看

如果文件内容比较多，显示内容超过一屏，此时使用 cat 命令就会发现看不到当前界面之前的内容了。这时我们需要借助 more 或者 less 命令进行翻页显示。

我们先看一下 more 命令，在原显示信息的命令后面，使用“|”管道符可以将结果中超出的信息逐行输出。当输出的信息超过一屏时显示会停止，处于等待状态，如图 3-5 所示。用户按空格或者按“Enter”键可以向后逐行显示，按键 q 可以终止显示。该命令可以避免错过信息，但是不能向前回退查看。

```
[root@server01 ~]# tac testFile.txt | more
```

```
nobody:x:65534:65534:Kernel Overflow User:/:/sbin/nologin
ftp:x:14:50:FTP User:/var/ftp:/sbin/nologin
games:x:12:100:games:/usr/games:/sbin/nologin
operator:x:11:0:operator:/root:/sbin/nologin
mail:x:8:12:mail:/var/spool/mail:/sbin/nologin
halt:x:7:0:halt:/sbin:/sbin/halt
shutdown:x:6:0:shutdown:/sbin:/sbin/shutdown
sync:x:5:0:sync:/sbin:/bin/sync
lp:x:4:7:lp:/var/spool/lpd:/sbin/nologin
--更多--
```
超过显示范围会停止并等待

图 3-5　more 翻页显示

less 命令支持前后翻页、向上和向下滚动文件内容，而且可以很好地处理大文件。

默认情况下，less 命令以分页方式显示文件内容。用户可以使用空格键向后翻页，使用“b”键向前翻页，使用“Page Up”“Page Down”键分别向上或向下滚动，按“q”键退出。

如果想要搜索文本内容，可以按“/”键，然后输入搜索词并按“Enter”键。随后，less 命令将会高亮显示并跳转到第一个匹配的结果，如图 3-6 所示。

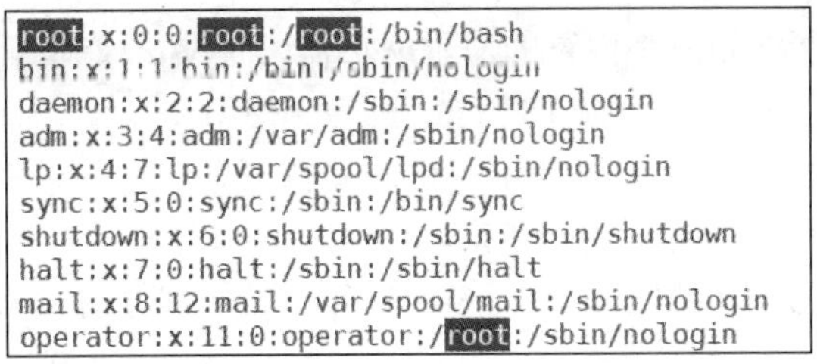

```
root:x:0:0:root:/root:/bin/bash
bin:x:1:1:bin:/bin:/sbin/nologin
daemon:x:2:2:daemon:/sbin:/sbin/nologin
adm:x:3:4:adm:/var/adm:/sbin/nologin
lp:x:4:7:lp:/var/spool/lpd:/sbin/nologin
sync:x:5:0:sync:/sbin:/bin/sync
shutdown:x:6:0:shutdown:/sbin:/sbin/shutdown
halt:x:7:0:halt:/sbin:/sbin/halt
mail:x:8:12:mail:/var/spool/mail:/sbin/nologin
operator:x:11:0:operator:/root:/sbin/nologin
```

图 3-6　查询结果

3. 显示指定范围的文本内容

如果只想快速查看开头或者结尾部分行的内容，还可以借助以下命令。

（1）head 命令

head 命令用于显示文件从起始位置开始到指定范围的文本内容。

① **通过-n 参数指定显示的行数**，默认显示 10 行。

显示前 5 行内容，命令如下。

```
[root@server01 ~]# head -n 5 /etc/passwd
```

显示到倒数第五行（行数为负数时，表示显示到倒数行数），命令如下。

```
[root@server01 ~]# head -n -5 /etc/passwd
```

② **通过-c 参数指定显示的字符数量。**

显示前 10 个字符，命令如下。

```
[root@server01 ~]# head -c 10 /etc/passwd
```

显示到倒数第 10 个字符（字符数为负数时，表示显示到倒数字符数），命令如下。

```
[root@server01 ~]# head -c -10 /etc/passwd
```

（2）tail 命令

tail 命令用于显示文件指定结束范围的文本内容。tail 命令的用法和 head 命令相似，只是定位方式是从文件的最末尾开始往前进行选取，例如使用以下命令将会显示最后 5 行内容。

```
[root@server01 ~]# tail -n 5 /etc/passwd
```

灵活使用这些命令行文本处理命令，可以快速获得所需要的信息。

3.2 使用 Vim 文本编辑器进行文本处理

专门的文本处理工具可以比单纯的指令方式提供更多的功能和更便捷的操作。Linux 发行版本中内置了多种文本编辑器，有桌面图形化的，也有命令行的。其中常见的就是 Vim 文本编辑器。

3.2.1 Vim 文本编辑器的定义

Vim 是一个改进版的 vi 编辑器，是一款高度可定制的文本编辑器。它是自由/开源软件，用于编写和编辑任何类型的文本，尤其擅长编程代码的编辑。Vim 是从 vi 编辑器衍生出来的，经过不断发展，Vim 文本编辑器已经包含许多新的特性，同时保持与 vi 的兼容性。

vi 是大多数发行版 Linux 都内置的文本编辑器，而 Vim 文本编辑器往往需要另外安装，但 Vim 文本编辑器因为具有以下特点，被广泛使用。

① **模态编辑**：Vim 文本编辑器使用了模态编辑概念，使文本编辑非常高效。用户可以快速地在插入文本和编排命令之间切换。

② **跨平台**：Vim 文本编辑器可以在多种操作系统（例如 Linux、Windows、macOS，以及其他 UNIX-like 系统）上运行。

③ **高度可定制**：用户可以通过编写 Vimscript 或使用插件来定制 Vim 文本编辑器，从而满足大多数类型的编辑需求。

④ **轻量级与快速**：与许多现代文本编辑器和 IDE（集成开发环境）相比，Vim 文本编辑器高效的资源使用使其在启动和运行时更快。

⑤ **强大的社区支持**：一个活跃的社区意味着大量的插件、资源、教程和支持。

⑥ **键位绑定**：Vim 的键位绑定被设计为最小化手指的移动，这样能更快地完成命令。这些键位绑定能显著提升编辑效率。

⑦ **持久性和普及性**：随着时间的推移，Vim 文本编辑器因其稳定性和强大功能一直被不断使用和推荐。

⑧ **内置帮助系统**：Vim 文本编辑器有一个全面的内置帮助系统，简化了学习过程。

⑨ **遵从 UNIX 哲学**：Vim 文本编辑器遵循 UNIX 哲学，致力于做好一件事，即文本编辑。

正是因为这些特性，许多开发人员、系统管理员和文本编辑者选择 Vim 作为他们的主要文本编辑工具。尽管 Vim 文本编辑器有较陡的学习曲线，新手学习有一定的难度，但一旦掌握，它就会提高效率。

在 openEuler 系统中，Vim 文本编辑器并没有被预置安装，因此需要执行以下命令完成 Vim 文本编辑器的安装，运行结果如图 3-7 所示。

```
[root@server01 ~]# dnf install dnf -y
```

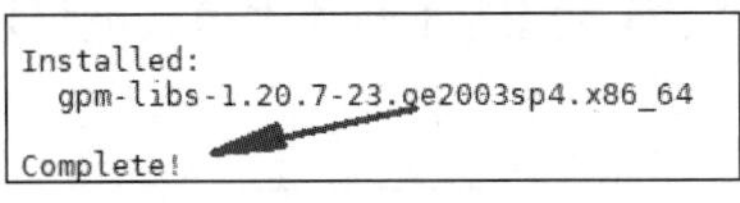

Installed:
gpm-libs-1.20.7-23.oe2003sp4.x86_64
Complete!

图 3-7　Vim 文本编辑器安装结束

安装完成后，在命令行中输入“Vim”即可打开 Vim 文本编辑器，此时相当于打开一个空白文件，没有保存，可以在打开的主界面中看到相关的使用说明和帮助，如图 3-8 所示。

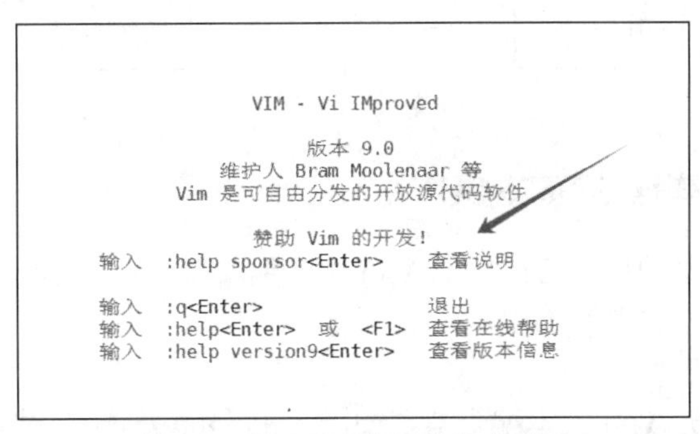

图 3-8　Vim 文本编辑器空白界面

3.2.2　Vim 文本编辑器的编辑模式

如果在命令行输入“vim”命令，后面加文本文件的名字，则可以打开文本文件。但不能直接编辑打开的文件，这是 Vim 的不同编辑模式造成的。Vim 文本编辑器的核心概念是模态编辑，其设置了多种编辑模式和扩展。其中普通模式、插入模式、命令行模式为 3 种基本编辑模式。下面介绍这 3 种基本编辑模式的概念。

1. 普通模式

普通模式也叫命令模式，是初始进入 Vim 文本编辑器的模式，也是切换模式的默认模式。在普通模式下，按下的键被解释为命令，而不是输入文本。可以使用普通模式下的命令来移动光标或者复制、粘贴、删除文本。该模式下的命令通常是单个字符或字符的组合，例如，dd 用于删除一行，hjkl 用于左下上右移动光标。

2. 插入模式

插入模式也叫编辑模式，用于输入和修改文本。在这个模式下，用户可以输入文本，修改文件的内容。在普通模式下按“i（在光标前插入）”“I（在行首插入）”“a（在光标后插入）”“A（在行末插入）”“o（在当前行下面新开一行）”“O（在当前行上面新开一行）”可以进入插入模式。要退出插入模式并返回普通模式，通常按“Esc”键。

3. 命令行模式

命令行模式也称为行末模式，通过在普通模式下按":"进入。在命令行模式下，用户可以在显示区域下方输入许多字符命令。例如，可以用":w"命令保存文件，用":q"命令退出 Vim 文本编辑器，用":/pattern"命令查找文本。命令行模式也提供了很多强大的文本处理命令，例如批量替换、跳转到特定行等。执行完命令后，通常会回到普通模式。

除了以上 3 种基本模式，还有可视模式用于文本的选择，替换模式用于替换字符。以上 3 种基础模式最为常用，熟练掌握这 3 种基本模式就可以完成大部分文本编辑工作。模式切换如图 3-9 所示。

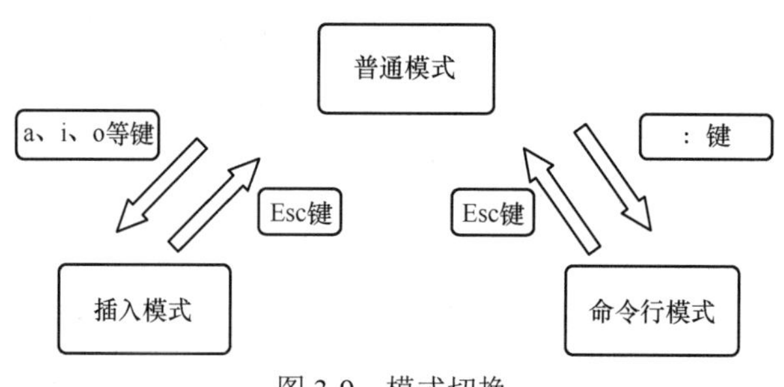

图 3-9　模式切换

3.2.3　Vim 文本编辑器的基本操作

我们先从一些简单的使用方法介绍 Vim 文本编辑器，例如如何创建一个文件，编辑并保存这个文件，以及查看和编辑一个已有文件。

1. 从空白文件新建

执行以下命令打开 Vim 文本编辑器，如图 3-8 所示。但这个时候并不能进行字符的输入，因为此时编辑器处于普通模式，只能用于查看。

```
[root@server01 ~]# vim
```

按"i"键后，编辑器界面将转为插入模式，如图 3-10 所示，此时可以在界面中输入文字字符。

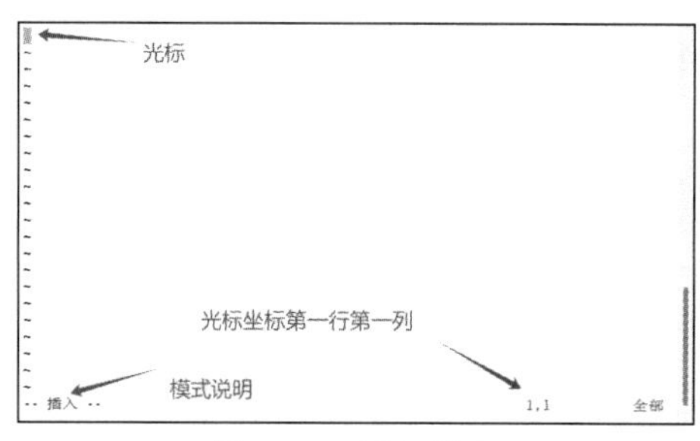

图 3-10　插入模式

2. 保存文件

输入字符串"hello world!"，如果需要保存，需要转到命令行模式。按"Esc"键，"模式说明"位置将空白，光标可以移动，但无法输入字符，此时为普通模式。输入":"字符，会从普通模式转到命令行模式，此时模式位置显示为":"，可以在符号后面输入命令并按"Enter"键执行。

保存命令是“w <文件路径>”，如果打开已经存在的文件，省略文件路径相当于保存文件并覆盖原文件，有文件路径就相当于另存文件。这里是新文件，因此必须指定文件名。在命令行模式下输入以下命令，在当前位置（未改变路径的情况下，应该是在/root 目录下）保存文件为 testFile2.txt。可以看见写入文件信息提示，如图 3-11 所示，此时编辑状态又回到了普通模式。

```
:w testFile2.txt
```

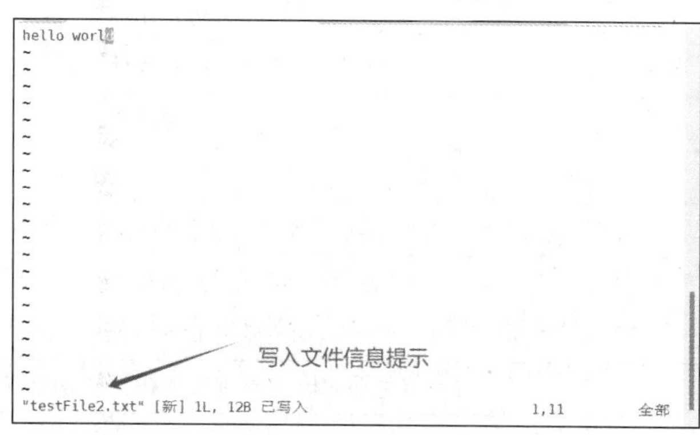

图 3-11　写入信息

对于打开的文件，随时都可以切换到命令行模式，使用“w”命令保存文件。

3．退出 Vim 文本编辑器

退出 Vim 文本编辑器需要在命令行模式下完成。退出时可能有以下几种不同的场景和对应操作。

（1）未修改直接退出

在上一次保存后没有做过任何修改的情况下，直接在命令行模式下输入“:q”后按“Enter”键，即可退出 Vim 编辑器。返回系统命令行。

（2）放弃修改并退出

在上一次保存后做过修改的情况下，在命令行模式下输入“:q”后按“Enter”键，是不能退出的，会出现更改提示，如图 3-12 所示，应使用组合命令“:q!”放弃修改强制退出。“!”起到强制的作用，需要注意命令的先后顺序。

```
~
E37: 已修改但尚未保存 (可用 ! 强制执行)
```

图 3-12　更改提示

（3）保存文件并退出

在上一次保存后做过修改的情况下，且需要保存修改后退出，需要在命令行模式下输入组合命令“:wq”后按“Enter”键，命令顺序不能反，先保存后退出。

3.2.4　常用的快捷操作和命令

在 3 种编辑模式下有大量的快捷按键和命令，可以进行文本文件的各种操作。下面列出一些常见的组合键和指令。

1．普通模式中的常用命令

普通模式中是没有命令输入界面的，有些像组合键的操作，但某些命令是由多个字符构成的，使用时需要逐步习惯。普通模式中的常用命令及其说明见表 3-1。

表 3-1　普通模式中的常用命令及其说明

命令	说明
dd	删除（剪切）光标所在行
5dd	删除（剪切）从光标处开始的 5 行
yy	复制光标所在行
5yy	复制从光标处开始的 5 行
n	显示搜索命令定位到的下一个字符串
N	显示搜索命令定位到的上一个字符串
u	撤销上一步操作
P	将之前删除或复制过的数据粘贴到光标后面
x	删除光标所在字符
↑、↓、←、→	光标进行方向（上下左右）移动
w	向后移动一个单词，从词头到词头
E	向后移动一个单词，从词尾到词尾
b	向前移动一个单词，从词头到词头
Page Down 或 Ctrl + F	向下翻动一整页内容
Page Up 或 Ctrl + B	向上翻动一整页内容
Home 键或“^”、数字“0”	跳转至行首
End 键或“S”键	跳转到行尾
1G 或者 gg	跳转到文件的首行
G	跳转到文件的末尾行
#G	跳转到文件中的第#行

2．命令行模式中的常用命令

命令行模式中的常用命令及其说明见表 3-2。

表 3-2　命令行模式中的常用命令及其说明

命令	说明
:w	保存
:q	退出
:q!	强制退出（放弃对文档的修改内容）

续表

命令	说明
:wq!	强制保存退出
:set nu	显示行号
:set nonu	不显示行号
:命令	执行该命令
:行号	跳转到该行
:s/one/two	将当前光标所在行的第一个 one 替换成 two
:s/one/two/g	将当前光标所在行的所有 one 替换成 two
:%s/one/two/g	将全文中的所有 one 替换成 two
?字符串	在文本中从下至上搜索该字符串
/字符串	在文本中从上至下搜索该字符串

3.2.5　综合案例

下面我们使用包含一些文本内容的文件，对 Vim 文本编辑器中常见的操作进行应用。使用以下 cp 命令将/etc/passwd 文件复制到当前路径（/root）进行后续操作。

```
[root@server01 ~]# cp /etc/passwd
```

步骤 1：使用 Vim 文本编辑器打开复制的 passwd 文件，使用方向键滚动查看文件内容，可以看到此文件保存了当前系统的账户信息。

```
[root@server01 ~]# vim passwd
```

步骤 2：查找 ftp 的账户信息。在当前普通模式下输入“/”进入命令行模式，并在后面追加“ftp”后按“Enter”键，如图 3-13 所示。定位到查找位置，可以按“n”键继续查找符合要求的字符。

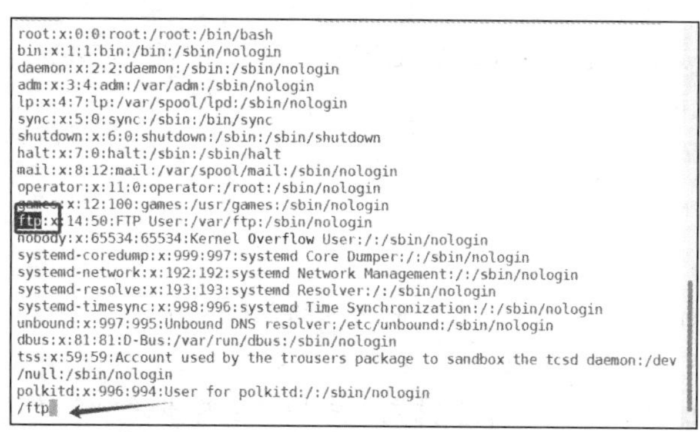
root:x:0:0:root:/root:/bin/bash
bin:x:1:1:bin:/bin:/sbin/nologin
daemon:x:2:2:daemon:/sbin:/sbin/nologin
adm:x:3:4:adm:/var/adm:/sbin/nologin
lp:x:4:7:lp:/var/spool/lpd:/sbin/nologin
sync:x:5:0:sync:/sbin:/bin/sync
shutdown:x:6:0:shutdown:/sbin:/sbin/shutdown
halt:x:7:0:halt:/sbin:/sbin/halt
mail:x:8:12:mail:/var/spool/mail:/sbin/nologin
operator:x:11:0:operator:/root:/sbin/nologin
games:x:12:100:games:/usr/games:/sbin/nologin
ftp:x:14:50:FTP User:/var/ftp:/sbin/nologin
nobody:x:65534:65534:Kernel Overflow User:/:/sbin/nologin
systemd-coredump:x:999:997:systemd Core Dumper:/:/sbin/nologin
systemd-network:x:192:192:systemd Network Management:/:/sbin/nologin
systemd-resolve:x:193:193:systemd Resolver:/:/sbin/nologin
systemd-timesync:x:998:996:systemd Time Synchronization:/:/sbin/nologin
unbound:x:997:995:Unbound DNS resolver:/etc/unbound:/sbin/nologin
dbus:x:81:81:D-Bus:/var/run/dbus:/sbin/nologin
tss:x:59:59:Account used by the trousers package to sandbox the tcsd daemon:/dev
/null:/sbin/nologin
polkitd:x:996:994:User for polkitd:/:/sbin/nologin
/ftp

图 3-13　查找 ftp

步骤 3：如果想知道 ftp 用户信息在第几行，按“Esc”键，并输入“:”进入命令行模式，输入“set　nu”开启行号显示，可以看见 ftp 用户信息在文件的第 12 行，如图 3-14 所示。

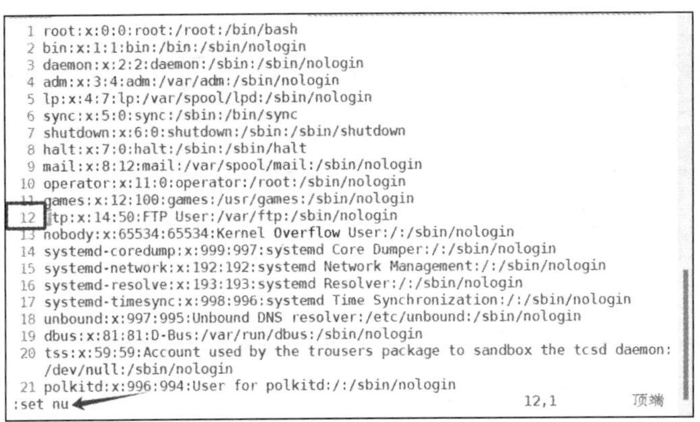

图 3-14　显示行号

步骤 4：删除整行用户信息。按“Esc”键进入普通模式，然后按两次“d”键，可以看见 ftp 用户所在行被删除了。

步骤 5：插入新行。在第 12 行的位置，按“o”键，会看到多出一个空行，同时光标开始闪烁，当前文档切换到了编辑状态，可以输入字符，输入“helo Euler!”。

步骤 6：把本文件内的 root 替换成 admin，输入“:”转到命令行模式下，输入“:%s/root/admin/g”后按“Enter”键，可以看到第一行的 root 字符都被替换成了 admin，运行结果如图 3-15 所示。

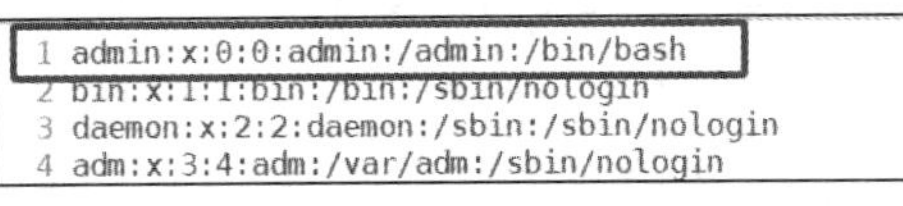

1 admin:x:0:0:admin:/admin:/bin/bash
2 bin:x:1:1:bin:/bin:/sbin/nologin
3 daemon:x:2:2:daemon:/sbin:/sbin/nologin
4 adm:x:3:4:adm:/var/adm:/sbin/nologin

图 3-15　替换文字

步骤 7：在第一行的末尾追加感叹号，输入“:”转到命令行模式。输入数字“1”表示行号，按“Enter”键后光标定位到第一行；也可以在普通模式下使用“1G”命令。按“$”光标将会定位到行末。按“a”在当前字符位置后插入新的字符，输入“!”。

步骤 8：保存当前操作并退出，在命令行模式下输入“:wq”后按“Enter”键，文档将会被保存并关闭。

至此我们就完成了常见的文本编辑工作，可以看出 Vim 文本编辑能力非常强大。

3.3　习题

1. 在 openEuler 系统中用于查看文件内容的命令是（　　）。

A. cat　　B. pwd　　C. ls　　D. rm

2. 在 openEuler 系统中，用于查找文件中指定字符串的命令是（　　）。

A. sed　　B. grep　　C. awk　　D. cut

3. openEuler 系统中，用于按行排序文件内容的命令是（　　）。

A. sort　　B. cut　　C. paste　　D. join

4. 在 Vim 文本编辑器中，用于切换到插入模式的命令是（　　）。

A. i　　B. a　　C. o　　D. x

5. 在 Vim 文本编辑器中，用于切换到命令行模式的命令是（　　）。

A. /　　B. :　　C. ?　　D. !

6. 在 Vim 文本编辑器中，用于查找指定字符串的命令是（　　）。

A. /　　B. ?　　C. :　　D. !

7. 在 Vim 文本编辑器中，用于撤销上一步操作的命令是（　　）。

A. r　　B. Ctrl + C　　C. u　　D. Ctrl + Z

8. 在 Vim 文本编辑器中，修改文件后想放弃并退出，需要使用的命令是（　　）。

A. :q　　B. :wq　　C. :q!　　D. :!q

第4章 用户管理和系统安全

主要内容

服务器是为其他计算机和应用提供服务，所以服务器系统往往面临复杂的网络环境和用户访问，以及巨大的访问量和数据吞吐量，且需要长时间的连续稳定运行。所以相对来说，服务器系统是非常脆弱的，极易遭到攻击和破坏，操作失误也会造成服务器中断。服务器复杂的工作环境如图 4-1 所示。

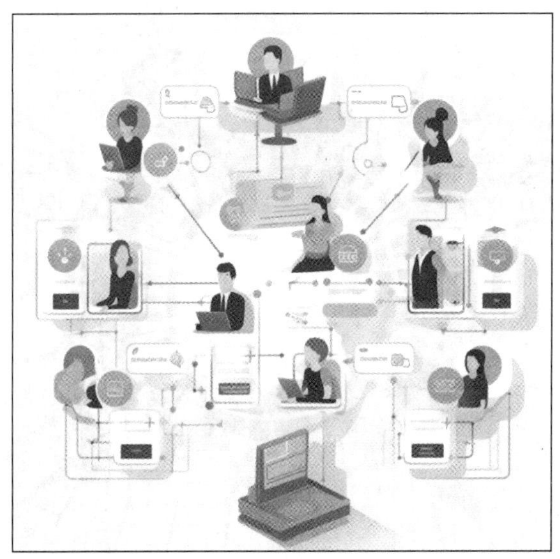

图 4-1 服务器复杂的工作环境

服务器工作环境的复杂性来自以下方面。

① **不同操作系统和应用程序**：服务器可能运行着多种操作系统，例如 Windows Server、Linux、UNIX 等，并且每个系统上可能部署着不同的服务和应用程序。

② **多用户环境**：在大型系统中，有多个用户需要访问服务器来完成维护、更新和使用应用程序等任务。

③ **网络复杂性**：服务器通常是网络架构的一部分，这部分包括内部网络、外部连接、防火墙、负载均衡器和其他网络设备。

④ **硬件多样性**：服务器包含多种类型的硬件设备，例如多个处理器、不同类型的存储设备和网络接口。

⑤ **安全要求**：保护数据免受未授权访问和提供稳定服务是服务器管理的核心任务之一。

⑥ **合规性和标准**：在处理敏感数据时，例如个人信息、医疗记录、金融信息等，必须符合特定的合规性和安全标准。

⑦ **高可用性和故障恢复**：保证服务的连续性和可靠性，服务器通常需要配置冗余系统、备份解决方案和灾难恢复计划。

复杂的工作环境使用户管理和权限控制越来越重要，主要表现在以下几个方面。

① **防止数据泄露**：适当的用户权限可以确保只有得到授权的人员能够访问敏感信息或关键信息，从而减少数据泄露的风险。

② **避免配置错误**：限制用户访问可以防止未经授权的更改而导致的系统中断或性能下降。

③ **最小权限原则**：只授权必要的访问权限，以降低安全风险。

④ **审计和跟踪**：通过审计和跟踪用户活动，确保系统遵循政策，识别潜在的不当行为，并提供必要的法律和安全审计信息。

⑤ **合规性需求**：确保系统符合行业标准和法规要求，例如符合 HIPAA、GDPR、PCI DSS 等。

⑥ **角色分离**：通过定义不同的角色和相关权限，确保用户只能执行与其职责相对应的操作。

本章，我们将学习 openEuler 系统中的用户和用户组的基本操作、Linux 账号安全管理、文件系统安全管理和其他一些常见的访问策略管理，了解如何使用 SELinux 来强化系统。

4.1　Linux 用户和用户组

Linux 操作系统采用的是 PAM（可插拔认证模块）认证框架，它是一种模块化的认证框架，允许系统管理员根据需要选择不同的认证方法来进行认证。PAM 认证包含多种认证类型，例如密码认证、证书认证、令牌认证等，管理员可以根据实际情况选择合适的认证类型。用户身份管理如图 4-2 所示。

图 4-2　用户身份管理

在 Linux 系统中，可通过用户和用户组进行系统访问、文件访问、系统资源访问的权限管理。这些功能使多用户环境下的 Linux 系统更加安全、可靠和灵活。

用户：指系统中的个人或实体，每个用户都有相应的账号和密码。用户可以登录系统并执行各种操作。

用户组：一组用户的集合。通过将用户分配给用户组，方便管理和控制用户的访问权限。用户组可以用来将某些用户分类，并为这些用户分配相同的权限。

4.1.1　管理 openEuler 系统的用户

openEuler 作为 Linux 的发行版本，其用户管理策略、方式与 Linux 系统相同。常见的用户管理操作如下。

1．增加用户

useradd 命令：在 root 权限下，使用 useradd 命令可以为系统添加新用户的信息，其中 options 为相关参数，username 为用户名称。其语法格式如下。

```
useradd [选项] 用户名
```

使用以下命令新建一个用户名为 isoft 的用户，在 root 权限下执行以下命令，没有提示则说明创建成功，可以使用 id 命令查看用户信息。

```
[root@server01 ~]useradd isoft
```

对于已存在的用户，可以通过 id 命令查看账户信息，使用以下命令查看 isoft 用户的账户信息。

```
[root@server01 ~]# id isoft
用户 id=1001(isoft) 组 id=1001(isoft) 组=1001(isoft)
```

Linux 用户的相关信息可以通过以下多个文件进行保存。

/etc/passwd：用户账号信息文件。

/etc/shadow：用户账号信息加密文件。

/etc/group：用户组信息文件。

/etc/default/useradd：定义默认的设置文件。

/etc/login.defs：全局配置文件。

/etc/skel：默认的初始配置文件目录。

我们可以通过/etc/passwd 文件查看刚刚新增的 isoft 用户。isoft 用户信息如图 4-3 所示。

```
[root@server01 ~]# tail -n 3 /etc/passwd
```

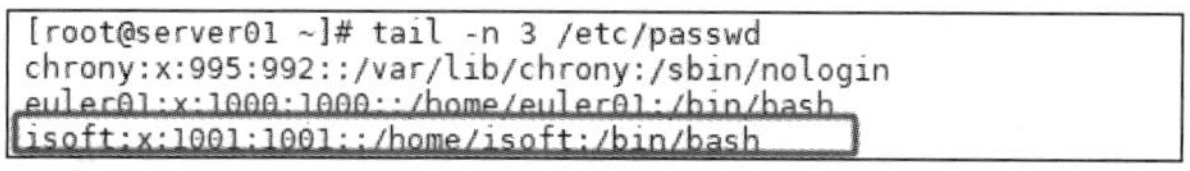

```
[root@server01 ~]# tail -n 3 /etc/passwd
chrony:x:995:992::/var/lib/chrony:/sbin/nologin
euler01:x:1000:1000::/home/euler01:/bin/bash
isoft:x:1001:1001::/home/isoft:/bin/bash
```

图 4-3 isoft 用户信息

2. 设置密码

root 账户使用 passwd 用户名可以设置指定的用户密码。不指定用户名则为修改当前用户密码。密码复杂度不符合要求时会有提示，建议密码为大小写字母加数字和符号。其语法格式如下。

```
passwd 用户名
```

使用以下命令设置 isoft 用户的密码，会出现图 4-4 所示的密码设置提示。需要注意的是，在 Linux 中输入密码，信息均不会回显（看不到输入的内容）。这里，我们设置的密码为“Euler@12345”，并进行二次输入确认。

```
[root@server01 ~]# passwd isoft
```

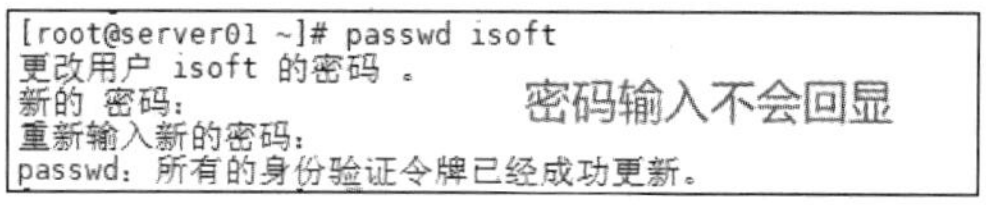

```
[root@server01 ~]# passwd isoft
更改用户 isoft 的密码 。
新的 密码:
重新输入新的密码:
passwd: 所有的身份验证令牌已经成功更新。
```

密码输入不会回显

图 4-4 设置密码

3. 切换当前用户

在远程 Shell 中可以使用 isoft 用户尝试登录，也可以在当前界面中使用 su 用户名切换用户。root 用户可以直接切换成任何一个其他用户。普通用户切换到 root 用户，需要输入管理员密码。使用以下命令切换到 isoft 用户，如图 4-5 所示，可以看到系统环境重新被加载，命令行提示符由“#”变为了普通用户的“$”。

```
[root@server01 ~]# su isoft
```

```
[root@server01 ~]# su isoft

Welcome to 4.19.90-2312.1.0.0255.oe2003sp4.x86_64

System information as of time:  2024年 01月 21日 星期日 20:08:24 CST

System load:    0.01
Processes:      181
Memory used:    21.10%
Swap used:      0.0%
Usage On:       7%
IP address:     192.168.94.50
IP address:     192.168.94.135
IP address:     192.168.94.134
Users online:   2
To run a command as administrator(user "root"),use "sudo <command>".
[isoft@server01 root]$
```

新用户登录

命令行提示符变为$

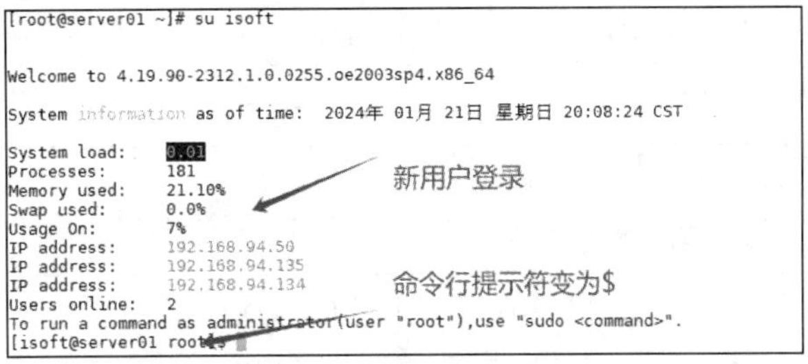

图 4-5　切换到 isoft 用户

在命令行输入“exit”，可以切换回原来的登录账户。

```
[isoft@server01 root]$ exit
exit
[root@server01 ~]#
```

4. 修改当前用户的主目录

主目录相当于 Windows 操作系统中的“我的文档”目录，在不同用户登录的情况下会定位到自己的文档目录。Linux 系统中的 root 账户的主目录为“/root”，其他用户的主目录在“/home/用户名”文件夹下，使用 ls 查看“/home”目录可以看到 isoft 用户的主目录。

```
[root@server01 ~]# ls /home/
euler01  isoft  lost+found
[root@server01 ~]#
```

5. 修改用户的 UID

在 Linux 系统中，UID 是指用户标识号，是用于标识系统中每个用户的唯一数字。每个用户的账户都有一个与之相关联的 UID，这些 UID 用于控制对系统资源的访问权限。

当在 Linux 系统中创建一个新用户时，系统会分配一个独一无二的 UID 给该用户。这个 UID 将与用户的其他信息一同存储在系统的“/etc/passwd”文件中。UID 是文件系统权限和所有权的核心，用于区分不同的用户，并为每个用户提供相应的权限。

UID 的范围通常如下。

① **超级用户（root）**：超级用户的 UID 是 0。这个 UID 有系统上的所有权限，可以无限制地访问和修改系统。

② **普通用户（regular users）**：普通用户的 UID 通常从 1000 或者 1001 开始，具体取决于发行版的配置。每个新建的用户都会分配一个之前没被使用过的 UID。

③ **系统用户（system users）**：用于运行特定服务的系统用户通常有自己的 UID，通常小于 1000，以便与普通用户区分开来。这些用户由系统管理，一般不用于登录。

UID 对于文件所有权和线程控制至关重要。例如，在文件权限中，UID 决定了哪个用户拥有对特定文件的读取、写入和执行的权限。使用“ls -l”命令可以看到每个文件或目录的用户所有权，它指向了用户的 UID。

在系统安全方面，UID 还可以防止未经授权的用户访问敏感的系统资源。通过将系统服务运行在不同的 UID 上，并限制这些 UID 的权限，可以增强系统的安全性。

使用 id 命令查看 isoft 用户的 UID，代码如下，可以看到 isoft 用户的 UID 为 1001，可以基本判定这是一个普通用户。

```
[root@server01 ~]# id isoft
用户 id=1001(isoft) 组 id=1001(isoft) 组=1001(isoft)
```

如果用户的 UID 重复或者因其他原因需要修改时，可以使用 usermod 命令实现。使用以下命令修改 isoft 账户的 UID，如图 4-6 所示。

```
[root@server01 ~]# usermod -u 1002 isoft
```

```
[root@server01 ~]# usermod -u 1002 isoft
[root@server01 ~]# id isoft
用户id=1002(isoft) 组id=1001(isoft) 组=1001(isoft)
[root@server01 ~]#
```

图 4-6 修改用户的 UID

6. 修改账户有效期

在服务器用户中，有些账户可能只有在特定时间段才会被使用，例如项目部署时的管理账号，且权限比较大。后期在使用时，可能存在忘记删除或者修改该账号权限的情况，如果账号泄露，可能会给服务器带来安全风险。

为了避免这种情况，可以在创建账号时指定账号的有效时间，也可以通过命令修改用户账号的有效时间，超过设置时间后账号自动禁止登录，从而提升服务器系统的安全性。在服务器系统中可使用影子口令，对账户的安全性进行独立限制。账户的安全限制在/etc/shadow 文件中进行维护。

使用文本查看工具查看/etc/shadow 文件，文件中的每行字符都代表一个用户的密码信息，其包含的字段见表 4-1。

表 4-1 /etc/shadow 文件字段及其说明

字段	说明
用户名	与/etc/passwd 文件中的用户名对应
加密密码	用户的密码经过哈希加密后的字符串，也可能是一些特殊的字符，例如*或!，表示没有密码或账户被锁定
最后一次密码更改日期	自 1970 年 1 月 1 日以后的日期，表示最后一次更改密码的日期
密码更改最小间隔天数	用户需要等待多少天才能更改密码
密码更改最大间隔天数	用户必须在多少天内更改一次密码
警告期	在密码过期前多少天提醒用户更改密码
不活动期限	密码过期后，账号进入不活动状态前的天数
账号过期日期	自 1970 年 1 月 1 日以后的日期，表示账号会过期的日期
保留字段	为将来的使用预留

在 root 权限下，执行以下命令来修改一个账号的有效期，其中 MM 代表月，DD 代表日，YY 代表年，username 代表用户名。请根据实际情况修改。

```
usermod -e MM/DD/YY username
```

7. 删除用户

一个账户如果不再使用，可以将该账户删除。在 root 权限下，使用 userdel 命令可以删除指定账户，其语法格式如下。

```
userdel [选项] 登录名
```

以上命令加上-r 参数可以删除用户主目录，其他参数的相关命令，参照--help 参数执行后的帮助信息进一步了解。

执行以下命令，删除 isoft 用户及其主目录。删除完成后可以查看/etc/passwd 和/etc/shadow 文件发生的变化，也可以查看/home 目录下 isoft 用户的主目录是否已被删除。

```
[root@server01 ~]# userdel -r isoft
```

4.1.2 管理用户组

在 Linux 操作系统中，用户组是一种管理和组织用户的机制，Linux 文件权限是按用户、用户组和其他人来授予的。这意味着我们可以为文件或目录设定权限，让用户及其所在的用户组的成员或所有用户拥有不同的访问级别。

用户组对于协作是非常有用的。例如，有一个项目团队，我们可以创建一个对应的用户组，然后将所有相关的用户添加到该用户组中，这样所有组成员都可以共享和访问组内的资源。Linux 用户组定义在系统中的特定文件里，在 Linux 系统中主要是/etc/group 文件。这个文件列出了所有的用户组及其对应的成员。用户组的管理文件及其说明见表 4-2，可以使用文本编辑工具查看相关内容。

表 4-2　用户组的管理文件及其说明

用户组的管理文件	说明
/etc/gshadow	用户组信息加密文件
/etc/group	用户组信息文件
/etc/login.defs	全局配置文件

用户可以属于一个或多个用户组。通过修改账户配置可以改变用户的主用户组，或者将用户添加到一个或多个附加用户组中。Linux 用户组可以分为以下类型。

① **主用户组**：每个用户都有一个主用户组，通常与用户的登录名同名。这个组的名称会在/etc/passwd 文件的用户条目中被指定。当用户创建文件或目录时，这些文件通常会被赋予该用户的主用户组，以此作为它们的组所有权。

② **附加用户组**：用户可以属于其他多个附加用户组，因此其能根据组权限访问额外的资源。

（1）groupadd

groupadd 用于创建新的用户组。详细的使用方式使用 help 命令进行查看。其语法格式如下。

```
groupadd [选项] 组名
```

在 root 权限下使用以下命令，新建 isoftgroup 用户组，没有消息提示即代表创建成功。可以在/etc/group 中查看新增的用户组信息，/etc/gshadow 中新增的用户组信息如图 4-7 所示。

```
[root@server01 ~]# groupadd isoftgroup
```

```
chrony:x:992:
euler01:x:1000:
isoft:x:1001:
isoftgroup:x:1002:
```

图 4-7　/etc/gshadow 中新增的用户组信息

（2）groupmod

groupmod 用于修改用户组属性。它和用户管理的修改属性相似，可以在增加用户组时设定，也可以通过命令修改，通过选项和参数指定。其语法格式如下。

```
groupmod [选项] 组名
```

在 root 权限下使用以下命令，使用-g 选项修改 isoftgroup 用户组的组 id 为 1102，修改后可以在/etc/group 中查看用户组信息的变更。

```
[root@server01 ~]# groupmod -g 1102 isoftgroup
```

在 root 权限下使用以下命令，使用-n 选项修改 isoftgroup 用户组的组名为 isoftgroup01，修改后可以在/etc/group 中查看用户组信息的变更。

```
groupmod -n isoftgroup01 isoftgroup
```

（3）gpasswd

gpasswd 用于设置组密码，通过为用户组设置密码，可以创建一个受密码保护的用户组，只有知道组密码的用户才能加入该组。其语法格式如下。

```
gpasswd 组名
```

设置组密码并不是常见的做法，因为它不是安全控制中较好的方式。通常，组成员管理是通过 usermod、gpasswd 或编辑/etc/group 文件完成的，而不涉及组密码设置。组密码更多用于将某个用户加入用户组。

使用以下命令和选项将 isoft 用户加入 isoftgroup01 用户组，验证结果如图 4-8 所示。一个用户可以属于多个用户组，用户权限也是所属用户组的权限的并集。

```
[root@server01 ~]# gpasswd -a isoft  isoftgroup01
正在将用户“isoft”加入“isoftgroup01”组中
```

```
[root@server01 ~]# id isoft
用户id=1001(isoft) 组id=1001(isoft) 组=1001(isoft),1102(isoftgroup01)
```

图 4-8　isoft 用户被加入 isoftgroup01 用户组

使用以下命令和选项可以将 isoft 用户从 isoftgroup01 用户组中删除。

```
[root@server01 ~]# gpasswd -d isoft  isoftgroup01
正在将用户“isoft”从“isoftgroup01”组中删除
```

（4）getent group

getent group 用于查看指定用户组下的用户列表。其语法格式如下。

```
getent group 组名
```

删除 isoft 用户前，使用以下命令查看 isoftgroup01 用户组，可以看到 isoft 用户信息。可以多增加几个用户进行验证。

```
[root@server01 ~]# getent group isoftgroup01
isoftgroup01:x:1102:isoft
```

（5）groupdel

groupdel 用于删除已有的用户组。其语法格式如下。

```
groupdel 组名
```

使用以下命令删除 isoftgroup01 用户组。删除后，该组的原用户不再属于该组。

```
[root@server01 ~]# groupdel isoftgroup01
```

（6）groups [用户名]

groups[用户名]用于列出指定用户所属的所有用户组；如果没有指定用户名，则列出当前用户所属的用户组。其语法格式如下。

```
[root@server01 ~]# groups
```

在 root 组里加入 isoft 用户后，使用 groups 命令查看结果。

```
[root@server01 ~]# groups isoft
isoft : isoft root
```

4.2　Linux 账号安全管理

4.2.1　账号分类

前面我们一直使用 root 这一系统管理员账户进行操作，过大的权限容易因误操作引起较大的问题。所以在通常情况下，需要根据需求创建不同的用户和用户组，赋予其特定的权限。为了满足系统的安全性要求，一般而言，Linux 账号可以分为系统账号、业务账号和管理维护账号，一般遵循所需最小权限的原则。Linux 系统和 openEuler 系统的用户账号可以分为以下 3 类。

1. 系统账号

系统账号是指操作系统自带的账号，用于执行系统级别的任务，例如内核操作、网络配置等。这些账号的 UI 一般预留在系统中，使用系统级别的权限管理。一般情况下，Linux 系统有 5 个预置系统账号，具体见表 4-3。

表 4-3　Linux 系统的 5 个预置系统账号及其说明

预置系统账号	说明
root	系统管理员账户，拥有最高权限，可以访问和修改系统的所有文件和管理系统服务
bin	二进制文件的用户账号，用于存放系统默认的用户二进制文件，例如/bin/ls 和/bin/mv 等
daemon	系统守护进程账号，用于运行系统服务的进程，例如 HTTP 服务器等
sys	系统信息账号，用于系统信息维护和访问，例如/dev/kmem 文件
sync	磁盘同步账号，系统在关机时，需要将缓存的数据写入磁盘以避免数据丢失，sync 用于完成这个操作

2. 业务账号

业务账号是用于特定业务的账号，例如数据库账号、Web 应用的账号等。这些账号的 UID 一般不与系统账号重复，且权限不同于系统账号，只能访问系统中事先分配给它们的资源。这些账号通常由软件管理员进行管理和授权，常见的应用程序的业务账号及其说明见表 4-4。

表 4-4　常见的应用程序的业务账号及其说明

业务账号	说明
Web 服务器账号	例如 Apache 的 www-data 账号、Nginx 的 nginx 账号等
数据库服务器账号	例如 MySQL 的 mysql 账号、PostgreSQL 的 postgres 账号等

续表

业务账号	说明
文件服务器账号	例如 FTP 服务器的 ftp 账号等
邮件服务器账号	例如 Postfix 的 postfix 账号等

业务账号通常需要访问特定的文件系统、网络端口或其他资源来提供服务。为了保证业务账号的安全性，建议采用最小化权限原则，只授予用户必要的访问权限，避免过度授权。同时，业务账号的密码和其他敏感信息也需要定期更换和更新，以确保安全性。

3．管理维护账号

管理维护账号是用于操作系统管理员工作的账号，例如进行安全审计、安装软件和补丁、系统设置等。这些账号的权限高于业务账号的权限，但不超过系统账号的权限。这些账号应该根据需要进行分配，并应有安全策略和审计监控。

根据安全最佳实践和权限管理要求，通常建议采用 least privilege 策略，即账号只被赋予实现其业务或操作所需的最小特权，最大限度地防止数据泄露和恶意攻击。同时，需要定期对账号进行监测和审计，遵循密码策略和加强访问控制。

系统账号往往权限较大，例如 root 用户具有删除操作系统的权限，日常使用中易因过大的权限产生误操作。

4.2.2 PAM 认证

PAM 认证是一种在 Linux 系统中用于身份验证的模块化框架。它允许系统管理员根据特定需求和策略配置不同的认证方式，并可以轻松地扩展和定制认证方法。

使用 PAM，系统管理员可以通过配置 PAM 的配置文件来指定用户在进行登录、密码更改、访问受限资源等操作时所需的认证方式。PAM 支持多种认证方式，如本地密码数据库、LDAP、Kerberos、RADIUS 等，并且还可以集成第三方认证模块。

1．PAM 框架的基本工作流程

① 用户尝试进行身份验证操作，例如登录系统或更改密码。

② 相关程序（例如登录管理器、passwd 命令等）通过 PAM 库调用 PAM 函数。

③ PAM 库根据配置文件加载相应的 PAM 模块。

④ 每个 PAM 模块针对特定的认证步骤（例如身份验证、密码更新等）执行特定的操作。

⑤ 根据模块的返回结果，PAM 库最终决定是否允许或拒绝用户的身份验证请求。

通过这种模块化的设计，系统管理员可以根据实际需求与安全策略选择合适的认证模块，并进行自定义配置，以提高系统的安全性和灵活性。

2．PAM 认证构成

使用以下命令查看系统是否支持 PAM 模块认证，如图 4-9 所示。

```
[root@server01 ~]# ls /etc/pam.d/ | grep su
```

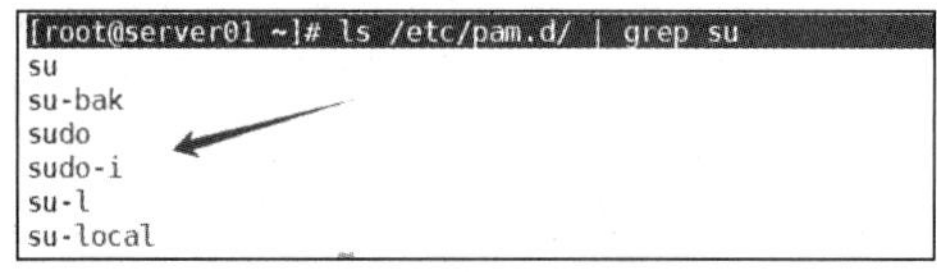

图 4-9　是否支持 PAM 模块认证

使用 cat /etc/pam.d/su 命令查看 PAM 配置文件，图 4-10 所示的输出结果中的每一行都是一个独立的认证过程，分别代表验证类别、控制标志、PAM 模块与该模块的参数。

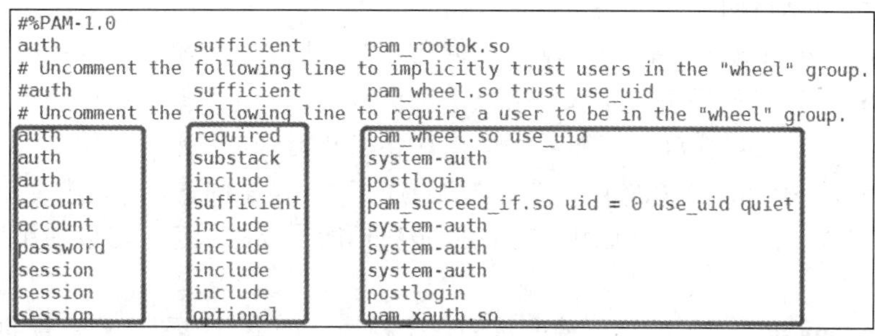

```
#%PAM-1.0
auth            sufficient      pam_rootok.so
# Uncomment the following line to implicitly trust users in the "wheel" group.
#auth           sufficient      pam_wheel.so trust use_uid
# Uncomment the following line to require a user to be in the "wheel" group.
auth            required        pam_wheel.so use_uid
auth            substack        system-auth
auth            include         postlogin
account         sufficient      pam_succeed_if.so uid = 0 use_uid quiet
account         include         system-auth
password        include         system-auth
session         include         system-auth
session         include         postlogin
session         optional        pam_xauth.so
```

图 4-10　PAM 认证配置文件

3．PAM 认证类别

PAM 认证类别分为以下 4 种。

① **auth**：主要用于用户的身份验证，这种类别通常需要口令来检验，所以后续接的模块主要用来检验用户的身份。

② **account**：账户模块接口，检查指定账户是否满足当前验证条件，检查账户是否到期等。

③ **session**：会话模块接口，用于管理和配置用户会话。会话在用户成功认证之后自动生效。

④ **password**：密码模块接口，用于更改用户密码，以及强制使用强密码配置。

4．PAM 认证控制标志

PAM 认证控制标志主要有以下 4 种类型。

① **required**：若成功则带有 success 标志，若失败则带有 failure 标志，无论成功或失败都会继续后续的验证流程。由于后续的验证流程可以继续进行，因此这是 PAM 最常使用 required 的原因。

② **requisite**：若验证失败则立刻返回 failure 的标志，并终止后续的验证流程；若验证成功则带有 success 的标志，继续后续的验证流程。失败时所产生的 PAM 信息无法通过后续模块来记录。

③ **sufficient**：若验证成功则立刻回传 success 给源程序，并终止后续的验证流程；若验证失败则带有 failure 标志，继续后续的验证流程。

④ **optional**：该模块返回的通过/失败的结果被忽略。当没有其他模块被引用时，标记为 optional 模块且成功验证时该模块才是必需的。

5．PAM 认证常用模块

PAM 认证常用模块如下。

① **pam_securetty.so**：限制系统管理员（root）仅能从安全的终端机登录。例如 tty1、tty2 等是传统的终端设备名称，安全终端的配置需写入/etc/securetty 文件中。pam_nologin.so 模块可以限制普通用户登录主机。当/etc/nologin 文件存在时，所有普通用户均无法登录系统。普通用户在登录时，终端会显示该文件的内容。所以，在正常情况下，此文件不应该存在于系统中。但该模块不影响 root 用户和已经登录的普通用户。

② **pam_selinux.so**：SELinux 具有针对程序进行细节权限管理的功能。由于 SELinux 会影响用户运行程序的权限，因此可以利用 PAM 模块，将 SELinux 暂时关闭，等到验证通过后，再予以启动。

③ **pam_console.so**：当系统出现某些问题，或者是某些时刻需要使用特殊的终端接口（例如 RS232 之类的终端联机设备）登录主机时，这个模块可以帮助处理一些文件权限的问题，让用户可以通过特殊终端接口顺利登录系统。

④ **pam_loginuid.so**：系统账号与一般账号的 UID 是不同的，一般账号的 UID 均大于 500 才合理。因此，为了验证用户的 UID 是我们所需要的数值，可以使用这个模块来进行规范。

⑤ **pam_env.so**：用于配置环境变量的一个模块，如果有需要额外配置的环境变量，可以参考/etc/security/pam_env.conf 文件的详细说明。

⑥ **pam_unix.so**：一个很复杂且重要的模块。该模块可以在验证阶段用于认证权限，可以在授权阶段用于账号许可证管理，可以在会议阶段用于登记录入文件等，甚至可以在口令升级阶段用于权限检验，功能非常丰富。该模块在早期使用相当频繁。

⑦ **pam_cracklib.so**：提供密码强度检查和认证保护功能，包括验证密码复杂度（长度、字符组合）及字典弱密码；记录失败次数，达到阈值后终止会话；有效防范暴力破解和弱密码攻击。

4.2.3 Linux 口令管理策略

合理的口令管理策略是保证 Linux 系统安全的重要手段之一，在实际操作中，可以通过修改/etc/login.defs 和/etc/pam.d/system-auth 等文件来配置 Linux 系统的口令管理策略。另外，也可以使用工具（例如 passwd 和 chage 等）来修改用户的口令和有效期限制。常见的密码安全策略如下。

① **密码复杂度要求**：要求用户设置强密码，通常包括密码长度、大小写字母、数字、特殊字符等要求。

② **密码有效期限制**：规定用户密码需要定期更换，以避免长时间使用同一密码带来密码泄露的风险。

③ **密码历史记录**：记录用户最近几次的密码，防止用户反复使用相同或类似的密码。

④ **登录失败锁定**：在用户连续输错密码时，暂时锁定账户，以避免遭到恶意攻击和暴力破解密码。

⑤ **口令策略审核**：对系统中已经存在的用户账户进行定期检查和审核，及时发现和处理不合规的口令设置。

1. 设置密码复杂度

方法一：使用 pam_cracklib 模块设置密码复杂度。

使用 root 用户权限编辑用于设置密码复杂度的配置文件“/etc/pam.d/password-auth”。

```
[root@server01 ~]# vim /etc/pam.d/password-auth
```

在该文件中第 19 行的位置找到包含 password requisite pam_pwquality.so 的行，如图 4-11 所示。

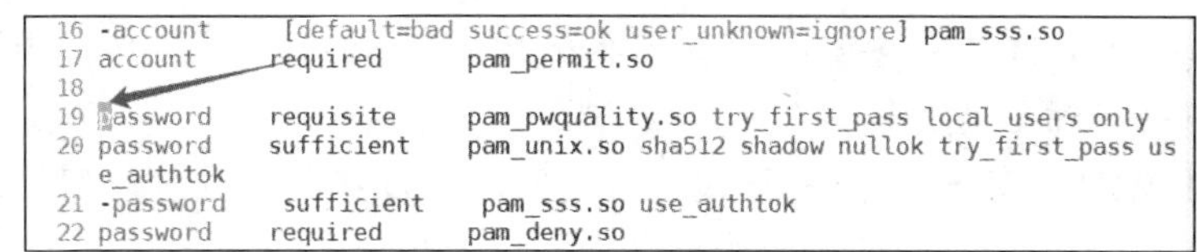

图 4-11　定位复杂度修改位置

修改该行的参数以修改密码复杂度要求，可以添加以下选项。

① **minlen=n**：要求密码至少包含 *n* 个字符。

② **dcredit=n**：要求密码中至少包含 *n* 个数字。

③ **ucredit=n**：要求密码中至少包含 *n* 个大写字母。

④ **lcredit=n**：要求密码中至少包含 *n* 个小写字母。

⑤ **ocredit=n**：要求密码中至少包含 *n* 个特殊字符。

例：要求密码长度至少为 8 个字符，并且至少包含 1 位数字、1 个大写字母和 1 个小写字母，命令如下。

```
password requisite pam_cracklib.so minlen=8 dcredit=-1 ucredit=-1 lcredit=-1
```

保存文件并退出文本编辑器。重新启动系统或使用以下命令重新加载 PAM 使更改生效。

```
[root@server01 ~]# sudo authconfig --updateall
```

方法二：使用 pam_pwquality 模块设置密码复杂度。

使用 root 用户登录到 openEuler 系统，编辑“/etc/security/pwquality.conf”文件。

```
[root@server01 ~]# vim /etc/security/pwquality.conf
```

修改以下参数更改密码复杂度。

① **minlen**：设置密码的最小长度。

② **dcredit**：设置密码中数字的个数。

③ **ucredit**：设置密码中大写字母的个数。

④ **lcredit**：设置密码中小写字母的个数。

⑤ **ocredit**：设置密码中特殊字符的个数。

例：要求密码长度至少为 8 个字符，并且至少包含 1 位数字、1 个大写字母和 1 个小写字母，命令如下。

```
minlen = 8
dcredit = 1
ucredit = 1
lcredit = 1
```

保存文件并退出文本编辑器。可以看出，方法二看起来更加直观一些，至于最终使用何种方法完全取决于用户的使用习惯。

2．设置密码有效期

openEuler 系统使用 PAM 来管理身份验证，因此可以通过修改 PAM 配置文件实现密码有效期的设置。使用 root 用户权限编辑/etc/login.defs 文件。

```
[root@server01 ~]# vim /etc/login.defs
```

在打开的文件中找到以下行（大约在第 17 行的位置）。

```
PASS_MAX_DAYS   99999
PASS_MIN_DAYS   0
PASS_WARN_AGE   7
```

分别修改这些行的值来设置及调整密码有效期，各行参数说明如下。

① **PASS_MAX_DAYS**：密码的最多有效天数。将其值修改为期望的天数，例如 90，表示密码将在 90 天后过期。

② **PASS_MIN_DAYS**：允许下一次修改密码的最少等待天数。将其值修改为期望的天数，例如 7，表示两次修改密码间隔必须为至少 7 天。

③ **PASS_WARN_AGE**：在密码过期之前的多少天提醒用户。将其值修改期望的天数，例如 14，表示在密码过期前的 14 天提醒用户。

设置好之后保存文件并退出文本编辑器。这对于新创建的用户会立即生效，但对于已存在的用户，需要在其下次登录时才会生效。修改密码有效期可以有效防止密码长时间不更改带来的密码泄露隐患。

3．设置密码历史记录

在 openEuler 系统中，可以通过修改密码策略文件来设置密码历史记录。这样，系统将记录用户以前使用的密码，并验证用户输入的新密码与历史密码的差异，以提升密码安全性，避免用户在短时间内反复使用相同的密码。

使用 root 用户编辑“/etc/pam.d/password-auth”文件。

```
[root@server01 ~]# vim /etc/pam.d/password-auth
```

在打开的文件中找到包含 password sufficient pam_unix.so 的行，如图 4-12 所示。

```
password     requisite     pam_pwquality.so try_first_pass local_users_only
password     sufficient    pam_unix.so sha512 shadow nullok try_first_pass us
e_authtok
-password     sufficient     pam_sss.so use_authtok
password     required      pam_deny.so
```

图 4-12　定位密码历史记录位置

修改该行的参数以启用密码历史记录，可以添加以下选项。

① **remember=n**：要求系统记录用户最近使用的 *n* 个密码。

② **use_authtok**：在验证新密码时使用旧密码进行认证，以便将旧密码添加到密码历史记录中。

③ **列**：要求系统记录最近 3 个密码并使用旧密码进行验证，可以执行以下命令，保存并退出编辑。

```
password sufficient pam_unix.so remember=3 use_authtok
```

密码历史记录的设置只对新密码生效。对于已存在的用户，需要等待下次更改密码时才会使用密码历史记录策略。

4．设置登录失败锁定策略

在 openEuler 系统中，可以通过修改 PAM 配置文件来设置登录失败锁定策略，以增强系统的安全性。登录失败锁定是指在用户多次登录失败后，系统会暂时禁止该用户登录一段时间。可以通过增加试错成本来阻碍对密码的暴力破解。

使用 root 用户编辑“/etc/pam.d/password-auth”文件，在打开的文件中找到包含 auth required pam_faillock.so 的行，如图 4-13 所示。

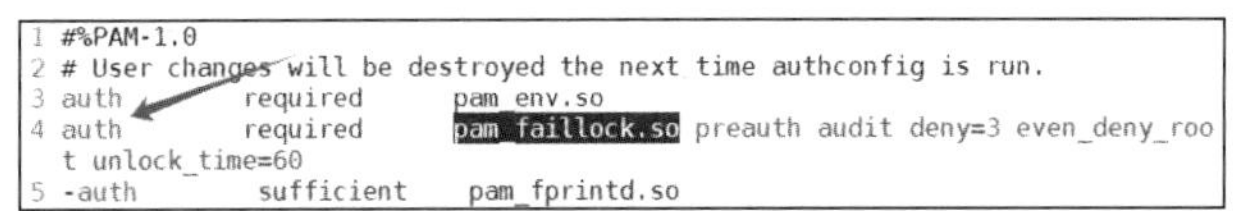

```
#%PAM-1.0
# User changes will be destroyed the next time authconfig is run.
auth          required       pam_env.so
auth          required       pam_faillock.so preauth audit deny=3 even_deny_roo
t unlock_time=60
-auth          sufficient      pam_fprintd.so
```

图 4-13　定位登录失败位置

修改该行的参数以启用登录失败锁定，可以添加以下选项。

① **fail_interval=n**：设置登录失败的时间间隔（s）。

② **fail_delay=n**：设置登录失败后的延迟时间（s）。

③ **unlock_time=n**：设置账户锁定的时间（s）。

例：设置登录失败 3 次，每次之间的时间间隔为 5s，失败后延迟 10s，账户锁定 1min，命令如下。

```
auth  required  pam_faillock.so  preauth  audit  silent  deny=3  unlock_time=60
fail_interval=5 fail_delay=10
```

5．设置口令审核策略

在 openEuler 系统中，可以通过配置 PAM 来设置口令审核策略。PAM 提供了灵活的配置选项，可用于定义密码策略要求，并在用户更改密码时进行审核。

使用 root 用户编辑“/etc/pam.d/password-auth”文件，在打开的文件中找到包含 password requisite pam_pwquality.so 的行，如图 4-14 所示。

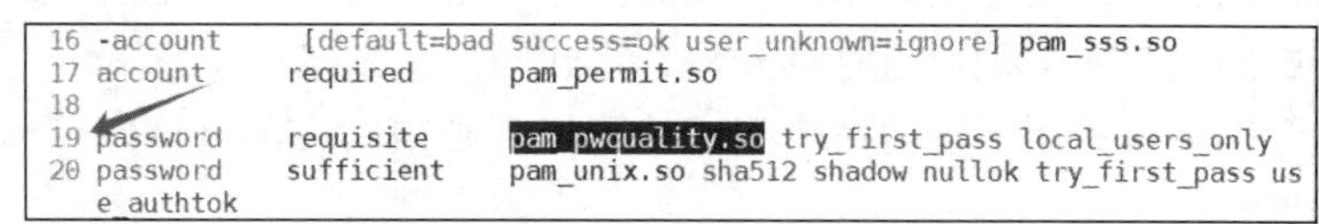
```
16 -account     [default=bad success=ok user_unknown=ignore] pam_sss.so
17 account      required     pam_permit.so
18
19 password     requisite    pam_pwquality.so try_first_pass local_users_only
20 password     sufficient   pam_unix.so sha512 shadow nullok try_first_pass us
   e_authtok
```

图 4-14　定位审核策略位置

修改该行的参数以定义密码策略审核的要求，可以添加以下选项。

① **retry=n**：设置密码检查失败的重试次数。

② **minlen=n**：设置密码的最小长度。

③ **dcredit=n**：设置密码中至少包含 *n* 个数字。

④ **ucredit=n**：设置密码中至少包含 *n* 个大写字母。

⑤ **lcredit=n**：设置密码中至少包含 *n* 个小写字母。

⑥ **ocredit=n**：设置密码中至少包含 *n* 个特殊字符。

⑦ **enforce_for_root**：要求 root 用户遵循密码策略。

例：设置密码至少包含 8 个字符，其中必须包括至少 1 位数字、1 个大写字母、1 个小写字母和 1 个特殊字符，命令如下。

```
password requisite pam_pwquality.so retry=3 minlen=8 dcredit=1 ucredit=1 lcredit=1
ocredit=1 enforce_for_root
```

在 openEuler 系统中，设置口令审核策略和设置密码复杂度是相关但不完全相同的概念。

设置口令审核策略是通过 PAM 配置来定义密码的一系列要求和限制规则，以确保密码的安全性和复杂度。这些要求和限制规则可能包括密码长度、字符类型（如数字、大写字母、小写字母、特殊字符）、密码历史记录等。通过设置口令审核策略，系统会强制用户创建符合指定要求的密码，并在用户更改密码时进行审核。

设置密码复杂度则是一种更加具体的要求，通常包括密码的最小长度、数字要求、字母要求（包括大写字母和小写字母）、特殊字符要求等。设置密码复杂度的目的是确保密码具有一定的复杂性，以增加密码被猜测或破解的难度。

口令审核策略可以包含密码复杂度要求，但它还可以包括其他重要的要求，例如密码历史记录、密码重试次数限制等。相反，密码复杂度通常只关注密码本身的复杂性。

4.2.4 用户的 sudo 权限

在 Linux 操作系统中，很多命令都需要管理员权限才可以执行。在实际操作中，我们又往往不使用 root 账户进行操作，那么在必要的时候，就可以临时使用 sudo 指令来以管理员身份执行命令。此操作需要进行管理员密码验证。

sudo 命令允许普通用户执行管理员账户才能执行的命令。sudo 命令允许在/etc/sudoers 文件中指定的用户运行管理员账户命令，例如，增加用户。

sudo 的配置可以指定某个已经列入/etc/sudoers 文件的普通用户的权限。

/etc/sudoers 的配置行空行或注释行（以#字符开头）：无具体功能的行。

可选的主机别名行：用于创建主机列表的简称，必须以 Host_Alias 关键词开头，列表中的主机名必须用逗号隔开，例如 Host_Alias linux=ted1,ted2。其中 ted1 和 ted2 是两个主机名，可使用 linux（别名）称呼它们。

可选的用户别名行：用于创建用户列表的简称。用户别名行必须以 User_Alias 关键词开头，列表中的用户名必须以逗号隔开，其格式同主机别名行。

可选的命令别名行：用于创建命令列表的简称，必须以 Cmnd_Alias 开头，列表中的命令必须用逗号隔开。

可选的运行方式别名行：用于创建目标用户列表的简称，定义使用 sudo 时能够切换到哪些用户身份来运行命令。用户访问的语法如下。

```
user host = [ run as user ] command list
```

在 sudo 命令的使用中，其中 user 处需指定一个真正的用户名或定义过的别名，host 同样既可以是一个真正的主机名也可以是定义过的主机别名。在默认情况下，sudo 执行的所有命令都以 root 身份执行。如果想使用其他身份，则可以单独指定。command list 可以是以逗号分隔的命令列表，也可以是一个已经定义过的别名，示例如下。

```
ted1   ted2=/sbin/shutdown
```

以上命令说明 ted1 可以在 ted2 主机上运行关机命令。

```
newuser1 ted1=(root) /usr/sbin/useradd,/usr/sbin/userdel
```

以上命令说明 ted1 主机上的 newuser1 具有以 root 用户权限执行 useradd、userdel 命令的功能。

下面为 isoft 用户增加所有权限（如果 isoft 用户不存在，请重新创建）。使用 visudo 编辑命令编辑/etc/sudoers 文件，查找 root 配置（在 100 行的位置），如图 4-15 所示，为 101 行添加 isoft 用户。

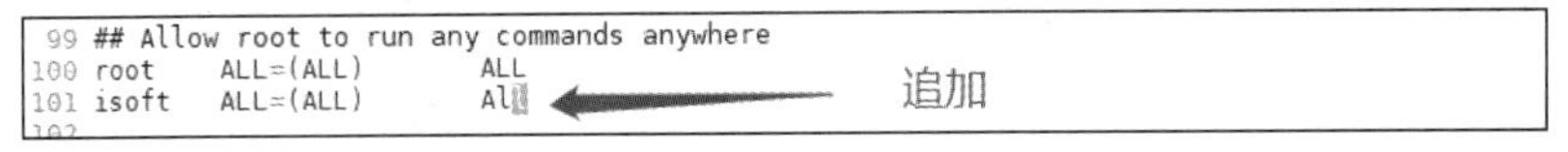

图 4-15 使用 visudo 编辑用户的 sudo 权限

以 isoft 用户登录时，在执行命令前加上 sudo，在输入账户名和密码并确认后，即可以管理员身份执行相关命令或浏览编辑文件。/etc/passwd 文件为系统文件，isoft 用户可以将其打开，但其处于只读状态。如果需要编辑该文件，可以使用 sudo 提升执行权限，如图 4-16 所示，需要管理员账户名和密码进行验证。

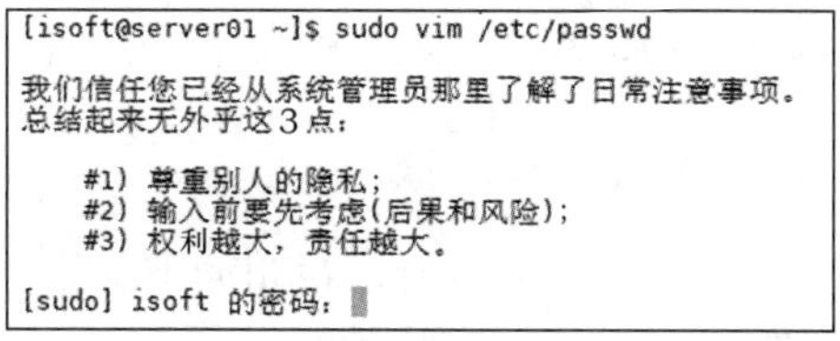

```
[isoft@server01 ~]$ sudo vim /etc/passwd

我们信任您已经从系统管理员那里了解了日常注意事项。
总结起来无外乎这3点：

    #1) 尊重别人的隐私；
    #2) 输入前要先考虑(后果和风险)；
    #3) 权利越大，责任越大。

[sudo] isoft 的密码：
```

图 4-16　使用 sudo 提升系统文件的编辑权限

注意：也可以通过将用户加入 wheel 用户组获得 sudo 权限。

```
usermod -G wheel dbuser
```

4.3　文件系统安全管理

在 openEuler 系统中，文件系统安全也是整体安全的重要组成部分，可以采取以下措施进行文件系统的安全管理。

1．访问控制

使用权限和访问控制列表来控制文件和目录的访问权限，使用 chmod 命令修改文件和目录的权限，使用 chown 命令修改文件和目录的所有者和所属组。

2．文件加密

对于敏感数据，可以使用加密文件系统（如 LUKS）或者加密工具（如 GPG）来加密文件。这样可以提高数据的安全性，即使数据被盗也难以被解密。

3．检测文件完整性

可以使用校验和算法（例如 SHA-256）对文件进行校验和计算，以检测文件是否被篡改。例如，可以使用 sha256sum 命令来计算文件的 SHA-256 校验和，并与预先存储的校验和进行比较。

4．文件系统监控

可以使用文件完整性监控工具来监控文件系统的变化，并在检测到异常时发出警报。例如，可以使用工具（例如 AIDE 或 Tripwire）来监控文件系统的变化和完整性。

5．安全备份

定期备份重要的文件和数据，以防止文件系统损坏、硬件故障或其他意外事件导致的数据丢失。

6．定期更新

及时进行应用系统和文件系统的安全更新，修复已知的漏洞和安全问题。

7．遵循最小特权原则

遵循最小特权原则，仅给予用户和程序必要的权限。避免在生产环境中使用 root 用户登录，以及使用 sudo 命令来临时提升权限。

8．防火墙设置

合理配置防火墙规则，限制对文件系统和服务的访问，只允许访问必要的网络链接。

4.3.1　文件的基本权限

在 openEuler 系统中，文件的基本权限包括所有者权限、所属组权限和其他用户权限。每个权限都可以通过读取（r）、写入（w）和执行（x）来定义。以下是每个权限组的基本权限。

1．所有者权限

所有者（Owner）权限针对文件的所有者，说明如下。

① **读取权限（r）**：所有者可以读取文件的内容。

② **写入权限（w）**：所有者可以修改文件的内容。

③ **执行权限（x）**：如果文件是可执行文件或目录，则所有者可以执行它。

2．所属组权限

所属组（Group）权限针对与文件所属组相同的用户，说明如下。

① **读取权限（r）**：所属组成员可以读取文件的内容。

② **写入权限（w）**：所属组成员可以修改文件的内容。

③ **执行权限（x）**：如果文件是可执行文件或目录，则所属组成员可以执行它。

3．其他用户权限

其他用户（Other Users）权限针对除了所有者和所属组之外的所有其他用户，说明如下。

① **读取权限（r）**：其他用户可以读取文件的内容。

② **写入权限（w）**：其他用户可以修改文件的内容。

③ **执行权限（x）**：如果文件是可执行文件或目录，则其他用户可以执行它。

文件权限由权限标记表示，格式为-rwxrwxrwx。第 1 个字符表示文件类型（例如目录显示为符号“d”、文件显示为符号“-”），接下来的 3 个字符表示所有者权限，再接下来的 3 个字符表示所属组权限，最后的 3 个字符表示其他用户权限，如图 4-17 所示。

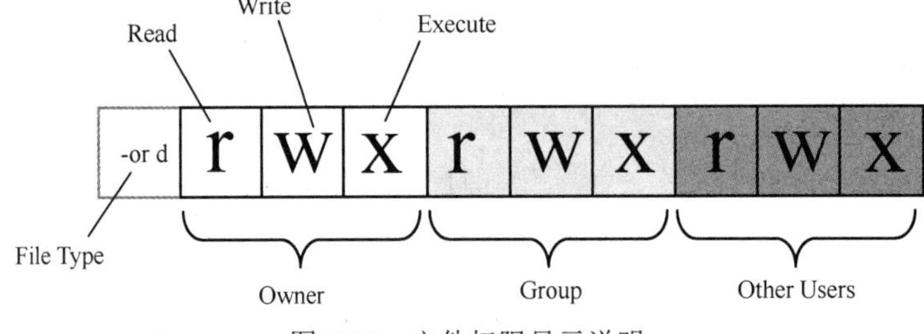

图 4-17　文件权限显示说明

可以使用“ls　-l”命令来查看文件的权限。例如，查看存储用户账号的“/etc/passwd”文件，显示结果如图 4-18 所示。

```
[root@server01 ~]# ls -l /etc/passwd
-rw-r--r--. 1 root root 1305  1月 23 19:52 /etc/passwd
```

图 4-18　passwd 文件的权限

图 4-18 所示的权限是“-rw-r--r--”，说明这是一个文件，所有者用户 root 拥有读写权限，root 用户所在的用户组具有读取权限，其他用户也只有读取权限。

使用 chmod 命令设置 openEuler 文件的基本权限，语法格式如下。

```
chmod [选项]... 模式[,模式]... 文件...
```

常用选项说明如下。

① **-R**：默认情况下仅对指定的文件或者目录设置，在带有-R 参数时可以对目录下的所有文件和文件夹进行递归设置。

② **模式**：可以使用符号模式（rwx）或者一个八进制数字指定文件的权限。

1．符号模式

使用符号模式可以设置多个项目：who（用户类型）、operator（操作符）和 permission（权限）。每个项目的设置可以用逗号隔开。命令 chmod 可以修改 who 指定的用户类型对文件的访问权限，用户类型由一个或者多个字母在 who 中的位置来说明。who 的符号模式见表 4-5。

表 4-5　who 的符号模式

符号模式	用户类型	说明
u	user	文件所有者
g	group	文件所有者所在组
o	others	其他用户
a	all	所有用户，相当于同时使用 ugo

2．符号模式运算符

符号模式运算符用于指定用户类型设置权限，具体说明见表 4-6。

表 4-6　符号模式运算符

运算符	说明
+	为指定的用户类型增加权限
–	去除指定用户类型的权限
=	设置指定用户权限，即重新设置用户类型的所有权限

3．符号模式权限

符号模式权限用于指定权限的类型，具体说明见表 4-7。

表 4-7　符号模式权限

模式	权限	说明
r	读	设置为可读权限
w	写	设置为可写权限
x	执行	设置为可执行权限
X	特殊执行	只有当文件为目录文件，或者其他类型的用户有可执行权限时，才将文件权限设置为可执行
s	setuid/setgid	当文件被执行时，根据 who 参数指定的用户类型，设置文件的 setuid 或者 setgid 权限
t	粘贴位	设置粘贴位，只有超级用户才可以设置该位，只有文件所有者（u）才可以使用该位

在表 4-7 中，s 和 t 为特殊位符号，在后文将进行讲解。下面，使用符号模式设置文

件权限，设置完成后可以使用“ls -l”命令查看结果。

将“file1.txt”文件设置为所有人皆可读取，命令如下。

```
chmod ugo+r file1.txt
```

将“file1.txt”与“file2.txt”文件设置为这两个文件的所有者以及和文件所有者同组的用户可以写入，但其他用户不可写入，命令如下。

```
chmod ug+w,o-w file1.txt file2.txt
```

为“ex1.py”文件拥有者增加可执行权限，命令如下。

```
chmod u+x ex1.py
```

将目前目录下的所有文件与子目录皆设为任何人可读取，命令如下。

```
chmod -R a+r *
```

为“file2.txt”文件设置所有人可以读写，命令如下。

```
chmod a=rwx file2.txt
```

4. 八进制数值设置模式

八进制数值设置模式表示使用数学规则，利用一个八进制结果可以表示所有的权限组合。每位数字表示 1 个权限组（所有者、所属组、其他用户）和 3 个权限（读取、写入、执行）的组合。八进制数值设置模式见表 4-8。

表 4-8 八进制数值设置模式

权值	权限	rwx 权限	二进制
7	读 + 写 + 执行	rwx	111
6	读 + 写	rw-	110
5	读 + 执行	r-w	101
4	只读	r-x	100
3	写 + 执行	-wx	011
2	只写	-w-	010
1	只执行	--x	001
0	无	---	000

例如，文件权值为 765 的解释：所有者的权限用数字表达，属主的 3 个权限位的数字加起来的总和。例如 rwx，也就是 4+2+1，即 7。

将“file1.txt”文件权限设置为上述结果，命令如下。

```
chmod 765 file1.txt
```

4.3.2 使用特殊位进行权限管理

在 Linux 系统和 openEuler 系统中，特殊位是用来设置文件和目录的权限和功能的标记。以下是粘滞位、SUID 位和 SGID 位的合理使用方式。

1. 粘滞位

粘滞位是位值为 1 的八进制数字，说明如下。

① **对于目录**：当粘滞位被设置在一个目录上时，只有目录的所有者、文件的所有者和 root 用户才能删除或重命名该目录下的文件。

② **合理使用场景**：粘滞位通常用于公共目录，例如/tmp 和/var/tmp，以确保任何人都可以在这些目录下创建文件，但只有自己或管理员能够删除或修改自己的文件。这在作为服务器提供文件服务时将非常有效，既能共享文件资源，又可以防止篡改他人的文件。

使用“ls -l”命令查看“/tmp”文件夹，可以看到结果如图 4-19 所示，文件的其他用户权限部分会显示一个“t”。

```
[root@server01 ~]# ls -l / | grep/tmp
drwxrwxrwt.  10 root root   200  2月 11 17:22 tmp
```

图 4-19 粘滞位

例：新建 forder 文件夹，使用 chmod 命令设置该文件夹的粘滞位。

```
[root@server01 ~]# mkdir forder
[root@server01 ~]# chmod 1755 forder
[root@server01 ~]# ls -l | grep forder
drwxr-xr-t. 2 root root 4096 2月 11 17:44 forder
```

2. SUID 位

SUID 位是位值为 4 的八进制数字，说明如下。

① **对于二进制可执行文件有效**：当 SUID 位被设置在一个可执行文件上时，执行该文件的用户将拥有与所有者相同的权限来执行该文件。

② **合理使用场景**：SUID 位可用于某些需要特定权限才能执行的程序。例如，passwd 命令需要访问 shadow 密码文件，而普通用户无法直接访问。使用“ls -l”命令查看“/usr/bin/passwd”文件，该文件是 passwd 命令文件，可以看见结果如图 4-20 所示，文件的所有者权限部分会显示一个“s”。于是该命令文件具有 SUID 权限，普通用户可以执行 passwd 命令以修改自己的密码。

[root@server01 ~]# ls -l /usr/bin/passwd
-rwsr-xr-x. 1 root root 30800 12月 8 13:54 /usr/bin/passwd

图 4-20 SUID 位

例：使用 chmod 命令将 myapp（创建一个空白文件模拟可执行文件）文件设置为 SUID 位。

```
[root@server01 ~]# touch myapp
[root@server01 ~]# chmod 4755 myapp
[root@server01 ~]# ls -l | grep myapp
-rwsr-xr-x. 1 root root 0 2月 11 17:29 myapp
```

3. SGID 位

SGID 位是位值为 2 的八进制数字，说明如下。

① **对于目录权限有效**：当 SGID 位被设置在一个目录中时，新创建的文件将继承该目录的组所有权，而不是创建者的组所有权。

② **合理使用场景**：SGID 位通常用于共享目录或项目文件夹，以确保新创建的文件与该目录的组所有权保持一致，便于协作。

例：使用 chmod 命令将 folder2 文件夹设置为 SGID 位，可以看到文件的所属组权限部分会显示一个“s”。

```
[root@server01 ~]# mkdir folder2
[root@server01 ~]# chmod 2755 folder
[root@server01 ~]# ls -l
drwxr-sr-x. 2 root root 4096 2月 11 17:32 folder
```

在使用特殊位时，请注意以下几点。

① 仅对合适的文件和目录设置特殊位，不要滥用权限。

② 定期审查和验证特殊位的设置，确保其始终符合安全要求。

③ 将特殊位的使用限制在必要的范围内，并避免对系统关键文件和目录进行特殊位设置。

4.3.3 文件系统的默认权限

openEuler 是基于 Linux 内核的操作系统，因此，其文件和目录的默认权限基本遵循了 Linux 的标准权限和安全模型。在 Linux 系统中，文件和目录的默认权限由 umask（用户掩码）值控制。Umask 值决定了当用户创建新文件或目录时，这些对象默认被赋予的权限。

在通常情况下，Linux 系统的默认 umask 值为 022，这意味着以下两点内容。

① 对于新创建的文件，默认权限是 666（读和写权限），但 umask 会减去（掩蔽）组和其他用户的写权限（即 022），因此，新文件的实际默认权限是 644（所有者拥有读写权限，组和其他用户拥有读权限）。

② 对于新创建的目录，默认权限是 777（读、写和执行权限），同样，umask 减去相同的值，所以新目录的实际默认权限是 755（所有者拥有读、写和执行权限）。

umask 值是可配置的，用户可以通过调整 umask 值来更改默认权限，使用 umask 命令可以查看系统当前默认权限，命令如下。显示结果的第一位是特殊权限位掩码，而在大多数情况下，这个数字是 0。

```
[root@server01 ~]# umask
0022
```

要临时更改 umask 值，可以直接输入“umask”后加新的值。例如，设置 umask 为 027 以使组用户无法写入新文件并使其他用户无法读取、写入或执行新文件，命令如下。

```
[root@server01 ~]# umask 0027
[root@server01 ~]# umask
0027
```

要永久更改 umask 设置，可以在用户的 Shell 配置文件中设置。openEuler 系统中用户的 Shell 配置文件位于“/etc/bashrc”中，使用 root 用户编辑该文件，可以在图 4-21 所示的第 75 行看到默认的掩码设置。

```
70    # By default, we want umask to get set. This sets it for non-login shell
      .
71    # Current threshold for system reserved uid/gids is 200
72    # You could check uidgid reservation validity in
73    # /usr/share/doc/setup-*/uidgid file
74    if [ $UID -gt 199 ] && [ "`/usr/bin/id -gn`" = "`/usr/bin/id -un`" ]; th
   en
75       umask 002
76    else
77       umask 022
78    fi
```

图 4-21 默认掩码设置

4.4　其他访问策略管理

4.4.1　访问权限控制列表

在 openEuler 操作系统中，访问控制列表（ACL）权限管理提供了一种超越传统文件权限（例如读、写和执行，被划分为所有者、所属组和其他用户）的访问控制机制。它允许针对特定用户和组提供更细粒度的权限控制。

ACL 就是对访问进行控制的一张表。文件的 ACL 设置可以通过 ACL 让指定的某个用户或者用户组对某个文件设置特别的权限。

1．getfacl 命令

getfacl 命令用于查看文件或目录的 ACL，它可以显示文件或目录的 ACL 信息，也可以将 ACL 信息保存到文件中备份或恢复。其一般格式如下。

```
getfacl [选项] [文件/目录]
```

常用选项说明如下。

-R：递归显示目录下所有文件和子目录的 ACL 信息。

-p：显示权限信息，而不仅仅是 ACL 信息。

-s：显示 ACL 信息的摘要信息。

-b：显示 ACL 信息的二进制格式。

-n：显示 UID 和 GID，而不是用户名和组名。

例：使用该命令查看文件和文件夹的 ACL 权限，因为没有设置 ACL 权限，所以看到结果中有两个连续的“:”。

显示新建文件 testFile3.txt 的 ACL 信息，命令如下。

```
[root@server01 ~]# getfacl testFile3.txt
# file: testFile3.txt
# owner: root
# group: root
user::rw-
group::r--
other::---
```

显示新建文件 folder2 的 ACL 信息，命令如下。

```
[root@server01 ~]# getfacl folder2
# file: folder2
# owner: root
# group: root
user::rwx
group::r-x
other::---
```

2．setfacl 命令

setfacl 命令允许用户为文件或目录设置 ACL。ACL 允许用户为单个文件或目录添加或删除特定用户或组的权限，而不是使用标准的用户和组许可。其语法格式如下。

```
setfacl [选项] [文件/目录]
```

常用选项说明如下。

-m：以 U：<用户名>：<权限>或 g：<组名>：<权限>的形式为文件或目录增加或修改 ACL 权限。

-x：删除 ACL 项。

-R：递归地为目录及其子目录设置 ACL。

-b：删除文件或目录的所有 ACL。

-k：删除默认 ACL。

例：使用该命令设置 euler01 用户对 testFile.txt 文件具有读写权限，并查看最终 ACL 权限，可以看到 user 有额外的 ACL 权限“user:euler01:rw-”，命令如下。

```
[root@server01 ~]# setfacl -m u:euler01:rw testFile3.txt
[root@server01 ~]# getfacl testFile3.txt
# file: testFile3.txt
# owner: root
# group: root
user::rw-
user:euler01:rw-
group::r--
mask::rw-
other::---
```

切换到 euler01 用户，尝试对该文件进行写操作，验证操作权限，也可以继续为其他用户指定相应权限。其他操作相对简单，读者可以自行进行验证。

4.4.2 Capabilities 安全机制

在 openEuler 操作系统中，Capabilities 是一种安全机制。它将 root 用户的权限细分为不同的领域，从而可以进行相应的启用或禁用操作。在进行实际特权操作时，如果 euid 不是 root，便会检查其是否具有该特权操作所对应的 Capabilities，并以此为依据，决定其是否可以执行特权操作。

Capabilities 用于管理进程的权限。它可以细粒度地控制进程所具有的特权，以提高系统的安全性。

Linux Capabilities 分为进程 Capabilities 和文件 Capabilities。对于进程来说，Capabilities 是细分到进程的，即每个进程可以有自己的 Capabilities。对于文件来说，Capabilities 保存在文件的扩展属性中。

Capabilities 对应的特权操作见表 4-9。

表 4-9 Capabilities 对应的特权操作

Capabilities 名称	描述
CAP_AUDIT_CONTROL	启用和禁用内核审计；改变审计过滤规则；检索审计状态和过滤规则
CAP_AUDIT_READ	允许通过 multicast netlink 套接字读取审计日志
CAP_AUDIT_WRITE	将记录写入内核审计日志
CAP_BLOCK_SUSPEND	使用可以阻止系统挂起的特性
CAP_CHOWN	修改文件所有者的权限
CAP_DAC_OVERRIDE	忽略文件的自主访问控制（DAC）限制
CAP_DAC_READ_SEARCH	忽略文件读和目录搜索的 DAC 限制
CAP_FOWNER	忽略文件属主 ID 必须和进程用户 ID 相匹配的限制
CAP_FSETID	允许设置文件的 setuid 位
CAP_IPC_LOCK	允许锁定共享内存片段

续表

Capabilities 名称	描述
CAP_IPC_OWNER	忽略进程间通信所有权检查
CAP_KILL	允许向不属于自己的进程发送信号
CAP_LEASE	允许修改文件锁的 FL_LEASE 标志
CAP_LINUX_IMMUTABLE	允许修改文件的 IMMUTABLE 和 APPEND 属性标志
CAP_MAC_ADMIN	允许介质访问控制（MAC）配置或状态更改
CAP_MAC_OVERRIDE	覆盖 MAC
CAP_MKNOD	允许使用 mknod()系统调用
CAP_NET_ADMIN	允许执行网络管理任务
CAP_NET_BIND_SERVICE	允许绑定到小于 1024 的端口
CAP_NET_BROADCAST	允许网络广播和多播访问
CAP_NET_RAW	允许使用原始套接字
CAP_SETGID	允许改变进程的 GID
CAP_SETFCAP	允许为文件设置任意的 Capabilities
CAP_SETPCAP	一种特权，允许进程在自身或其他进程上启用或禁用特定的功能
CAP_SETUID	允许改变进程的 UID
CAP_SYS_ADMIN	允许执行系统管理任务，如加载或卸载文件系统、设置磁盘配额等
CAP_SYS_BOOT	允许重新启动系统
CAP_SYS_CHROOT	允许使用 chroot()系统调用
CAP_SYS_MODULE	允许插入和删除内核模块
CAP_SYS_NICE	允许提升优先级和设置其他进程的优先级
CAP_SYS_PACCT	允许执行进程的 BSD 式审计
CAP_SYS_PTRACE	允许跟踪任何进程
CAP_SYS_RAWIO	允许直接访问/devport、/dev/mem、/dev/kmem 和原始块设备
CAP_SYS_RESOURCE	忽略资源限制
CAP_SYS_TIME	允许改变系统时钟
CAP_SYS_TTY_CONFIG	允许配置 TTY 设备
CAP_SYSLOG	允许使用 syslog()系统调用
CAP_WAKE_ALARM	允许触发一些能唤醒系统的东西（例如 CLOCK_BOOTTIME_ALARM 计时器）

1．进程 Capabilities

不同的进程可能具有不同的 Capabilities，取决于它们的需求和分配的权限。getcap 命令和 setcap 命令分别用于查看和设置程序文件 Capabilities 的属性。每个进程具有以下 5 个 Capabilities 集合，每个集合使用 64 位掩码来表示，显示为十六进制格式。

（1）Permitted

Permitted 集合是 Effective 集合和 Inheritable 集合的超集，限制了 Effective 和 Inheritable 的取值范围，因此如果一个 Capabilities 不存在于 Permitted 中，是不可以通过

cap_set_proc 来获取的。当一个线程从 Permitted 集合中丢弃一个 Capabilities 时，只能通过获取程序可执行文件的 Capabilities 或 execve 中的一个 set-user-ID-root（以 root 用户权限运行）程序来获得。

（2）Effective

内核检查进程在判断是否可以进行特权操作时，检查的对象便是 Effective 集合。Permitted 集合定义了上限，进程可以删除 Effective 集合中的某个 Capability，随后在需要时，再从 Permitted 集合中恢复该 Capability，以此达到临时禁用 Capability 的目的。

（3）Inheritable

当执行 exec( )系统调用时，能够被新的可执行文件继承的 Capabilities，包含在 Inheritable 集合中。这里需要说明一下，包含在该集合中的 Capabilities 并不会自动继承新的可执行文件，即不会被添加到新进程的 Effective 集合中，它只会影响新进程的 Permitted 集合。

（4）Bounding

Bounding 集合是 Inheritable 集合的超集，如果某个 Capability 不在 Bounding 集合中，即使它在 Permitted 集合中，Capabilities 进程也不能将该 Capability 添加到它的 Inheritable 集合中。

进程运行时，不能向 Bounding 集合添加 Capabilities。

一旦某个 Capability 从 Bounding 集合中被删除，便不能再添加回来。

将某个 Capability 从 Bounding 集合中删除后，如果之前的 Inherited 集合包含该 Capability，则继续保留。但如果后续从 Inheritable 集合中删除了该 Capability，便不能再添加回来。

（5）Ambient

Linux 4.3 内核新增了一个 Capabilities 集合，该集合的名称为 Ambient，用来弥补 Inheritable 的不足。Ambient 具有以下特性。

① Permitted 和 Inheritable 未设置的 Capabilities，Ambient 也不能设置。

② 当 Permitted 和 Inheritable 关闭某权限（例如 CAP_SYS_BOOT）后，Ambient 也随之关闭对应权限。这样就确保了降低权限后，子进程也会降低权限。

③ 非特权用户如果在 Permitted 集合中有一个 Capability，那么可以添加到 Ambient 集合中，这样它的子进程便可以在 Ambient、Permitted 和 Effective 集合中获取这个 Capability。

通过以下命令查看当前进程的 Capabilities 信息，/proc/$$/status 为当前进程的状态信息文件，“$$”表示当前进程的 PID（进程标识符），可以将其替换成指定进程的 PID。

```
[root@server01 ~]# cat /proc/$$/status | grep 'Cap'
CapInh: 0000000000000000
CapPrm: 0000003ffffffffff
CapEff: 0000003ffffffffff
CapBnd: 0000003ffffffffff
CapAmb: 0000000000000000
```

运行结果的十六进制信息的含义如下。

① **CapInh**：可继承的能力，表示父进程的 Capabilities 中哪些能被传递给当前进程。在这里，数值“0000000000000000”表示没有继承任何 Capabilities。

② **CapPrm**：允许的能力，表示当前进程被授予了哪些能力。在这里，数值“0000003fffffffff”表示当前进程被授予了所有可能的能力。

③ **CapEff**：生效的能力，表示当前进程实际上可以使用的能力。在这里，数值“0000003ffffffff”表示当前进程实际上可以使用所有可能的能力。

④ **CapBnd**：进程的边界集，表示当前进程受限的能力。在这里，数值“0000003ffffffff”表示当前进程的能力没有被明显限制。

⑤ **CapAmb**：环境能力，表示当进程创建一个新的子进程时，这些能力可以被从父进程复制到子进程。在这里，数值“0000000000000000”表示没有设置环境能力。

这些能力值是使用十六进制表示的，每一位代表一个特定的能力。例如，16 个 F 表示开启了所有可能的能力。不同的能力位代表不同的权限或能力，二进制方式显然很难阅读，可以使用 capsh 命令转换为可读的形式，得到对应 capabilities 权限的名称，命令如下。

```
[root@server01 ~]# capsh --decode=0000003fffffffff
0x0000003fffffffff=cap_chown,cap_dac_override,cap_dac_read_search,cap_fowner,cap
_fsetid,cap_kill,cap_setgid,cap_setuid,cap_setpcap,cap_linux_immutable,cap_net_b
ind_service,cap_net_broadcast,cap_net_admin,cap_net_raw,cap_ipc_lock,cap_ipc_own
er,cap_sys_module,cap_sys_rawio,cap_sys_chroot,cap_sys_ptrace,cap_sys_pacct,cap_
sys_admin,cap_sys_boot,cap_sys_nice,cap_sys_resource,cap_sys_time,cap_sys_tty_co
nfig,cap_mknod,cap_lease,cap_audit_write,cap_audit_control,cap_setfcap,cap_mac_o
verride,cap_mac_admin,cap_syslog,cap_wake_alarm,cap_block_suspend,cap_audit_read
```

2. 文件 Capabilities

文件 Capabilities 被保存在文件的扩展属性中。修改这些扩展属性，需要具有 CAP_SETFCAP 的 Capability。文件与进程 Capabilities 共同决定了通过 exec 运行该文件后的 Capabilities。

文件 Capabilities 功能需要文件系统的支持。如果文件系统使用了 nosuid 选项进行挂载，那么文件 Capabilities 将被忽略。

类似于进程 Capabilities，文件 Capabilities 包含以下 3 个集合。

（1）Permitted

Permitted 集合中包含的 Capabilities，是在文件被执行时被加入的。

（2）Inheritable

Inheritable 集合与线程的 Inheritable 集合的交集，是执行完 exec 后实际继承的 Capabilities。

（3）Effective

Effective 集合仅仅是一个 bit。如果设置开启，那么在运行 exec 后，Permitted 集合中新增的 Capabilities 会自动出现在 Effective 集合中，否则不会出现在 Effective 集合中。对于一些旧的可执行文件，由于其不会调用 Capabilities 相关函数设置自身的 Effective 集合，因此可以将该可执行文件的 Effective bit 开启，从而将 Permitted 集合中的 Capabilities 自动添加到 Effective 集合中。

获取和设置 Capabilities 集合的命令如下。

（1）setcap

使用 setcap 命令可以为指定的可执行文件设置 Capabilities。使用该命令，可以允许程序在没有完全的特权提升的情况下拥有特定的能力。其语法格式如下。

```
setcap<capability>=<setting><executable_file>
```

常用选项说明如下。

① **<capability>**：要设置的能力名称。

② **<setting>**：对应能力的设置值（例如“+”表示添加能力，“-”表示删除能力）。

③ **<executable_file>**：要设置能力的可执行文件路径。

例：为/usr/bin/myprogram（bin 目录下某个二进制可执行文件）设置 CAP_NET_ADMIN 和 CAP_SYS_ADMIN 的能力，可以运行以下命令。修改需慎重，错误修改系统命令权限可能会造成系统使用异常。

```
setcap cap_net_admin,cap_sys_admin=ep /usr/bin/myprogram
```

这里的“ep”是对该线程所使用的 Capabilities 的表示。其中的“e”表示 Effective capabilities（生效的能力），而“p”表示 Permitted capabilities（允许的能力）。

（2）getcap

使用 getcap 命令可以查看某个执行文件的 Capabilities。其语法格式如下。

```
getcap <executable_file>
```

常用选项是<executable_file>，用于查看能力的可执行文件路径。

例：查看“/usr/bin/ping”命令某个执行程序的 Capabilities，命令如下。

```
[root@server01 ~]# getcap /usr/bin/ping
/usr/bin/ping = cap_net_admin,cap_net_raw+p
```

4.5 使用 SELinux 强化 Linux

4.5.1 SELinux 的作用和工作模式

SELinux 是一个安全增强的 Linux 安全子系统，它通过为 Linux 操作系统内核添加 MAC 功能来提高系统的安全性。

SELinux 和防火墙是两个完全不同的安全机制，它们在保护系统安全方面起着不同的作用。

SELinux 提供了基于权限的访问控制，用于强化 Linux 操作系统的安全性。它通过在操作系统内核和用户空间之间实施安全策略，对进程、文件和对象施加额外的安全策略限制。SELinux 的工作原理是通过对用户、进程和资源进行标记，并在其访问时强制执行安全策略。

防火墙则是一种网络安全设备或软件，用于监控和控制网络流量。它通过设置规则来允许或拒绝特定的网络连接或数据包通过网络接口。防火墙可以在网络层面对通信进行过滤和限制，以保护网络免受未经授权的访问或恶意攻击。

SELinux 和防火墙之间的主要区别如下。

（1）作用层面

① SELinux 主要关注系统内部资源和进程的访问控制，它强调对系统内部操作的精细控制和限制。

② 防火墙主要关注网络通信的安全，它通过过滤和控制网络流量来保护网络免受攻击或未经授权的访问。

（2）控制对象层面

① SELinux 控制系统内的进程、文件和对象的访问权限，它强调限制进程间的互相

影响和对系统资源的访问。

② 防火墙控制网络的数据包流动，它强调限制网络通信中的数据传输和连接建立。

（3）安全策略实施层面

① SELinux 的安全策略由安全上下文和安全策略规则组成，它在进程运行时强制执行安全策略。

② 防火墙的安全策略通过设置允许或拒绝特定的网络连接或数据包来实施，并在数据包进入或离开系统时进行检查。

1. SELinux 在系统中的作用

① 提供针对进程、文件和网络等资源的细粒度访问控制，防止恶意程序的活动或系统配置错误。

② 增强系统安全性，即使某个进程被攻陷，也可以限制其对系统的影响。

③ 提供更好的隔离性，防止不同应用程序之间相互干扰。

2. SELinux 的工作模式

SELinux 采用了 MAC，与传统的自由访问控制（DAC）相反。在传统的 DAC 模型中，用户拥有文件和进程的所有权，可以根据自己的需求决定是否分享资源。而在 SELinux 的 MAC 模型中，访问控制由策略和规则定义，用户不能随意更改或绕过这些规则。

在 SELinux 中，每个文件和进程都有一个安全上下文，由标签表示。这些标签包含关于资源的额外信息，例如用户、角色和类型等。每个标签都与预定义的 SELinux 策略相关联，该策略规定了哪些操作被允许或禁止执行。

当进程或文件尝试访问系统资源时，SELinux 根据策略确定是否允许访问。如果请求与策略不符合，则 SELinux 阻止该访问，并生成相应的日志。

openEuler 系统默认使用 SELinux 提升系统安全性。SELinux 分为以下 3 种模式。

① **permissive**：SELinux 仅打印告警而不强制执行。

② **enforcing**：SELinux 安全策略被强制执行。

③ **disabled**：不加载 SELinux 安全策略。

使用 getenforce 命令可以获取当前 SELinux 的运行状态，可以看到当前为 Enforcing 强制执行，命令如下。

```
[root@server01 ~]# getenforce
Enforcing
```

使用 setenforce 命令可以设置 SELinux 的运行状态，设置运行状态为 Permissive 模式，命令如下。

```
[root@server01 ~]# setenforce 0
[root@server01 ~]# getenforce
Permissive
```

参数说明如下。

① **参数 0**：设置为 Permissive 模式。

② **参数 1**：设置为 SELinux 模式。

命令 sestatus 可以查询运行 SELinux 的系统状态。SELinux status 表示 SELinux 的状态，enabled 表示启用 SELinux，disabled 表示关闭 SELinux。Current mode 表示 SELinux 当前的安全策略。

```
[root@server01 ~]# sestatus
SELinux status:                 enabled
SELinuxfs mount:                /sys/fs/selinux
SELinux root directory:         /etc/selinux
Loaded policy name:             targeted
Current mode:                   enforcing
Mode from config file:          enforcing
Policy MLS status:              enabled
Policy deny_unknown status:     allowed
Memory protection checking:     actual (secure)
Max kernel policy version:      31
```

SELinux 支持以下多种策略模式。

① targeted：默认模式，只对少部分关键进程应用严格的安全策略。

② mls（Multi-Level Security）：应用于多级安全需求的系统。

③ strict：最严格的模式，限制了所有系统进程的活动。

4.5.2 SELinux 的配置文件和策略管理

SELinux 中有两个主要的配置文件和策略管理工具：/etc/selinux/config 和 semanage。下面分别介绍这两部分的配置和管理。

① **/etc/selinux/config 文件**：SELinux 的主要配置文件，用于设置 SELinux 的全局配置和策略模式。其中主要的两个配置节点为 SELINUX 和 SELINUXTYPE，如图 4-22 所示。

```

# This file controls the state of SELinux on the system.
# SELINUX= can take one of these three values:
#     enforcing - SELinux security policy is enforced.
#     permissive - SELinux prints warnings instead of enforcing.
#     disabled - No SELinux policy is loaded.
SELINUX=enforcing
# SELINUXTYPE= can take one of these three values:
#     targeted - Targeted processes are protected,
#     minimum - Modification of targeted policy. Only selected processes are
protected.
#     mls - Multi Level Security protection.
SELINUXTYPE=targeted
```

图 4-22　SELinux 配置文件

- **SELINUX**：指定 SELinux 的工作模式，可以设置为以下几个值。
  - enforcing：强制执行模式，启用 SELinux 并强制执行安全策略。
  - permissive：宽容模式，启用 SELinux 但只记录违规行为而不执行阻止。
  - disabled：禁用 SELinux，不应用任何安全策略。

修改配置文件”/etc/selinux/config”，设置“SELINUX=disabled”，命令如下，保存并重启系统。重新启动系统后，SElinux 模式变为 Disabled（失效）。可以通过修改 SELINUX 模式为其他几种模式，但都需要重启系统后才能生效。

```
[root@server01 ~]# getenforce
Disabled
```

- **SELINUXTYPE**：指定 SELinux 的策略模式类型。可选参数如下，更改 SELINUXTYPE 后，需要重新启动系统才能使新的 SELinux 策略生效。
  - **targeted**：大多数 Linux 发行版本的默认 SELinux 策略模式。它提供一种有针对性的策略，主要用于保护核心系统和常见的应用程序。在 targeted 模式下，只有特定的进程和系统资源受到 SELinux 的强制访问控制，服务进程都被放入沙盒，在此环境中，服务进程被严格限制，从而使通过此类进程所引发的恶意攻击不会影响其他服务或 Linux 操作系统。

- **mls**：该策略会对系统中的所有进程进行控制。启用多级别安全（MLS）之后，用户即便执行最简单的指令（例如 ls），也会报错。这是针对具有多个安全级别需求的系统的 SELinux 策略模式。mls 模式提供了更多的细粒度安全控制，以满足不同安全级别的需求。
- **Minimum**：意思是“最小限制”。该策略最初是针对低内存计算机或者设备（例如智能手机）而创建的。从本质上来说，Minimun 和 Target 类似，不同之处在于，Minimum 仅使用基本的策略规则包。对于低内存设备来说，Minumun 策略允许 SELinux 在不消耗过多资源的情况下运行。

② **semanage 命令**：SELinux 策略管理工具，用于管理 SELinux 策略和策略模块，semanage 命令不仅能够像传统的 chcon 命令那样设置文件、目录的策略，还可以管理网络端口、消息接口。

需要先使用以下命令安装 semanage 工具。

```
[root@server01 ~]# yum install policycoreutils-python-utils -y
```

semanage 命令的语法如下。

```
semanage [选项] [文件]
```

常用选项如下。

① **Port**：管理定义的网络端口类型。

② **fcontext**：管理定义的文件上下文。

③ **-l**：列出所有记录。

④ **-a**：添加记录。

⑤ **-m**：修改记录。

⑥ **-d**：删除记录。

⑦ **-t**：添加的类型。

⑧ **-p**：指定添加的端口是 tcp 或 udp 的，在 port 子命令下使用。

⑨ **-e**：目标路径参考原路径的上下文类型，在 fcontext 子命令下使用。

例：使用 semodule 命令列出现有的 SELinux 策略模块，命令如下。

```
[root@server01 ~]# semodule -l
```

使用 semanage 命令查看所有端口，结果如图 4-23 所示。

```
[root@server01 ~]# semanage port -l
```

```
[root@server01 ~]# semanage port -l
SELinux 端口类型                 协议        端口号

afs3_callback_port_t           tcp      7001
afs3_callback_port_t           udp      7001
afs_bos_port_t                 udp      7007
afs_fs_port_t                  tcp      2040
afs_fs_port_t                  udp      7000, 7005
afs_ka_port_t                  udp      7004
afs_pt_port_t                  tcp      7002
afs_pt_port_t                  udp      7002
afs_vl_port_t                  udp      7003
agentx_port_t                  tcp      705
```

图 4-23　查看端口列表

向新的网站数据目录中新添加一条 SELinux 安全上下文，让“/home/wwwroot”目录和里面的所有文件能够被 httpd 服务程序所访问到。例如，httpd 为站点服务程序，用于对外发布网站，当前可能并未被安装，该服务需要被外部访问，当资源文件位于“/home/wwwroot”时，可以通过安全策略控制其对系统资源的访问。

```
[root@server01 ~]# semanage fcontext -a -t httpd_sys_content_t /home/wwwroot
[root@server01 ~]# semanage fcontext -a -t httpd_sys_content_t /home/wwwroot/*
```

注意，执行上述设置之后，无法立即访问网站，还需要使用 restorecon 命令让设置好的 SELinux 安全上下文立即生效。在使用 restorecon 命令时，可以加上-Rv 参数对指定的目录进行递归操作，以及显示 SELinux 安全上下文的修改过程。最后就可以访问目录中的资源了。

```
[root@server01 ~]# restorecon -Rv /home/wwwroot/
```

下面是一个简单的示例，展示如何创建一个基本的 SSH 策略模块。

假设我们有一个自定义的 SSH 配置，并且希望创建一个 SELinux 策略模块来支持这个配置。我们将创建一个简单的策略模块以允许 SSH 服务器进程访问需要的资源，并限制对 SSH 服务器的访问。

以下是一个示例.te 文件，被称为 myssh.te。

```
policy_module(myssh, 1.0)

require {
    type sshd_t;
    type etc_t;
    type home_t;
    type user_home_t;
    class file { getattr read open };
    class dir { search getattr };
}

# 允许 sshd_t 类型的进程访问 /etc 目录下的文件和目录
allow sshd_t etc_t:file { getattr read open };
allow sshd_t etc_t:dir { search getattr };

# 允许 sshd_t 类型的进程访问用户家目录（/home/username）
allow sshd_t user_home_t:dir { search getattr };
allow sshd_t home_t:file { getattr read open };
```

上面的策略规则允许 sshd_t 类型的进程访问/etc 目录下的文件和目录，以及允许访问用户“家”目录下的文件和目录。这些规则确保了 SSH 服务器进程能够以安全的方式访问所需的系统资源。

接下来需要编译和安装这个 SELinux 策略模块。

编译策略模块。执行以下命令将.te 文件编译为.pp 文件。

```
[root@server01 ~]# checkmodule -M -m -o myssh.mod myssh.te
[root@server01 ~]# semodule_package -o myssh.pp -m myssh.mod
```

安装策略模块。运行以下命令将策略模块安装到 SELinux 中。

```
[root@server01 ~]# semodule -i myssh.pp
```

完成以上步骤，则成功创建了一个简单的 SSH 策略模块，确保了 SSH 服务器进程有必要的访问权限。请注意，实际的 SSH 策略模块可能包含更多规则，来确保完整的安全性和访问控制。

4.6　习题

1. openEuler 系统中增加用户的命令是（　　）。

A. passwd　　B. adduser　　C. useradd　　D. user

2. 用户的账号信息保存在（　　）文件中。

A. /etc/shadow　　B. /etc/passwd　　C. /etc/userinfo　　D. /etc/users

3. openEuler 账户的安全限制在（　　）文件中进行维护。

A. /etc/shadow　　B. /etc/passwd　　C. /etc/userinfo　　D. /etc/users

4. openEuler 系统进行日常管理时应使用（　　）账号。

A. root　　B. 系统账号

C. 业务账号　　D. 单独创建并指定权限的管理账号

5.（　　）密码安全策略可以防止设置以前使用过的密码。

A. 密码复杂度要求　　B. 密码有效期限制

C. 密码历史记录　　D. 登录失败锁定

E. 口令策略审核

6. 可执行文件应具有（　　）权限。

A. r　　B. w　　C. x　　D. e

7. Linux 默认的文件权限是（　　）。

A. 777　　B. 666　　C. 222　　D. 744

8. 只允许用户修改和删除自己的文件的权限位是（　　）。

A. SUID　　B. SGID　　C. 粘滞位　　D. 附加位

第5章 软件安装和服务管理

主要内容

openEuler 作为一款操作系统，其核心功能是负责管理和控制计算机硬件资源，为应用程序提供运行环境，并提供用户与计算机硬件通信的接口。操作系统的任务包括文件管理、内存管理、进程调度、设备驱动程序管理、用户接口等。

服务器运行时有许多后台运行的进程和服务需要持续监控和管理。这些服务可能包括网络服务、系统服务、数据库服务、Web 服务等，它们负责提供各种功能和服务，例如网络连接、文件共享、打印服务、安全认证、数据库访问等。

服务和进程在本质上都是二进制程序的运行状态。

服务：服务本身是一种特别设计的程序，通常在操作系统启动时自动启动，并在系统运行时持续在后台运行。它们对用户一般是不可见的，不受用户登录会话的影响。

进程：服务可以被视为进程的一种特殊类型，是正在内存中执行的程序的一个实例，拥有自己的地址空间，包含代码、数据和系统资源（例如文件句柄、网络连接等）。操作系统负责管理所有的进程，并为它们提供所需的资源。

程序以文件的方式存储在磁盘或其他永久性存储设备上，并且需要加载到内存中才能执行。程序可以是一个单一的文件或多个相关的代码文件，程序又是软件的构成核心。软件是更广泛的概念，包括一个或多个程序及可能的其他相关组件。

程序和软件都是被持久保存的文件。

程序：能够让计算机执行一系列操作或任务的一组编码指令。程序通常是在编写后存储在某种介质上，可以被加载到计算机的内存中并由中央处理器（CPU）执行。

软件：包括一个或多个程序及可能的其他相关组件，是由指令（代码）和数据组成的集合，这些指令和数据能够告诉计算机如何操作和执行特定的任务。此外，软件可能包括文档、库、更新、媒体文件等。

因此，操作系统中的服务多数情况下也是以软件形式被安装到系统中的，并根据需要将其运行的结果配置成进程或者服务。本章我们将学习如何在 openEuler 中通过 RPM 包安装和管理软件，学习使用 DNF 软件仓库管理软件，学习对进程的管理维护操作，学习服务和管理的方法。

5.1 RPM 软件包管理

5.1.1 RPM 软件包概述

RPM 是一种在以 RedHat 为基础的 Linux 发行版本（例如 Fedora、RHEL、CentOS 等）中常用的软件包管理系统，其中也包括 openEuler 系统。

RPM 是用数据库记录的方式将用户需要的套件安装到 Linux 主机的一套管理程序。其最大的特点是将用户要安装的套件先包装好，包装好的文件被称为 RPM 软件包，通过包装内的默认数据库，记录套件被安装时必需的依赖属性模块，安装时会检查目标系统的环境是否符合要求，当符合要求时才会继续进行安装，安装完后该套件信息又被写入 RPM 数据库中，用于日后查询、验证和卸载。

RPM 软件包以.rpm 文件扩展名的形式存在，它包括编译后的软件、元数据和脚本。

其中，编译后的软件是指二进制文件或者解释型脚本，元数据包含软件版本信息、依赖关系和其他管理信息，脚本用于在安装/卸载过程中执行特定任务。

1. RPM 软件包名称

RPM 软件包名称一般包含非常丰富的信息，例如，软件包 openssh-6.6.1p1-31.el7.x86_64.rpm 名称的各部分构成描述如下。

（1）名称（openssh）

名称是指软件包的名称，表示该软件包包含 OpenSSH（一个提供加密通信会话的免费工具集和协议）。

（2）版本号（6.6.1p1）

① 第一个数字（在此例中是“6”）是主版本号，通常包含重大的变更，可能包括不向后兼容的变化。

② 第二个数字（在此例中同样是“6”）是次版本号，它表示功能性的更新，可能带来新功能或功能改进，但通常仍然保持兼容性。

③ 第三个数字（即“1”）则是修订号，通常用于小修复、漏洞修补或维护更新，这些通常不会使软件的功能或应用程序接口（API）发生显著改变。

一些项目或软件可能会进一步使用第四个数字（例如 6.6.1.4），通常表示更小的修订或构建次数。在某些情况下，这可能涉及像安全修复这样的关键更新。每个项目都可以有自己的版本号命名规则，所以最佳实践是查阅该项目的官方文档来了解其版本号的具体含义。

④“p1”表示包含的统一补丁级别。

（3）发行编号（31）

发行编号是软件包维护者附加的一个序列号，用于标识同版本软件包的不同发行版。随着软件在发行版中的更新和修复，这个数字会增加。

（4）发行版代码（el7）

发行版代码表明软件包是为特定的发行版或企业版打包的，这里“el7”指的是 Enterprise Linux 7（例如 CentOS 7 或 RHEL 7），代表这个包是专门为某个版本的系统构建和优化的。

（5）架构（x86_64）

架构表明该软件包是为特定的计算机架构构建的，这里“x86_64”表示是由 64 位的 x86 架构（也就是我们通常所说的 64 位 Intel 或 AMD 处理器）构建的。如果是 32 位架构，则通常表示为“i386”“i486”“i586”“i686”，具体取决于指定的架构支持和优化的级别。noarch 则表示与架构无关。

（6）文件扩展名（.rpm）

文件扩展名表明这是一个 RPM 格式的软件包文件。RPM 扩展名代表 RedHat Package Manager，表明该文件是用 RPM 包管理系统来维护和安装的。

2. RPM 软件包的特点

① **软件包管理**：使用 RPM 软件包管理器，用户可以轻松地安装、升级、卸载和查询软件包。它提供了命令行工具（例如 rpm、yum）、图形界面工具（例如 GNOME Software）和其他工具集成的方式。

② **软件依赖管理**：RPM 软件包具有内建的依赖管理系统，它能够自动解析和处理软件包之间的依赖关系。这意味着在安装一个软件包时，系统会自动安装所需的依赖包，确保软件能够正常运行。

③ **安全性和更新性**：RPM 软件包管理器提供了安全的软件包管理环境。厂商可以发布软件包的数字签名，以确保软件包的身份和完整性。此外，用户可以从官方或第三方软件仓库获取最新的软件包来更新和修复安全漏洞。

④ **软件仓库**：RPM 软件包可以通过软件仓库进行分发和管理。软件仓库是一个集中存储、维护和发布软件包的地方，用户可以从中获取需要的软件。软件仓库还提供了版本控制、索引和搜索等功能。

5.1.2 RPM 的常用命令和参数

RPM 软件包的管理大部分是通过 RPM 命令来实现的。其管理和维护主要包括 RPM 包的安装、升级、卸载、查询、校验。使用 RPM 命令的语法格式如下。

```
rpm [选项···]
```

常用选项如下。

① **-i**：安装一个或多个 RPM 软件包。

② **-U**：升级一个或多个 RPM 软件包，如果软件包未安装，也可用于安装。

③ **-F**：只升级已安装的软件包。

④ **-v**：在处理过程中显示详细的信息。

⑤ **-h**：在安装、升级或删除的过程中显示一个进度条。

⑥ **-q**：查询软件包信息。

⑦ **-a**：当与-q 一起使用时，显示所有已安装的软件包。

⑧ **-f**：当与-q 一起使用时，根据文件查找所属的软件包。

⑨ **-l**：当与-q 一起使用时，列出软件包中的所有文件。

⑩ **-c**：当与-q 一起使用时，列出软件包中的配置文件。

⑪ **-d**：当与-q 一起使用时，列出软件包中的文档文件。

⑫ **-R**：当与-q 一起使用时，显示软件包所依赖的其他软件包。

⑬ **-p**：指定查询或验证的是一个未安装的 rpm 文件，而非已安装的软件包。

⑭ **-e**：删除（卸载）一个或多个已安装的软件包。

⑮ **--nodeps**：不检查依赖关系，在安装、升级、卸载时禁用依赖检查。

⑯ **--force**：强制安装，忽视大多数警告和错误。

⑰ **--test**：测试模式，在不改变系统的情况下模拟安装、升级或卸载操作。

⑱ **--nosignature**：安装时不检查软件包的数字签名。

⑲ **--nogpgcheck**：安装时不进行 GPG 签名检查。

下面我们通过一些具体的案例来掌握 RPM 命令的使用。

查询已安装的 RPM 包，我们可以从图 5-1 所示的已安装的 RPM 软件包中找到一些熟悉的软件名称，对照软件包名称规则进行含义解读。

```
[root@server01 ~]# rpm -qa
```

```
[root@server01 ~]# rpm -qa
lshw-B.02.18-22.oe2003sp4.x86_64
perl-Math-BigInt-1.9998.18-1.oe2003sp4.noarch
ncurses-base-6.2-4.oe2003sp4.noarch
lsscsi-0.30-5.oe2003sp4.x86_64
perl-File-Temp-0.230.900-1.oe2003sp4.noarch
xkeyboard-config-2.30-3.oe2003sp4.noarch
NetworkManager-config-server-1.26.2-13.oe2003sp4.noarch
perl-HTTP-Tiny-0.076-4.oe2003sp4.noarch
openEuler-gpg-keys-1.0-3.4.oe2003sp4.x86_64
vim-common-9.0-22.oe2003sp4.x86_64
perl-bignum-0.51-1.oe2003sp4.noarch
setup-2.13.7-3.oe2003sp4.noarch
python3-libsemanage-3.1-3.oe2003sp4.x86_64
perl-ExtUtils-ParseXS-3.35-1.oe2003sp4.noarch
libselinux-3.1-7.oe2003sp4.x86_64
python3-policycoreutils-3.1-9.oe2003sp4.noarch
perl-Pod-Perldoc-3.28-3.oe2003sp4.noarch
```

图 5-1　已安装的 RPM 软件包

查询特定的安装包，如果知道具体的包名，可以使用-q 参数，例如查询前面出现过的 NetworkManager 软件包。

```
[root@server01 ~]# rpm -q
NetworkManager-config-server-1.26.2-13.oe2003sp4.noarch
NetworkManager-config-server-1.26.2-13.oe2003sp4.noarch
```

如果不知道具体的包名，可以使用其他命令行工具，例如 grep、sort 等。按照名称对已安装的 RPM 软件包进行排序。

```
rpm -qa | sort
```

查询名称包含特定字符串（例如 NetworkManager）的已安装的 RPM 软件包，可以看到以下结果，与“NetworkManager”相关的软件包有 4 个。

```
[root@server01 mysqlRPM]# rpm -qa | grep NetworkManager
NetworkManager-config-server-1.26.2-13.oe2003sp4.noarch
NetworkManager-1.26.2-13.oe2003sp4.x86_64
NetworkManager-libnm-1.26.2-13.oe2003sp4.x86_64
NetworkManager-help-1.26.2-13.oe2003sp4.noarch
```

计数已安装的RPM软件包数量，可以看到当前系统已安装的RPM软件包的数量为568。

```
[root@server01 ~]# rpm -qa | wc -l
568
```

1. 获取对应软件的 RPM 软件包

方法一：从该软件的官网获取，大多数开源软件或者商业软件都会发布相应的 RPM 软件包。例如，可以在官网下载数据库 MySQL 的 RPM 软件包，可以单击“Archives”档案库链接查找历史版本，选择 5.7.38 版本。操作系统选择 RedHat 系统，官方支持的 Linux 系统并未包含 openEuler 系统，选择同一体系的 RedHat 系统即可。操作系统版本为 x86、64bit。选择 RPM Bundle 捆绑包下载。下载参数选择如图 5-2 所示。

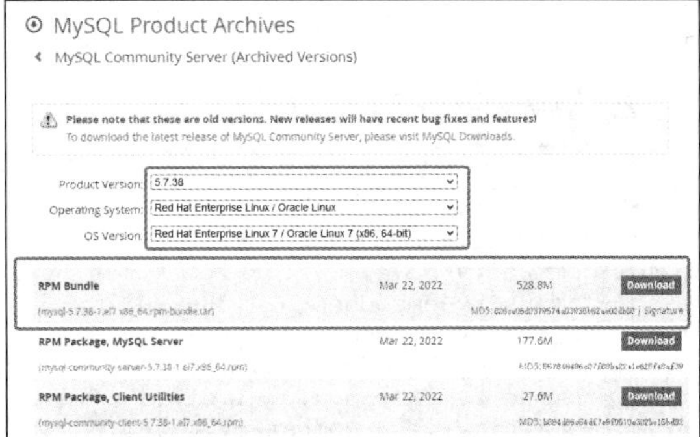

图 5-2　下载参数选择

方法二：从国内镜像仓库获取，在国内访问一些开源软件官网并不顺畅时，可以使用国内的镜像仓库进行下载。网易开源镜像站如图 5-3 所示，搜狐镜像站如图 5-4 所示。

欢迎访问网易开源镜像站

镜像名	上次更新时间	使用帮助
archlinux/	2024-02-15 11:41	archlinux使用帮助
archlinux-cn/	2024-02-15 11:49	archlinux-cn使用帮助
archlinuxarm/	2024-02-15 12:02	-
centos/	2024-02-15 16:57	centos使用帮助
centos-vault/	2024-02-13 13:33	-
ceph/	2024-02-15 09:29	ceph使用帮助
circle/	2024-02-15 02:36	-
cpan/	2024-02-15 18:05	cpan使用帮助

图 5-3　网易开源镜像站

Index of /

File Name ↓	File Size ↓	Date ↓
CPAN/	-	2023-Dec-28 14:11
FreeBSD/	-	2024-Feb-14 15:15
OpenBSD/	-	2024-Feb-14 01:39
Rocky/	-	2023-Nov-22 20:37
apache/	-	2023-Oct-19 09:27
archlinux/	-	2024-Feb-11 19:28
centos/	-	2021-Nov-16 12:47
ceph/	-	2023-Dec-18 21:10

图 5-4　搜狐镜像站

在国内，镜像站服务器一般在固定的时间和国外主服务器进行同步，需要自己根据软件名称寻找对应的 RPM 软件包，并识别出符合当前系统的 RPM 软件包。网易开源镜像站 mysql5.7 相关软件包如图 5-5 所示。

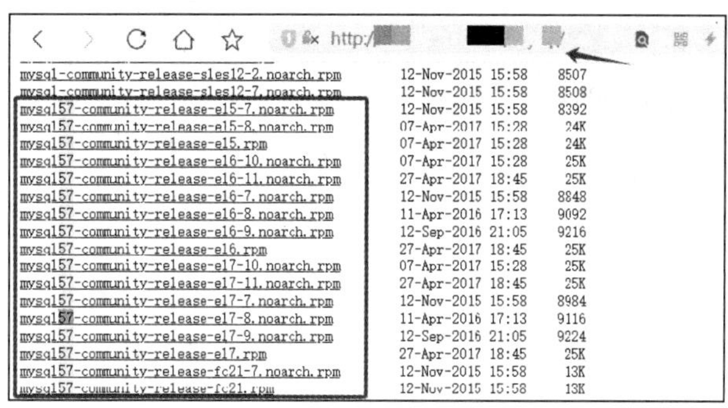

mysql-community-release-sles12-2.noarch.rpm	12-Nov-2015 15:58	8507
mysql-community-release-sles12-7.noarch.rpm	12-Nov-2015 15:58	8508
mysql57-community-release-el5-7.noarch.rpm	12-Nov-2015 15:58	8392
mysql57-community-release-el5-8.noarch.rpm	07-Apr-2017 15:28	24K
mysql57-community-release-el5.rpm	07-Apr-2017 15:28	24K
mysql57-community-release-el6-10.noarch.rpm	07-Apr-2017 15:28	25K
mysql57-community-release-el6-11.noarch.rpm	27-Apr-2017 18:45	25K
mysql57-community-release-el6-7.noarch.rpm	12-Nov-2015 15:58	8848
mysql57-community-release-el6-8.noarch.rpm	11-Apr-2016 17:13	9092
mysql57-community-release-el6-9.noarch.rpm	12-Sep-2016 21:05	9216
mysql57-community-release-el6.rpm	27-Apr-2017 18:45	25K
mysql57-community-release-el7-10.noarch.rpm	07-Apr-2017 15:28	25K
mysql57-community-release-el7-11.noarch.rpm	27-Apr-2017 18:45	25K
mysql57-community-release-el7-7.noarch.rpm	12-Nov-2015 15:58	8984
mysql57-community-release-el7-8.noarch.rpm	11-Apr-2016 17:13	9116
mysql57-community-release-el7-9.noarch.rpm	12-Sep-2016 21:05	9224
mysql57-community-release-el7.rpm	27-Apr-2017 18:45	25K
mysql57-community-release-fc21-7.noarch.rpm	12-Nov-2015 15:58	13K
mysql57-community-release-fc21.rpm	12-Nov-2015 15:58	13K

图 5-5　网易开源镜像站 mysql5.7 相关软件包

2．检查和验证 RPM 软件包

将前面官网下载的 MySQL 安装包解压，得到以下 RPM 文件。

```
mysql-community-client-5.7.38-1.el7.x86_64.rpm
mysql-community-common-5.7.38-1.el7.x86_64.rpm
mysql-community-devel-5.7.38-1.el7.x86_64.rpm
mysql-community-embedded-5.7.38-1.el7.x86_64.rpm
mysql-community-embedded-compat-5.7.38-1.el7.x86_64.rpm
mysql-community-embedded-devel-5.7.38-1.el7.x86_64.rpm
mysql-community-libs-5.7.38-1.el7.x86_64.rpm
mysql-community-libs-compat-5.7.38-1.el7.x86_64.rpm
mysql-community-server-5.7.38-1.el7.x86_64.rpm
mysql-community-test-5.7.38-1.el7.x86_64.rpm
```

使用以下命令创建 mysqlRPM 目录，命令行当前路径定位到该目录内。使用 MobaXterm 远程 Shell 软件的上传功能，将解压的 RPM 包上传到该目录下。上传 RPM 包如图 5-6 所示。

```
[root@server01 ~]# mkdir mysqlRPM
[root@server01 ~]# cd mysqlRPM
```

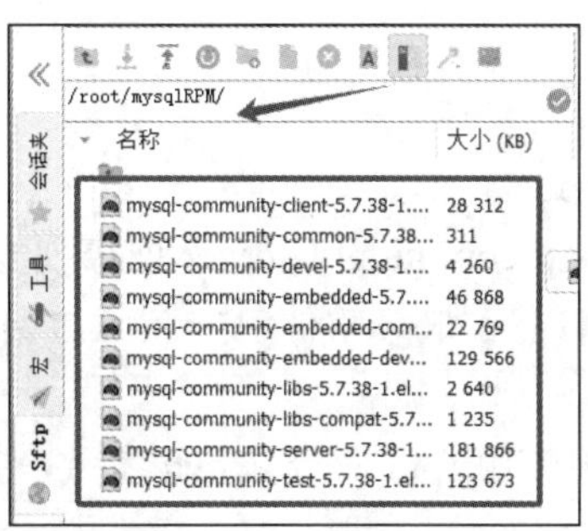

图 5-6　上传 RPM 包

查看 RPM 包中包含哪些文件，可以用 RPM 命令加-ql 参数看到 mysql-community-server-5.7.38-1.el7.x86_64.rpm 文件。rpm 软件包内的文件列表如图 5-7 所示。

```
[root@server01 mysqlRPM]# rpm -ql mysql-community-server-5.7.38-1.el7.x86_64.rpm
警告：mysql-community-server-5.7.38-1.el7.x86_64.rpm: 头V4 RSA/SHA256 Signature, 密钥 ID 3a79bd29: NOKEY
/etc/logrotate.d/mysql
/etc/my.cnf
/etc/my.cnf.d
/usr/bin/innochecksum
/usr/bin/lz4_decompress
/usr/bin/my_print_defaults
/usr/bin/myisam_ftdump
/usr/bin/myisamchk
/usr/bin/myisamlog
/usr/bin/myisampack
```

图 5-7　rpm 软件包内的文件列表

RPM 安装软件最大的问题在于软件之间的依赖关系，例如，安装 a 包前需要先安装 b 包，安装 b 包前需要先安装 c 包。需要按依赖关系顺序进行安装，强制忽略依赖关系进行安装，后者有可能会出现问题造成软件不能正常运行。

可以使用 RPM 命令的-R 参数，检查 mysql-community-server-5.7.38-1.el7.x86_64.rpm 对应安装包的依赖要求。以下显示结果中包括库文件和软件包的依赖关系，粗体部分为依赖的软件包和版本要求。

```
[root@server01 mysqlRPM]# rpm -qpR mysql-community-server-5.7.38-1.el7.x86_64.rpm
警告：mysql-community-server-5.7.38-1.el7.x86_64.rpm: 头 V4 RSA/SHA256 Signature, 密
钥 ID 3a79bd29: NOKEY
/bin/bash
......
......
/usr/bin/perl
config(mysql-community-server) = 5.7.38-1.el7
coreutils
grep
ld-linux-x86-64.so.2()(64bit)
......
......
libstdc++.so.6(GLIBCXX_3.4.9)(64bit)
mysql-community-client(x86-64) >= 5.7.9
mysql-community-common(x86-64) = 5.7.38-1.el7
```

```
net-tools
perl(Getopt::Long)
perl(strict)
procps
rpmlib(CompressedFileNames) <= 3.0.4-1
rpmlib(FileDigests) <= 4.6.0-1
rpmlib(PayloadFilesHavePrefix) <= 4.0-1
rtld(GNU_HASH)
shadow-utils
systemd
systemd
systemd
rpmlib(PayloadIsXz) <= 5.2-1
```

通过验证，说明安装 mysql-community-server 前需要安装 mysql-community-common 和 mysql-community-client 软件包。最终软件包安装应遵循的依赖关系依次为 common→libs→client→server。

在 mysqlRPM 包的目录中使用 rpm 命令和-ivh 参数，按顺序分别进行安装操作。

```
rpm -ivh mysql-community-common-5.7.38-1.el7.x86_64.rpm
rpm -ivh mysql-community-libs-5.7.38-1.el7.x86_64.rpm
rpm -ivh mysql-community-client-5.7.38-1.el7.x86_64.rpm
rpm -ivh mysql-community-server-5.7.38-1.el7.x86_64.rpm
```

观察安装结果，会发现安装 mysql-community-server 时出现了 net-tools 依赖检测失败，如图 5-8 所示。

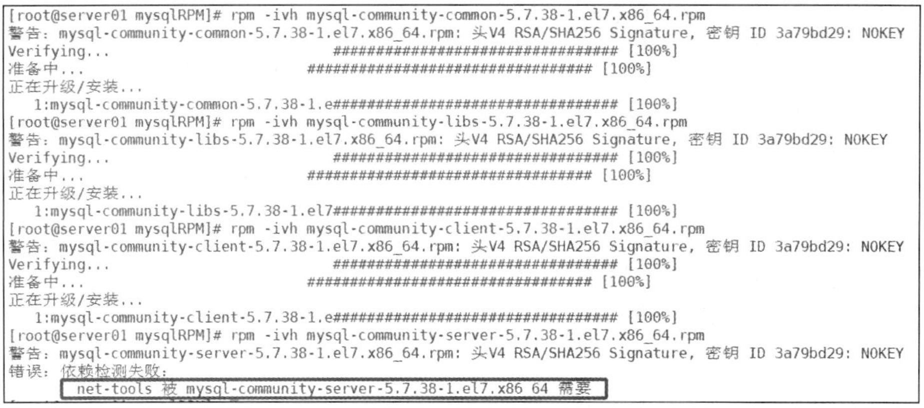

```
[root@server01 mysqlRPM]# rpm -ivh mysql-community-common-5.7.38-1.el7.x86_64.rpm
警告：mysql-community-common-5.7.38-1.el7.x86_64.rpm: 头V4 RSA/SHA256 Signature, 密钥 ID 3a79bd29: NOKEY
Verifying...                          ################################# [100%]
准备中...                             ################################# [100%]
正在升级/安装...
   1:mysql-community-common-5.7.38-1.e################################# [100%]
[root@server01 mysqlRPM]# rpm -ivh mysql-community-libs-5.7.38-1.el7.x86_64.rpm
警告：mysql-community-libs-5.7.38-1.el7.x86_64.rpm: 头V4 RSA/SHA256 Signature, 密钥 ID 3a79bd29: NOKEY
Verifying...                          ################################# [100%]
准备中...                             ################################# [100%]
正在升级/安装...
   1:mysql-community-libs-5.7.38-1.el7################################# [100%]
[root@server01 mysqlRPM]# rpm -ivh mysql-community-client-5.7.38-1.el7.x86_64.rpm
警告：mysql-community-client-5.7.38-1.el7.x86_64.rpm: 头V4 RSA/SHA256 Signature, 密钥 ID 3a79bd29: NOKEY
Verifying...                          ################################# [100%]
准备中...                             ################################# [100%]
正在升级/安装...
   1:mysql-community-client-5.7.38-1.e################################# [100%]
[root@server01 mysqlRPM]# rpm -ivh mysql-community-server-5.7.38-1.el7.x86_64.rpm
警告：mysql-community-server-5.7.38-1.el7.x86_64.rpm: 头V4 RSA/SHA256 Signature, 密钥 ID 3a79bd29: NOKEY
错误：依赖检测失败：
        net-tools 被 mysql-community-server-5.7.38-1.el7.x86_64 需要
```

图 5-8 net-tools 依赖检测失败

快速使用 dnf 命令安装 net-tools 工具，命令如下。

```
[root@server01 mysqlRPM]# dnf install net-tools -y
```

再次安装 mysql-community-server 包成功，如图 5-9 所示。

```
[root@server01 mysqlRPM]# rpm -ivh mysql-community-server-5.7.38-1.el7.x86_64.rpm
警告：mysql-community-server-5.7.38-1.el7.x86_64.rpm: 头V4 RSA/SHA256 Signature, 密钥 ID 3a79bd29: NOKEY
Verifying...                          ################################# [100%]
准备中...                             ################################# [100%]
正在升级/安装...
   1:mysql-community-server-5.7.38-1.e################################# [100%]
/usr/lib/tmpfiles.d/mysql.conf:23: Line references path below legacy directory /var/run/, updating /var/run/mysqld
 → /run/mysqld; please update the tmpfiles.d/ drop-in file accordingly.
```

图 5-9 解决依赖关系后成功安装

3．验证安装结果

使用 rpm 命令的-qa 参数进行查看，可以看到已经安装的 MySQL 包。

```
[root@server01 mysqlRPM]# rpm -qa | grep mysql
```

```
mysql-community-common-5.7.38-1.el7.x86_64
mysql-community-server-5.7.38-1.el7.x86_64
mysql-community-libs-5.7.38-1.el7.x86_64
mysql-community-client-5.7.38-1.el7.x86_64
```

4. 删除已安装的软件包

这里我们只学习 RPM 的安装，并不需要掌握 MySQL 数据库的使用。现在使用 RPM 命令卸载安装包。卸载时需要根据显示的已安装的软件包全名（不包括扩展名）进行卸载。卸载需要按依赖顺序反向操作，按以下命令依次执行。net-tools 为网络工具，要保留。

```
[root@server01 ~]# rpm -e mysql-community-server-5.7.38-1.el7.x86_64
[root@server01 ~]# rpm -e mysql-community-client-5.7.38-1.el7.x86_64
[root@server01 ~]# rpm -e mysql-community-libs-5.7.38-1.el7.x86_64
[root@server01 ~]# rpm -e mysql-community-common-5.7.38-1.el7.x86_64
```

5.2 使用 DNF 软件仓库管理软件

从前面的 RPM 安装软件示例中可以看出，单纯使用 RPM 命令进行软件的安装和卸载，在解决依赖关系时会非常麻烦，进行软件维护时会出现各种问题。

随着 Linux 逐渐普及和完善，用户逐渐采用软件仓库（专门保存软件安装包的服务器）的方式进行软件的安装管理，软件都采取数据库的方式进行维护。通过软件仓库方式安装仓库内的软件后，不用再考虑依赖问题，依赖软件会自动被安装，但需要注意的是，软件仓库里的软件安装包在绝大多数情况下仍然是 RPM 软件包，一些冷门软件，包括我们自己开发的应用软件，并没有被软件仓库收纳，仍然需要采取 RPM 打包方式发布和安装。

5.2.1 DNF 软件管理概述

DNF 是 Fedora、CentOS 和 RedHat Enterprise Linux 等基于 RPM 的 Linux 发行版本的下一代包管理工具。DNF 取代了旧的 YUM 工具，进行了多方面改进，特别是在依赖性解析和性能方面。

DNF 仓库也叫 DNF 源，类似于安卓系统的软件商店。Linux 系统配置了 DNF 仓库之后就可以直接从仓库获取 rpm 包，不需要单独下载。软件仓库方式共享资源如图 5-10 所示。

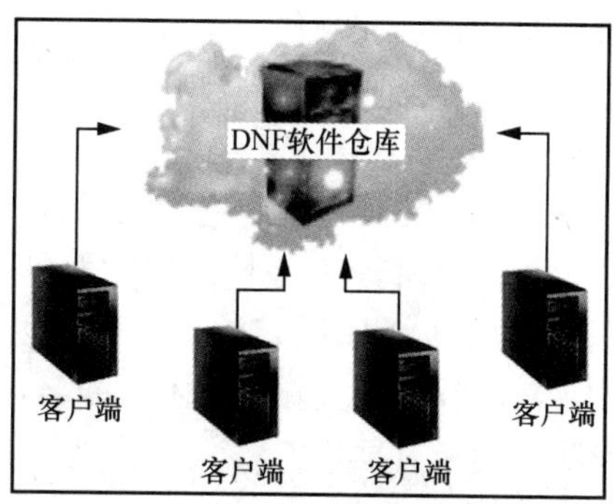

图 5-10　软件仓库方式共享资源

DNF 具有以下特点。

① **更好的性能**：DNF 采用新的解决方案和依赖关系图解析算法，这使得包的安装和更新较 YUM 而言更高效。

② **改进的依赖解析**：DNF 使用 libsolv 库（一个外部依赖解释器）来进行包的依赖解析，这提升了对软件依赖关系处理的准确性和速度。

③ **API 支持**：DNF 提供了良好的 Python API，允许开发者通过编程方式与软件包管理系统进行交互并对其进行操控。

④ **现代架构**：DNF 用 C 语言和 Python 编写，是 YUM 的现代替代品，核心是基于 hawkey 和 libsolv 库。

⑤ **支持插件**：DNF 支持插件，这意味着它可以根据需要轻松扩展其功能。

⑥ **用户友好**：DNF 提供了与 YUM 相似的命令行界面，为用户提供了熟悉的操作体验，同时还提供了更简洁的配置选项和更好的默认行为。

⑦ **支持事务**：DNF 有一个事务历史记录和回滚特性，允许用户查看和操控之前的操作。

⑧ **自动处理孤立包**：DNF 可以自动删除不再被任何软件包依赖的孤立软件包。

⑨ **下载加速**：DNF 使用 delta RPM 特性，只下载有改变的部分以节省带宽和时间。

⑩ **强化的安全特性**：DNF 集成了 GPG 签名验证等安全性检查功能，保证软件包安全。

⑪ **频繁更新**：DNF 经常更新以引入新功能和修复已知问题。

DNF 已经成为许多基于 RPM 的 Linux 发行版本中的默认包管理器，例如 Fedora、CentOS 和 RHEL 等。在 openEuler 系统中，我们推荐优先使用 DNF 进行软件包管理。

5.2.2 使用 DNF 管理软件包

DNF 管理软件包时，大部分通过 DNF 命令来实现。DNF 命令的语法格式如下。

```
dnf [options] COMMAND
```

常用选项说明如下。

① **-h 或 help**：显示帮助信息。

② **-y 或--assumeyes**：对所有的查询自动回答 "yes"，例如安装、更新软件包时不需要确认。

③ **--allowerasing**：允许删除为了满足依赖关系而安装的软件包。

④ **-x 或 exclude=<package_name>**：排除某个或某些软件包，不进行安装、升级或删除。

⑤ **--disablerepo=<repo_id>**：在当前操作中禁用一个或多个指定的软件仓库。

⑥ **--enablerepo=<repo_id>**：在当前操作中启用一个或多个指定的软件仓库。

⑦ **--releasever=<release_version>**：指定系统发行版的版本号。

⑧ **--setopt=<option_name>=<value>**：设置指定的配置选项。

⑨ **--skip-broken**：跳过可能引起依赖关系问题的软件包。

⑩ **--downloadonly**：只下载软件包但不安装。

⑪ **--nobest**：不要求安装最新版本（最新的版本可能会导致依赖问题）的软件包。

⑫ **-noplugins**：在操作时禁用所有插件。

⑬ **--refresh**：刷新过期的缓存。

⑭ **--verbose, -v**：提供更多详细的输出信息。

⑮ **--quiet, -q**：减少输出的详细信息量。

⑯ **--best**：尽可能保证软件包版本是最新的。

⑰ **-C 或 cacheonly**：只从本地缓存获取信息，不从网络中下载任何东西。

⑱ **--nogpgcheck**：忽略 GPG 签名检查。

⑲ **--showduplicates**：在软件包列表中显示相同软件的多个版本。

COMMAND 命令用于指定对软件包的具体操作，例如查询、安装、升级、卸载等。常见的命令组合见表 5-1。

表 5-1　常见的命令组合

dnf install <package_name>	安装一个或多个软件包
dnf remove <package_name>	删除一个已安装的软件包
dnf upgrade	更新所有已安装的软件包到最新的可用版本
dnf upgrade <package_name>	只更新指定的软件包
dnf downgrade <package_name>	将软件包降到之前的版本
dnf check-update	检查是否有可用的软件包更新
dnf autoremove	自动删除那些被安装来满足依赖性但现在不再需要的软件包
dnf list installed	列出所有已安装的软件包
dnf list available	列出所有可安装的软件包
dnf search <keyword>	搜索仓库中包含指定关键字的软件包
dnf provides <file_or_feature>	寻找提供指定文件或功能的软件包
dnf repolist	列出所有配置的软件仓库
dnf repolist enabled	列出所有启用的软件仓库
dnf repolist disabled	列出所有禁用的软件仓库
dnf makecache	刷新仓库缓存，确保本地信息是最新的
dnf clean all	清除缓存文件，包括软件包缓存和仓库元数据缓存
dnf info <package_name>	显示一个或多个软件包的详细信息
dnf history	显示软件包管理历史记录，可以用来撤销、重做、回滚之前的操作
dnf config-manager	管理 DNF 的仓库和配置选项
dnf groupinstall <group_name>	安装软件包组中的所有软件包
dnf groupremove <group_name>	删除软件包组中的所有软件包
dnf grouplist	列出所有可用的软件包组

下面使用具体的示例来说明通过 DNF 进行软件包的管理操作。

1．查询软件包

当我们需要某些软件时，首先应搜索 DNF 库有没有对应的安装包可用。例如运行 Java 程序所需的 jre 环境、进行 Java 开发的 Java 编译器。例如，直接在命令行输入“java”，我们会看到“-bash: java：未找到命令”的提示信息。

```
[root@server01 ~]# java
-bash: java: 未找到命令
```

使用 DNF 命令查找已安装的软件中是否包含 Java 的相关软件包。

```
[root@server01 ~]# dnf list installed | grep java
[root@server01 ~]#
```

如果使用 RPM 管理器安装，则需要寻找相关的 RPM 安装包，还要保证适配当前计算机的硬件平台和操作系统，考虑到包依赖关系，还需要对一些系统文件进行配置。

DNF 可以使用 search 命令直接在软件仓库中查找，并且不需要知道完整的包名。因为包含 Java 的软件包太多，这里查询用的是 openjdk，openjdk 属于 jdk 的开源分支。

```
[root@server01 ~]# dnf search openjdk
```

DNF 仓库中的 openjdk 安装包如图 5-11 所示，图 5-11 中的 openjdk 软件包已经自动与当前的平台和系统进行了适配。我们可以看到，适配平台都是 x86_64 或者与平台无关的。包名中版本号位置为 latest 表示是最新版本。

```
java-17-openjdk-demo-slowdebug.x86_64 : OpenJDK Demos 17 with full debug on
java-17-openjdk-devel.x86_64 : OpenJDK Development Environment 17
java-17-openjdk-devel-slowdebug.x86_64 : OpenJDK Development Environment 17 with full debug on
java-17-openjdk-headless.x86_64 : OpenJDK Headless Runtime Environment 17
java-17-openjdk-headless-slowdebug.x86_64 : OpenJDK Runtime Environment with full debug on
java-17-openjdk-javadoc.x86_64 : OpenJDK 17 API documentation
java-17-openjdk-javadoc-zip.x86_64 : OpenJDK 17 API documentation compressed in a single archive
java-17-openjdk-jmods.x86_64 : JMods for OpenJDK 17
java-17-openjdk-jmods-slowdebug.x86_64 : JMods for OpenJDK 17 with full debug on
java-17-openjdk-slowdebug.x86_64 : OpenJDK Runtime Environment 17 with full debug on
java-17-openjdk-src.x86_64 : OpenJDK Source Bundle 17
java-17-openjdk-src-slowdebug.x86_64 : OpenJDK Source Bundle 17 for packages with debug on
java-latest-openjdk.x86_64 : OpenJDK Runtime Environment 21
java-latest-openjdk.src : OpenJDK Runtime Environment 21
java-latest-openjdk-demo.x86_64 : OpenJDK Demos 21
java-latest-openjdk-devel.x86_64 : OpenJDK Development Environment 21
java-latest-openjdk-headless.x86_64 : OpenJDK Headless Runtime Environment 21
java-latest-openjdk-javadoc.x86_64 : OpenJDK 21 API documentation
java-latest-openjdk-javadoc-zip.x86_64 : OpenJDK 21 API documentation compressed in a single archive
java-latest-openjdk-jmods.x86_64 : JMods for OpenJDK 21
java-latest-openjdk-src.x86_64 : OpenJDK Source Bundle 21
```

图 5-11 DNF 仓库中的 openjdk 安装包

2. 安装软件包

安装软件包使用 install 命令，部分软件包安装时可以不指定版本，会匹配默认版本。安装 openjdk 的命令如下，-y 参数为自动确定应答。

```
[root@server01 ~]# dnf install java-openjdk -y
```

安装时会先检查包依赖关系，依赖包列表如图 5-12 所示，根据安装包可以看出默认安装的 openjdk 版本为 11。

```
================================================================================================
 Package                      Architecture   Version                     Repository     Size
================================================================================================
Installing:
 java-11-openjdk              x86_64         1:11.0.22.7-0.oe2003sp4     update        207 k
Installing dependencies:
 alsa-lib                     x86_64         1.2.3-1.oe2003sp4           OS            434 k
 copy-jdk-configs             noarch         4.0-1.oe2003sp4             OS             27 k
 giflib                       x86_64         5.2.1-4.oe2003sp4           OS             44 k
 java-11-openjdk-headless     x86_64         1:11.0.22.7-0.oe2003sp4     update         39 M
 javapackages-filesystem      noarch         5.3.0-3.oe2003sp4           OS             10 k
 libfontenc                   x86_64         1.1.4-2.oe2003sp4           OS             18 k
 lksctp-tools                 x86_64         1.0.18-1.oe2003sp4          OS             61 k
 lua-posix                    x86_64         33.3.1-12.oe2003sp4         OS            168 k
 tzdata-java                  noarch         2022a-15.oe2003sp4          OS            149 k
 xorg-x11-font-utils          x86_64         1:7.5-43.oe2003sp4          OS             84 k
 xorg-x11-fonts-others        noarch         7.5-24.oe2003sp4            OS            7.4 M

Transaction Summary
================================================================================================
Install  12 Packages
```

图 5-12 依赖包列表

接下来下载所需的软件包，并按依赖顺序自动安装。这里不用考虑软件包之间的依赖关系。使用以下命令验证已安装的 Java 环境，可以看到 openjdk 的版本为 11.0。

```
[root@server01 ~]# java --version
openjdk 11.0.22 2024-01-16
OpenJDK Runtime Environment Bisheng (build 11.0.22+7)
OpenJDK 64-Bit Server VM Bisheng (build 11.0.22+7, mixed mode, sharing)
```

如果要进行 Java 程序的编译，还需要 openjdk 的 devel 软件包。可以根据查询出的包名，继续安装对应版本的 devel 软件包，安装成功后就可以在该系统中进行基本的 Java 程序编译工作了。

```
[root@server01 ~]# dnf install java-11-openjdk-devel.x86_64
[root@server01 ~]# javac --version
javac 11.0.22
```

3. 卸载软件包

现在将刚才安装的 jdk 删除，先使用 installed 命令查看已安装的软件包。

```
[root@server01 ~]# dnf list installed 'java-*-openjdk*'
Installed Packages
java-11-openjdk.x86_64
java-11-openjdk-devel.x86_64
java-11-openjdk-headless.x86_64
```

使用 remove 命令删除已安装的软件包，可以依次删除，也可以使用通配符“*”一次删除多个。安装软件时也可以使用通配符批量安装。

```
[root@server01 ~]# sudo dnf remove java-11-openjdk* -y
```

最终 13 个安装包被删除。删除软件包时，系统可能会留下一些不再需要的依赖软件包、配置文件或缓存数据。可以按以下步骤来清理系统。

删除未被任何软件包依赖的孤立软件包，代码如下。

```
[root@server01 ~]# dnf autoremove
Last metadata expiration check: 0:57:15 ago on 2024年02月15日 星期四 22时46分59秒.
Dependencies resolved.
Nothing to do.
Complete!
```

清理 DNF 缓存，代码如下。

```
[root@server01 ~]# dnf clean all
50 files removed
```

软件包被删除后，其配置文件可能会留在系统上。在/etc/目录下的配置文件通常不会自动被删除。如果希望手动删除这些配置残留文件，需要根据软件包的具体情况手动清理。但请小心操作，确认这些文件确实不再需要。

在执行任何清理工作前，需要理解每个命令的作用，并检查将要删除的内容，以避免不小心删除对系统运行至关重要的文件或软件包。

4. 升级软件包

如果需要某个软件包的较新版本，可以进行升级操作，升级所有的已安装软件包或者特定的软件包。执行以下命令更新软件包索引。

```
[root@server01 ~]# dnf makecache
```

使用以下命令查看当前系统可以更新的软件包列表。此操作不会引发任何的安装，可更新软件列表如图 5-13 所示。

```
[root@server01 ~]# dnf check-update
```

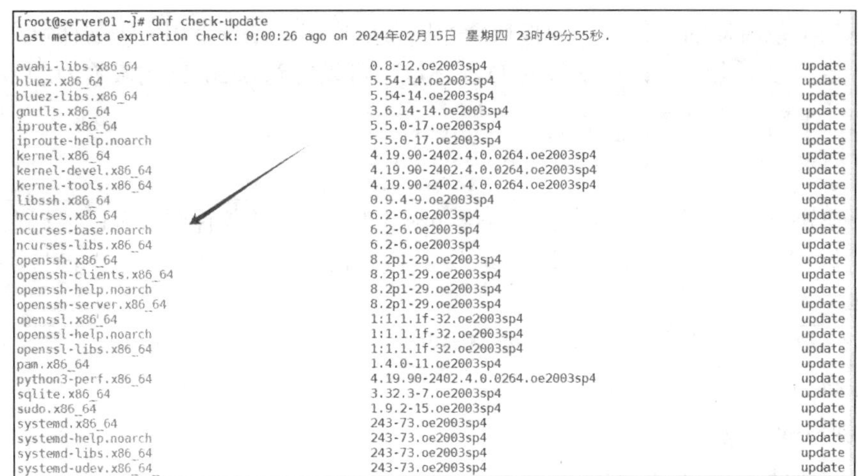
```
[root@server01 ~]# dnf check-update
Last metadata expiration check: 0:00:26 ago on 2024年02月15日 星期四 23时49分55秒.

avahi-libs.x86_64          0.8-12.oe2003sp4                     update
bluez.x86_64               5.54-14.oe2003sp4                    update
bluez-libs.x86_64          5.54-14.oe2003sp4                    update
gnutls.x86_64              3.6.14-14.oe2003sp4                  update
iproute.x86_64             5.5.0-17.oe2003sp4                   update
iproute-help.noarch        5.5.0-17.oe2003sp4                   update
kernel.x86_64              4.19.90-2402.4.0.0264.oe2003sp4      update
kernel-devel.x86_64        4.19.90-2402.4.0.0264.oe2003sp4      update
kernel-tools.x86_64        4.19.90-2402.4.0.0264.oe2003sp4      update
libssh.x86_64              0.9.4-9.oe2003sp4                    update
ncurses.x86_64             6.2-6.oe2003sp4                      update
ncurses-base.noarch        6.2-6.oe2003sp4                      update
ncurses-libs.x86_64        6.2-6.oe2003sp4                      update
openssh.x86_64             8.2p1-29.oe2003sp4                   update
openssh-clients.x86_64     8.2p1-29.oe2003sp4                   update
openssh-help.noarch        8.2p1-29.oe2003sp4                   update
openssh-server.x86_64      8.2p1-29.oe2003sp4                   update
openssl.x86_64             1:1.1.1f-32.oe2003sp4                update
openssl-help.noarch        1:1.1.1f-32.oe2003sp4                update
openssl-libs.x86_64        1:1.1.1f-32.oe2003sp4                update
pam.x86_64                 1.4.0-11.oe2003sp4                   update
python3-perf.x86_64        4.19.90-2402.4.0.0264.oe2003sp4      update
sqlite.x86_64              3.32.3-7.oe2003sp4                   update
sudo.x86_64                1.9.2-15.oe2003sp4                   update
systemd.x86_64             243-73.oe2003sp4                     update
systemd-help.noarch        243-73.oe2003sp4                     update
systemd-libs.x86_64        243-73.oe2003sp4                     update
systemd-udev.x86_64        243-73.oe2003sp4                     update
```

图 5-13　可更新软件列表

不指定软件包名时会升级所有软件包。可以指定更新列表中的具体包名，由于服务器追求稳定，因此尽量不要整体升级。

```
[root@server01 ~]# dnf update
```

5.2.3　仓库管理和源管理

DNF 通过软件仓库管理软件资源，仓库的位置就是 DNF 源，DNF 支持多个仓库源。相关的配置信息主要保存在“/etc/dnf/dnf.conf”配置文件中，该文件包含以下两部分。

① **main**：保存 DNF 的全局设置。

② **repository**：保存软件源的设置，可以有 0 个或多个 repository。

另外，在/etc/yum.repos.d 目录中保存 0 个或多个 repo 源相关文件，它们也可以定义不同的“repository”，命令如下。

```
[root@server01 ~]# ls /etc/yum.repos.d
openEuler.repo
```

1．配置 main 部分

/etc/dnf/dnf.conf 文件包含的 main 部分的配置示例如下。

```
[main]
gpgcheck=1
installonly_limit=3
clean_requirements_on_remove=True
best=True
skip_if_unavailable=False
~
```

main 部分的参数及其说明见表 5-2，一般情况下不需要修改这部分内容。

表 5-2　main 部分的参数及其说明

参数	说明
cachedir	缓存目录，该目录用于存储 RPM 包和数据库文件
keepcache	可选值是 1 和 0，表示是否要缓存已安装成功的 RPM 包及头文件，默认值为 0，即不缓存
debuglevel	设置 DNF 生成的 debug 信息。取值范围为 0～10，数值越大，输出的 debug 信息越详细。默认值为 2，设置为 0 表示不输出 debug 信息

续表

参数	说明
clean_requirements_on_remove	删除在 dnf remove 期间不再使用的依赖项，如果软件包是通过 DNF 安装的，而不是通过显式用户请求安装的，则只能通过 clean_requirements_on_remove 删除软件包，即它是作为依赖项引入的。默认值为 True
best	升级包时，总是尝试安装其最高版本，如果最高版本无法安装，则提示无法安装的原因并停止安装。默认值为 True
obsoletes	可选值 1 和 0，设置是否允许更新陈旧的 RPM 包。默认值为 1，表示允许更新
gpgcheck	可选值 1 和 0，设置是否进行 gpg 校验。默认值为 1，表示需要进行校验
plugins	可选值 1 和 0，表示启用或禁用 DNF 插件。默认值为 1，表示启用 DNF 插件
installonly_limit	设置可以同时进行安装的包的数量，可以由"installonlypkgs"指令列出，默认值为 3，不建议降低此值

配置 repository 部分，repository 部分允许定义定制化的 openEuler 软件源仓库，各个仓库的名称不能相同，否则会引起冲突。配置 repository 部分有以下两种方式。

方法一：直接配置/etc/dnf/dnf.conf 文件中的 repository 部分，以下是[repository]部分的一个最小配置示例。

```
[repository]
name=repository_name
baseurl=repository_url
```

repository 可用参数及其说明见表 5-3。

表 5-3　repository 可用参数及其说明

参数	说明
name=repository_name	软件仓库（repository）描述的字符串
baseurl=repository_url	软件仓库（repository）的地址

openEuler 提供在线的镜像源，官方镜像站如图 5-14 所示。在官网可以找到匹配当前系统的链接。

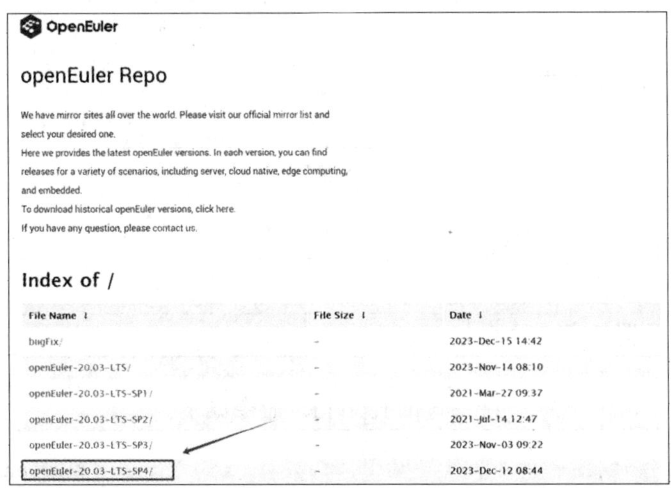

图 5-14　官方镜像站

以 openEuler-20.03-LTS-SP4 的 x86_64 版本为例，baseurl 可配置为该镜像的具体链接（在页面上单击鼠标右键，复制链接）。

方法二：配置/etc/yum.repos.d 目录下的.repo 文件，可以在原有文件基础上进行修改。当前安装的操作系统版本已经配置好了软件源，可以对其配置内容进行阅读，必要时进行修改，命令如下。

```
[root@server01 ~]# vim /etc/yum.repos.d/openEuler.repo
[OS]
name=openEuler-$releasever - OS
baseurl=镜像的具体链接/$basearch/
enabled=1
gpgcheck=1
gpgkey=镜像的具体链接/$basearch/RPM-GPG-KEY-openEuler
```

输出结果说明如下。

① **$basearch**：为系统硬件架构（CPU 指令集）的变量引用，使用命令 arch 得到。系统硬件架构有 aarch64、x86_64 等。当前 repo 源中支持 aarch64 和 x86_64，使用变量引用会自动匹配当前系统的硬件架构。

② **enabled**：为是否启用该软件源仓库，可选值为 1 和 0。默认值为 1，表示启用该软件源仓库。

③ **gpgkey**：为验证签名用的公钥。相关配置信息都可以在 openEuler 软件源站点中找到，源配置地址如图 5-15 所示。

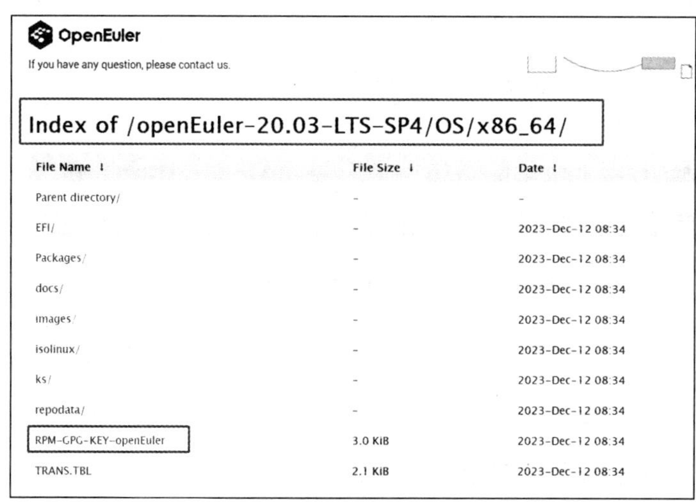

图 5-15 源配置地址

如果修改了 repo 源，则使用以下命令重建缓存。

```
[root@server01 ~]# dnf clean all
[root@server01 ~]# dnf makecache
```

显示当前的配置信息，命令如下。

```
dnf config-manager --dump
```

显示相应软件源的配置，首先查询 repo id，命令如下。

```
[root@server01 ~]# dnf repolist
repo id                                                         repo name
EPOL                                                            EPOL
OS                                                              OS
```

```
debuginfo                                                   debuginfo
everything                                                  everything
source                                                      source
update                                                      update
update-source                                               update-source
```

执行以下命令，显示对应 id 的软件源配置，其中将 repository 替换为前面查询得到的 repo id。

```
dnf config-manager --dump repository
```

2. 创建本地软件源仓库

建立一个本地软件源仓库，软件安装时优先从本地获取，适用于限制了上网环境的场景。请按照下列步骤操作。

安装 createrepo 软件包。在 root 权限下执行以下命令。

```
[root@server01 ~]# dnf install createrepo -y
```

将需要的软件包复制到一个目录下，例如/mnt/local_repo/（不存在则需要创建目录）。创建软件源，执行以下命令。

```
[root@server01 ~]# createrepo --database /mnt/local_repo
Directory walk started
Directory walk done - 0 packages
Temporary output repo path: /mnt/local_repo/.repodata/
Preparing sqlite DBs
Pool started (with 5 workers)
Pool finished
```

3. 使用命令添加、启用和禁用软件源

（1）添加软件源

要定义一个新的软件源仓库，可以在 /etc/dnf/dnf.conf 文件中添加 repository 部分，或者在/etc/yum.repos.d/目录下添加“.repo”文件进行说明。建议通过添加“.repo”的方式。

如果需要系统中添加一个这样的源，请在 root 权限下执行以下命令，执行完成之后会在/etc/yum.repos.d/目录下生成对应的 repo 文件。其中，将 repository_url 替换为 repo 源地址。

```
dnf config-manager --add-repo repository_url
```

（2）启用软件源

在 root 权限下执行以下命令，其中 repository 为新增.repo 文件中的 repo id（可通过 dnf repolist 查询）。

```
dnf config-manager --set-enable repository
```

（3）禁用软件源

在 root 权限下执行以下命令。

```
dnf config-manager --set-disable repository
```

（4）下载软件包

可以从 repo 源上将软件的 RPM 包下载到本地，命令如下，用于 RPM 安装或者构建本地 repo 源。使用 download 参数即可，将 package_name 替换为对应包名。

```
dnf download package_name
```

同时，下载未安装的依赖，加上--resolve，命令如下。

```
dnf download --resolve package_name
```

通过以下命令下载 httpd 站点服务的软件包，最终有 9 个 RPM 包被下载到了前面创

建的本地库中。

```
[root@server01 ~]# cd /mnt/local_repo/
[root@server01 local_repo]# dnf download --resolve httpd
```

5.3 进程管理

操作系统管理多个用户的请求和多个任务。大多数系统都只有一个 CPU 和一个主存储器，但一个系统可能有多个二级存储磁盘和多个输入/输出设备。操作系统管理这些资源并在多个用户之间共享资源，当用户提出一个请求时，会造成系统被用户独占的假象。实际上操作系统监控着一个等待执行的任务队列，这些任务包括用户任务、操作系统任务、邮件和打印任务等。

进程管理是指在 Linux 操作系统中对运行的进程进行控制、监视和调度的一系列操作。Linux 提供了各种工具和命令来管理进程。

5.3.1 进程监控

作为一个多任务系统，Linux 经常需要对这些进程进行一些调配和管理，首先要知道现在的进程情况，例如有哪些进程、进程目前的状态等。Linux 提供了多种命令来了解进程的情况。

1. ps 命令

ps 命令是最基本又非常强大的进程查看命令。使用该命令可以确定有哪些进程正在运行和运行的状态、进程是否结束、进程是否有僵尸、哪些进程占用了过多的资源等，大部分进程信息都是可以通过执行该命令得到的。ps 命令常用来监控后台进程的工作情况，因为后台进程是不与屏幕、键盘这些标准输入/输出设备进行通信的，所以如果需要检测其状况，就可以使用 ps 命令。ps 命令的语法格式如下。

```
ps [选项]
```

ps 命令的常用选项如下。

-e：显示所有进程。

-f：全格式。

-h：不显示标题。

-l：使用长格式。

-w：宽行输出。

-a：显示终端上的所有进程，包括其他用户的进程。

-r：只显示正在运行的进程。

-x：显示没有控制终端的进程。

如果需要显示系统中终端上的所有运行进程，可以执行以下命令操作，其中 pi.py 是演示的 Python 程序，它在持续地循环运行。

```
[root@server01 ~]# ps a
PID     TTY     STAT     TIME COMMAND
1583    pts/0   Ss       0:00 -bash
50545   tty1    Ss       0:00 -bash
```

```
51903   pts/1    Ss       0:00 -bash
54770   tty1     S+       0:00 python3
56836   pts/1    R+       0:08 python3 pi.py  #正在持续运行的一个 Python 程序
56985   pts/0    R+       0:00 ps a
```

输出结果说明如下。

① **PID**：表示进程的唯一识别编号。

② **TTY**：表示进程所在终端。

③ **STAT**：表示进程当前状态。

④ **R**：表示运行状态。

⑤ **S**：表示休眠状态。

⑥ **D**：表示不可中断状态。

⑦ **T**：表示停止状态。

⑧ **Z**：表示僵死状态，进程已终止但还在。

⑨ **+**：表示进程位于前台，正在与用户交互。

⑩ **s**：表示进程是会话进程的领导者。

⑪ **TIME**：表示使用 CPU 的时间。

⑫ **COMMAND**：表示进程的名称。

2. top 命令

top 命令和 ps 命令的基本作用是相同的，显示系统当前的进程和其他状况，但是 top 是一个动态显示过程，即可以通过用户按键来不断刷新进程的当前状态，如果在前台执行该命令，它将独占前台，直到用户终止该程序为止，运行时按键 q 退出程序。

top 命令提供了对系统处理器的实时状态监视。它将显示系统中 CPU 的任务列表。该命令可以按 CPU 使用、内存使用和执行时间对任务进行排序，而且该命令的很多特性都可以通过交互式命令或者在定制文件中进行设定。top 命令的语法格式如下。

```
top [选项]
```

常用选项如下。

① **-d<秒数>或--delay=<秒数>**：指定 top 命令刷新的时间间隔。

② **-n<次数>或--iterations=<次数>**：指定 top 命令刷新的次数，达到指定次数后自动退出。

③ **-p<PID 列表>或--pid=<PID 列表>**：只显示指定 PID 的相关信息。

④ **-u<用户名>或--user=<用户名>**：只显示指定用户名的相关进程信息。

⑤ **-H**：以线程模式显示，显示每个进程的线程信息。

⑥ **-o<字段>或--sort=<字段>**：按指定字段进行进程排序，默认按 CPU 使用率排序。

⑦ **-c**：显示命令行参数和进程启动的完整命令。

⑧ **交互模式快捷键**：top 程序运行时支持交互，以下为常见的交互快捷按键。

- **h**：显示帮助信息，列出所有的交互快捷键。
- **k**：发送信号给选中的进程，用于终止或者向进程发送其他信号。
- **r**：修改进程的优先级。
- **f**：打开字段管理器，可以自定义显示的列字段。
- **o**：改变排序方式，可以自定义排序字段。

- **1**：切换到详细模式，显示每个 CPU 的使用情况。
- **c**：切换显示命令名称的状态，可以显示完整的命令行。
- **i**：切换到反色显示模式。
- **n**：设置在任务列表中显示的进程数量。
- **q**：退出 top 命令。

直接使用 top 命令可以得到当前资源的使用情况。top 命令运行界面如图 5-16 所示。

```
[root@server01 ~]# top
top - 19:46:33 up 31 min,  4 users,  load average: 0.69, 0.20, 0.07
Tasks: 190 total,   3 running, 187 sleeping,   0 stopped,   0 zombie
%Cpu(s): 12.3 us,  0.3 sy,  0.0 ni, 87.1 id,  0.1 wa,  0.0 hi,  0.2 si,  0.0 st
MiB Mem :   1454.7 total,    753.9 free,    422.7 used,    278.1 buff/cache
MiB Swap:   2096.0 total,   2096.0 free,      0.0 used.    879.5 avail Mem

  PID USER      PR  NI    VIRT    RES    SHR S  %CPU  %MEM     TIME+ COMMAND
12040 root      20   0  308772  71364   4928 R 100.0   4.8   0:55.95 python3
 1446 root      20   0   15188   5240   3904 S   0.3   0.4   0:03.13 sshd
12119 root      20   0  216428   3708   3224 R   0.3   0.2   0:00.10 top
    1 root      20   0   23224  13192   9268 S   0.0   0.9   0:06.08 systemd
    2 root      20   0       0      0      0 S   0.0   0.0   0:00.03 kthreadd
    3 root       0 -20       0      0      0 I   0.0   0.0   0:00.00 rcu_gp
    4 root       0 -20       0      0      0 I   0.0   0.0   0:00.00 rcu_par_gp
    6 root       0 -20       0      0      0 I   0.0   0.0   0:00.00 kworker/0:0H-kblockd
    8 root       0 -20       0      0      0 I   0.0   0.0   0:00.00 mm_percpu_wq
    9 root      20   0       0      0      0 S   0.0   0.0   0:00.00 ksoftirqd/0
   10 root      20   0       0      0      0 R   0.0   0.0   0:00.32 rcu_sched
   11 root      20   0       0      0      0 I   0.0   0.0   0:00.00 rcu_bh
   12 root      rt   0       0      0      0 S   0.0   0.0   0:00.11 migration/0
   13 root      20   0       0      0      0 S   0.0   0.0   0:00.00 cpuhp/0
   14 root      20   0       0      0      0 S   0.0   0.0   0:00.00 cpuhp/1
   15 root      rt   0       0      0      0 S   0.0   0.0   0:00.57 migration/1
   16 root      20   0       0      0      0 S   0.0   0.0   0:00.00 ksoftirqd/1
   17 root      20   0       0      0      0 I   0.0   0.0   0:00.19 kworker/1:0-mm_percpu_wq
   18 root       0 -20       0      0      0 I   0.0   0.0   0:00.00 kworker/1:0H-kblockd
   19 root      20   0       0      0      0 S   0.0   0.0   0:00.00 cpuhp/2
   20 root      rt   0       0      0      0 S   0.0   0.0   0:00.58 migration/2
   21 root      20   0       0      0      0 S   0.0   0.0   0:00.00 ksoftirqd/2
   23 root       0 -20       0      0      0 I   0.0   0.0   0:00.00 kworker/2:0H-kblockd
   24 root      20   0       0      0      0 S   0.0   0.0   0:00.00 cpuhp/3
   25 root      rt   0       0      0      0 S   0.0   0.0   0:00.60 migration/3
   26 root      20   0       0      0      0 S   0.0   0.0   0:00.01 ksoftirqd/3
   28 root       0 -20       0      0      0 I   0.0   0.0   0:00.00 kworker/3:0H-events_highpri
   29 root      20   0       0      0      0 S   0.0   0.0   0:00.00 cpuhp/4
   30 root      rt   0       0      0      0 S   0.0   0.0   0:00.12 migration/4
```

图 5-16　top 命令运行界面

图中显示信息的解读如下。

（1）第一行

① **19:46:33**：当前时间。

② **up 31 min**：系统运行时间，表示系统已经运行了 31min。

③ **4 users**：当前登录系统的用户数量。

④ **load average**：系统的负载状况，分别表示过去 1min、5min 和 15min 的平均负载。这个值反映了系统中正在运行和等待处理的进程数量。

（2）第二行

① **190 total**：系统中总共存在的任务（进程）数量。

② **3 running**：当前正在运行的任务数量。

③ **187 sleeping**：当前处于睡眠状态的任务数量。

④ **0 stopped**：当前已停止的任务数量。

⑤ **0 zombie**：当前僵尸进程的数量。

（3）第三行

① **12.3 us**：用户态（用户进程）使用 CPU 的百分比。

② **0.3 sy**：内核态（系统进程）使用 CPU 的百分比。

③ **0.0 ni**：优先级被改变过的进程使用 CPU 的百分比。

④ **87.1 id**：空闲 CPU 的百分比，注意这是闲置比例。

⑤ **0.1 wa**：等待 I/O 的进程使用 CPU 的百分比。

⑥ **0.0 hi**：硬中断的百分比。

⑦ **0.2 si**：表示软中断的百分比。

⑧ **0.0 st**：表示来自其他虚拟机（在虚拟化环境中）的时间。

（4）第四行

① **MiB Mem**：内存使用情况。

② **1454.7 total**：系统总共的物理内存大小。

③ **753.9 free**：当前空闲的物理内存大小。

④ **422.7 used**：当前正在使用的物理内存大小。

⑤ **278.1 buff/cache**：用于缓存的物理内存大小。

（5）第五行

① **MiB Swap**：交换空间（虚拟内存）的使用情况。

② **2096.0 total**：系统总共的交换空间大小。

③ **2096.0 free**：当前可用的交换空间大小。

④ **0.0 used**：当前正在使用的交换空间大小。

⑤ **879.5 avail Mem**：当前可用的物理内存大小。

运行中如果按“1”键，则会显示出 CPU 核心的资源占用情况，CPU 核心使用情况如图 5-17 所示，可以看出 2 号核心目前处于高占用率。因为持续运行的 Python3 进程并不支持多核心，所以 CPU 核心资源的占用都集中在了一个核心上。

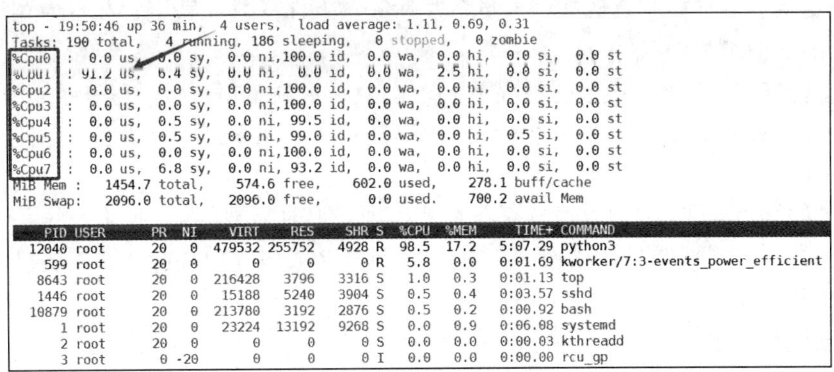

top - 19:50:46 up 36 min, 4 users, load average: 1.11, 0.69, 0.31
Tasks: 190 total,   4 running, 186 sleeping,   0 stopped,   0 zombie
%Cpu0 : 0.0 us, 0.0 sy, 0.0 ni,100.0 id, 0.0 wa, 0.0 hi, 0.0 si, 0.0 st
%Cpu1 : 91.2 us, 6.4 sy, 0.0 ni, 0.0 id, 0.0 wa, 2.5 hi, 0.0 si, 0.0 st
%Cpu2 : 0.0 us, 0.0 sy, 0.0 ni,100.0 id, 0.0 wa, 0.0 hi, 0.0 si, 0.0 st
%Cpu3 : 0.0 us, 0.0 sy, 0.0 ni,100.0 id, 0.0 wa, 0.0 hi, 0.0 si, 0.0 st
%Cpu4 : 0.0 us, 0.5 sy, 0.0 ni, 99.5 id, 0.0 wa, 0.0 hi, 0.0 si, 0.0 st
%Cpu5 : 0.0 us, 0.5 sy, 0.0 ni, 99.0 id, 0.0 wa, 0.0 hi, 0.5 si, 0.0 st
%Cpu6 : 0.0 us, 0.0 sy, 0.0 ni,100.0 id, 0.0 wa, 0.0 hi, 0.0 si, 0.0 st
%Cpu7 : 0.0 us, 6.8 sy, 0.0 ni, 93.2 id, 0.0 wa, 0.0 hi, 0.0 si, 0.0 st
MiB Mem : 1454.7 total,   574.6 free,   602.0 used,   278.1 buff/cache
MiB Swap: 2096.0 total, 2096.0 free,   0.0 used.   700.2 avail Mem
PID USER PR NI VIRT RES SHR S %CPU %MEM TIME+ COMMAND
12040 root 20 0 479532 255752 4928 R 98.5 17.2 5:07.29 python3
599 root 20 0 0 0 0 R 5.8 0.0 0:01.69 kworker/7:3-events_power_efficient
8643 root 20 0 216428 3796 3316 S 1.0 0.3 0:01.13 top
1446 root 20 0 15188 5240 3904 S 0.5 0.4 0:03.57 sshd
10879 root 20 0 213780 3192 2876 S 0.5 0.2 0:00.92 bash
1 root 20 0 23224 13192 9268 S 0.0 0.9 0:06.08 systemd
2 root 20 0 0 0 0 S 0.0 0.0 0:00.03 kthreadd
3 root 0 -20 0 0 0 I 0.0 0.0 0:00.00 rcu_gp

图 5-17　CPU 核心使用情况

top 命令的输出进程信息列表中的各项说明如下。

① **PID**：进程的唯一标识符。

② **USER**：进程所属的用户名。

③ **PR**：进程的优先级。

④ **NI**：进程的优先级被用户调整过的值。

⑤ **VIRT**：进程使用的虚拟内存大小。

⑥ **RES**：进程使用的实际物理内存大小。

⑦ **SHR**：进程使用的共享内存大小。

⑧ **S**：进程的状态，例如运行中（R）、睡眠中（S）、停止（T）等。

⑨ **%CPU**：进程在最近 1s 内使用的 CPU 百分比。

⑩ **%MEM**：进程使用的物理内存百分比。

⑪ **TIME+**：进程从启动到现在所消耗的 CPU 时间。

⑫ **COMMAND**：进程的命令行。

top 命令的输出结果是实时变化的，可以随着时间的推移而更新。我们可以通过“-d”参数来设置刷新时间间隔，或者按“r”键手动更新。

ps 和 top 命令是一个功能强大的系统资源监视工具，可帮助管理员和开发人员实时监视和管理系统上运行的进程和资源使用情况，以确保系统的稳定性和性能。

5.3.2 进程管理操作

服务器系统中运行着大量的进程，占用着计算机的资源，因此在日常使用中，管理员需要对这些进程进行管理。

管理操作包括以下内容。

① **进程创建**：操作系统通过进程创建机制，可以创建新的进程。在创建进程时，操作系统会为新进程分配相应的资源，并初始化进程控制块（PCB）等数据结构。

② **进程调度**：操作系统负责为多个进程分配处理器时间，以便它们能够在系统上运行。进程调度算法决定了进程在处理器上的执行顺序，可以根据优先级、时间片轮转、多级反馈队列等策略进行调度。

③ **进程同步与通信**：多个进程之间可能需要进行数据的共享、互斥访问和协作处理。操作系统提供了各种机制，例如信号量、互斥锁、条件变量、管道、共享内存等，用于实现进程间的同步和通信。

④ **进程挂起与恢复**：在某些情况下，操作系统可以将进程从运行态转移到阻塞态或挂起态，以便释放资源或满足其他条件。进程挂起时会保存其当前状态，以便恢复时能够继续执行。

⑤ **进程终止与回收**：进程完成任务后或出现错误时会被终止。操作系统负责回收已终止进程的资源，并释放相应的数据结构。这包括释放内存、关闭文件描述符、删除进程控制块等。

⑥ **进程状态管理**：操作系统会维护每个进程的状态信息，例如就绪态、运行态、阻塞态等。通过状态管理，操作系统可以掌握进程的状态变化，并根据需要进行相应的调度和处理。

⑦ **进程优先级管理**：操作系统允许为进程分配不同的优先级，以决定进程在处理器上的执行顺序。较高优先级的进程有更高的执行权重，能够更快地得到响应和分配资源。

下面通过一些实际案例来说明进程的管理工作。

在 Windows 操作系统的视窗界面中，用户可以通过窗口切换当前操作的程序。Linux 则可以通过进程的前后台切换和挂起以进行多进程作业操作。作业控制允许进程挂起并在需要时恢复进程的运行，被挂起的作业恢复后将从中止处开始继续运行。

1. 运行中进程转为后台

在 Linux 操作系统中按“Ctrl + z”组合键，即可挂起当前的前台作业（即转为后台，不再占用命令行交互)。这在 Windows 系统中通常是撤销操作，刚接触时，很多人会犯这个错误。使用 jobs 命令可以显示 Shell 的作业清单，例如具体的作业、作业号和作业当前所处的状态。

例如，输入命令打开 Vim 编辑器模拟前台操作，命令如下，在 Vim 编辑界面中按“Ctrl + z”组合键，Vim 会切换到后台并处于挂起状态，我们可以在当前终端继续做别的操作。

```
[root@server01 ~]# vim isoft.txt
[1]+  已停止                 vim isoft.txt
[root@server01 ~]#
```

参数说明如下。

① **[1]+**：表示这是第一个后台作业。

② **已停止**：表示该作业已经被暂停或挂起，不再执行。

这个时候可以输入“jobs”命令查看当前的后台进程情况。

```
[root@server01 ~]# jobs
[1]+  已停止                 vim isoft.txt
```

2. 后台进程转为前台运行

如果想让其切换到前台继续操作，使用“fg　%”后台进程编号，本例中为 1，即输入以下命令，又会返回到文本编辑器当中。

```
[root@server01 ~]# fg %1
```

3. 终止进程

当需要中断一个前台正在运行的进程时，通常会使用“Ctrl+C”组合键，而对于后台进程，不能用组合键来终止，这时就可以使用 kill 命令。该命令可以终止前台和后台进程。终止后台进程的原因包括进程占用 CPU 的时间过多、进程已经死锁等。

kill 命令是通过向进程发送指定的信号来结束进程的。如果没有指定发送的信号，那么默认值为 TERM 信号。TERM 信号将终止所有不能捕获该信号的进程。至于那些可以捕获该信号的进程，就需要使用 kill 信号（编号为 9），而该信号不能被捕捉。

kill 命令的语法格式有以下两种方式。

（1）第一种方式

```
kill [-s 信号 | -p] [-a] 进程号…
```

（2）第二种方式

```
kill -l [信号]
```

下面编写一个持续运行的程序，来模拟后台运行操作。使用 vim loop.py 创建文件并进入编辑状态，输入以下文本信息并保存退出。文本内容为构建一个死循环的 Python 脚本。

```
import time
while True:
        time.sleep(1)
```

在命令行输入“python3 loop.py”后按“Enter”键，因为是没有任何输出的死循环，程序会进入假死状态。按“Ctrl+z”组合键将其转为后台进程，此时程序处于停止状态。使用 jobs 命令查看的结果一致。

```
[root@server01 ~]# python3 loop.py
^Z
[1]+  已停止                 python3 loop.py
```

命令行使用 bg %后台进程序号，可以将其转为后台运行状态，命令如下。程序在后台继续运行，当前控制台还可以继续进行其他交互。

```
[root@server01 ~]# bg %1
[1]+ python3 loop.py &
[root@server01 ~]#
```

使用 jobs 命令发现该进程在后台处于运行状态。

```
[root@server01 ~]# jobs
[1]+  运行中              python3 loop.py &
[root@server01 ~]#
```

此时可以使用 fg 命令将该进程切换到前台，但因为是死循环，切换到前台也无法进行操作，此时可能需要终结进程。

方法一：使用 jobs 命令得到的后台进程编号，使用 kill 加%后台编号进行终止。可以看到进程状态为终止。稍后再进行查看，进程已经完全释放。

```
[root@server01 ~]# kill %1
[root@server01 ~]# jobs
[1]+  已终止              python3 loop.py
[root@server01 ~]# jobs
```

方法二：使用 top 或者 ps 命令得到进程的 PID，推荐使用 ps 命令进行筛选。使用 kill 终止指定 PID 进程。注意输出的进程状态是已终止。

```
[root@server01 ~]# ps -a | grep python
  71465 pts/0    00:00:00 python3
[root@server01 ~]# kill -9 71465
[root@server01 ~]# jobs
[1]+  已终止              python3 loop.py
```

4．进程被创建时就转为后台运行

如果程序启动时就作为后台进程运行，只需要在运行命令末尾追加“&”符号。可以看到进程直接作为后台进程运行。

```
[root@server01 ~]# python3 loop.py &
[1] 75650
[root@server01 ~]# jobs
[1]+  运行中              python3 loop.py &
```

以上进程在终端中运行时，如果终端关闭则进程终止，如果希望进程和终端无关，需要在执行命令前加 nohup，nohup 是一个用于在后台运行程序的命令。“nohup”表示在用户退出终端之后，运行的程序能够继续在后台执行，不受挂断信号的影响。

```
[root@server01 ~]# nohup python3 loop.py &
[1] 77210
[root@server01 ~]# nohup: 忽略输入并把输出追加到'nohup.out'
[root@server01 ~]# jobs
[1]+  运行中              nohup python3 loop.py &
[root@server01 ~]#
```

此时，只要不关闭服务器，终端界面就可以全部关闭，进程将会继续运行。运行中如果有输出或者错误信息，则可以查看 nohup.out 文件的内容。

5.4 服务管理

5.4.1 管理系统服务

服务在本质上是一种在后台自动运行的特殊进程。systemd 命令所对应的 systemd 工具，是 SysV 和 LSB 初始化脚本兼容的系统和服务管理器。systemd 使用 socket 和 D-Bus

来开启服务，提供基于守护进程的按需启动策略，支持快照和系统状态恢复，维护挂载和自挂载点，实现了各服务之间基于从属关系的更为精细的逻辑控制，拥有更高的并行性能。

systemd 开启和监督整个系统是基于 unit 的概念。unit 是由一个与配置文件对应的名字和类型组成的（例如，avahi.service unit 有一个具有相同名字的配置文件，是守护进程 Avahi 的一个封装单元）。unit 的类型见表 5-4。

表 5-4 unit 的类型

unit 名称	后缀名	描述
Service unit	.service	系统服务
Target unit	.target	一组 systemd units
Automount unit	.automount	文件系统挂载点
Device unit	.device	内核识别的设备文件
Mount unit	.mount	文件系统挂载点
Path unit	.path	在一个文件系统中的文件或目录
Scope unit	.scope	外部创建的进程
Slice unit	.slice	一组用于管理系统进程分层组织的 units
Socket unit	.socket	一个进程间通信的 Socket
Swap unit	.swap	swap 设备或者 swap 文件
Timer unit	.timer	systemd 计时器

可用 systemd unit 类型的查看路径见表 5-5。

表 5-5 可用 systemd unit 类型的查看路径

路径	描述
/usr/lib/systemd/system/	随安装的 RPM 产生的 systemd units
/run/systemd/system/	在运行时创建 systemd units
/etc/systemd/system/	由系统管理员创建和管理的 systemd units

5.4.2 服务管理命令

在 openEuler 操作系统中，systemd 提供 systemctl 命令来运行、关闭、重启、显示、启用/禁用系统服务。

systemd 提供 systemctl 命令，其与 sysvinit 命令的功能类似。当前 openEuler 系统版本中依然兼容 service 和 chkconfig 命令，相关说明见表 5-6，建议用 systemctl 进行系统服务管理。

sysvinit 命令和 systemd 命令的对比见表 5-6。

表 5-6 sysvinit 命令和 systemd 命令的对比

sysvinit 命令	systemd 命令	备注
service network start	systemctl start network.service	用来启动一个服务（并不会重启现有的）

续表

sysvinit 命令	systemd 命令	备注
service network stop	systemctl stop network.service	用来停止一个服务（并不会重启现有的）
service network restart	systemctl restart network.service	用来停止并启动一个服务
service network reload	systemctl reload network.service	当支持时，重新装载配置文件而不中断等待操作
service network condrestart	systemctl condrestart network.service	如果服务正在运行，那么重启它
service network status	systemctl status network.service	检查服务的运行状态
chkconfig network on	systemctl enable network.service	在下次启动时或满足其他触发条件时设置服务为启用
chkconfig network off	systemctl disable network.service	在下次启动时或满足其他触发条件时设置服务为禁用

例：显示当前正在运行的服务，使用以下命令。所有正在运行的服务如图 5-18 所示。

```
[root@server01 ~]# systemctl list-units --type service
```

```
[root@server01 ~]# systemctl list-units --type service
UNIT                                LOAD   ACTIVE SUB     DESCRIPTION
auditd.service                      loaded active running Security Auditing Service
bluetooth.service                   loaded active running Bluetooth service
chronyd.service                     loaded active running NTP client/server
crond.service                       loaded active running Command Scheduler
dbus.service                        loaded active running D-Bus System Message Bus
dracut-shutdown.service             loaded active exited  Restore /run/initramfs on
firewalld.service                   loaded active running firewalld - dynamic firew
getty@tty1.service                  loaded active running Getty on tty1
hwclock-save.service                loaded active exited  Update RTC With System Cl
irqbalance.service                  loaded active running irqbalance daemon
```

图 5-18　所有正在运行的服务

查看 sshd.service 服务状态，该服务就是我们所使用的远程 Shell 服务，如果该服务没有自动运行，则不能使用远程 Shell 进行控制。sshd.service 服务状态如图 5-19 所示。

```
[root@server01 ~]# systemctl status sshd.service
● sshd.service - OpenSSH server daemon
   Loaded: loaded (/usr/lib/systemd/system/sshd.service; enabled; vendor preset: enabled)
   Active: active (running) since Fri 2024-02-16 19:14:58 CST; 4h 26min ago
     Docs: man:sshd(8)
           man:sshd_config(5)
 Main PID: 862 (sshd)
    Tasks: 1
   Memory: 11.8M
   CGroup: /system.slice/sshd.service
           └─862 sshd: /usr/sbin/sshd -D [listener] 0 of 10-100 startups
```

图 5-19　sshd.service 服务状态

显示所有的服务（包括未运行的服务），需要添加-all 参数，使用命令如下。

```
[root@server01 ~]# systemctl list-units --type service --all
```

显示结果可以看见系统中的服务数量相当多，一般关注特定的服务。可以使用以下命令来显示某个服务的状态，name 为对应的服务名称，.service 扩展名多数情况下可省略。

```
systemctl status name.service
```

相关状态显示参数说明见表 5-7。

表 5-7　相关状态显示参数说明

参数	描述
Loaded	说明服务是否被加载，并显示服务对应的绝对路径是否启用

续表

参数	描述
Active	说明服务是否正在运行，并显示时间节点
Main PID	相应的系统服务的 PID 值
CGroup	相关控制组（CGroup）的其他信息

要鉴别某项服务是否运行，可执行以下命令。

```
systemctl is-active name.service
```

is-active 命令的返回结果见表 5-8。

表 5-8　is-active 命令的返回结果

状态	含义
active(running)	有一个或多个程序正在系统中执行
active(exited)	仅执行一次就正常结束的服务，目前并没有任何程序在系统中执行。例如开机或者挂载时才会进行一次 quotaon 功能
active(waiting)	正在执行过程中，但要等待其他事件执行完才能继续处理。例如：对于打印队列相关服务，即使它正在启动中，但只有当打印作业进入队列时，才会唤醒打印机服务，以进行下一步打印
inactive	该服务没有运行

要判断某项服务是否被启用，可执行以下命令。

```
systemctl is-enabled name.service
```

is-enabled 命令的返回结果见表 5-9。

表 5-9　is-enabled 命令的返回结果

状态	含义
"enabled"	已经通过/etc/systemd/system/目录下的 Alias = 别名、.wants/或.requires/软连接被永久启用
"enabled-runtime"	已经通过/run/systemd/system/目录下的 Alias = 别名、.wants/或.requires/软连接被临时启用
"linked"	虽然单元文件本身不在标准单元目录中，但是指向此单元文件的一个或多个软连接已经存在于/etc/systemd/system/永久目录中
"linked-runtime"	虽然单元文件本身不在标准单元目录中，但是指向此单元文件的一个或多个软连接已经存在于/run/systemd/system/临时目录中
"masked"	已经被/etc/systemd/system/目录永久屏蔽（软连接指向/dev/null 文件），因此 start 操作会失败
"masked-runtime"	已经被/run/systemd/systemd/目录临时屏蔽（软连接指向/dev/null 文件），因此 start 操作会失败
"static"	尚未被启用，并且单元文件的“[Install]”小节中没有可用于 enable 命令的选项
"indirect"	尚未被启用，但是单元文件的“[Install]”小节中“Also=”选项的值不为空（即列表中的某些单元可能已被启用），并且该单元拥有一个别名软连接，其名称不在“Also = ”列表中。对于模板单元来说，这表示已经启用了一个不同于 DefaultInstance = 的实例

续表

状态	含义
"disabled"	尚未被启用，但是单元文件的“[Install]”小节中存在可用于 enable 命令的选项
"generated"	单元文件是被单元生成器动态生成的。被生成的单元文件可能并未被直接启用，而是被单元生成器隐含地启用了
"transient"	单元文件是被运行时 API 动态临时生成的。该临时单元可能并未被启用
"bad"	单元文件不正确或者出现其他错误。is-enabled 不会返回此状态，而是会显示一条错误信息。list-unit-files 命令有可能会显示此单元

5.4.3 配置和运行服务

服务是特殊的程序，除了系统在安装时自带的服务，也经常需要将程序配置成服务，例如进行 Web 站点服务的 httpd 程序，我们希望它像系统服务一样自动随系统启动运行。httpd 服务的具体配置不属于本章学习内容，这里只需掌握配置服务启动模式。

先使用 DNF 仓库安装 httpd，命令如下。

```
[root@server01 ~]# dnf install httpd -y
```

作为站点服务器，站点服务程序应该在开机时就能自动运行提供服务。服务状态经查看，其目前为关闭状态，且没有纳入自动启动。httpd 服务未被配置如图 5-20 所示。

图 5-20 httpd 服务未被配置

通过以下命令可以将 httpd 设置为默认启动。

```
[root@server01 ~]# systemctl enable httpd
Created symlink /etc/systemd/system/multi-user.target.wants/httpd.service →
/usr/lib/systemd/system/http                    d.service.
```

查看 httpd 状态，其被配置为服务，如图 5-21 所示。

```
[root@server01 ~]# systemctl status httpd
● httpd.service - The Apache HTTP Server
   Loaded: loaded (/usr/lib/systemd/system/httpd.service; enabled; vendor preset: disabled)
   Active: inactive (dead)
     Docs: man:httpd.service(8)
```

图 5-21 httpd 被配置为服务

通过以下命令实现启动服务。

```
[root@server01 ~]# systemctl start httpd.service
```

查看服务状态，其已处于运行中，如图 5-22 所示。

```
[root@server01 ~]# systemctl status httpd
● httpd.service - The Apache HTTP Server
   Loaded: loaded (/usr/lib/systemd/system/httpd.service; enabled; vendor preset: disabled)
   Active: active (running) since Sat 2024-02-17 00:02:48 CST; 23s ago
     Docs: man:httpd.service(8)
  Process: 104042 ExecStartPost=/usr/bin/sleep 0.1 (code=exited, status=0/SUCCESS)
 Main PID: 104041 (httpd)
   Status: "Total requests: 0; Idle/Busy workers 100/0;Requests/sec: 0; Bytes served/sec:   0 B/sec"
    Tasks: 213
   Memory: 31.7M
```

图 5-22 httpd 服务已经启动

5.5 习题

1. RPM 软件包后缀名是（　　）。

A. .tar.gz　　B. .deb　　C. .rpm　　D. .appimage

2. 使用命令行安装 RPM 包的命令是（　　）。

A. apt-get install　　B. dnf install　　C. rpm install　　D. yum install

3. DNF 是（　　）Linux 发行版本的包管理器。

A. Ubuntu　　B. Debian　　C. MacOS　　D. openEuler

4. 使用命令行安装 DNF 软件包的命令是（　　）。

A. apt-get install　　B. yum install　　C. dnf install　　D. rpm install

5. 使用 DNF 包管理器搜索可用软件包的命令是（　　）。

A. dnf instal　　B. dnf search　　C. dnf find　　D. dnf query

6. 进程是（　　）。

A. 一个正在运行的程序　　B. 一个存储在硬盘上的文件

C. 一个用户账户　　D. 一个网络连接

7.（　　）命令可以静态列出当前正在运行的进程信息。

A. ps　　B. ls　　C. cd　　D. chown

8. 使用命令行方式终止一个进程的命令是（　　）。

A. stop　　B. kill　　C. end　　D. terminate

9. 在 Linux 操作系统中，（　　）命令用于启动一个服务.

A. start　　B. run　　C. launch　　D. systemctl

10.（　　）命令用于禁用一个服务，使其不在启动时自动运行。

A. disable　　B. stop　　C. off　　D. systemctl

第6章 管理文件系统及存储

主要内容

操作系统中负责管理和存储文件信息的软件结构被称为文件管理系统（简称“文件系统”）。从系统角度来看，文件系统是对文件存储设备的空间进行组织和分配，负责文件存储并对存入的文件进行保护和检索的系统。具体地说，它负责为用户建立文件，存入、读出、修改、转储文件，控制文件的存取、安全、日志、压缩、加密等。

在 Linux 和 openEuler 系统中，一切资源都被看作文件，包括硬件设备。硬件设备通常称为设备文件，这样用户可以以读写文件的方式实现对硬件的访问。Linux 的文件系统结构如图 6-1 所示，通用块设备层通过不同的硬盘驱动，提供不同的 I/O 接口，内核认为这种杂乱的接口不利于管理，需要把这些接口抽象化，形成一个统一的对外接口，这样，所有的硬盘和驱动所提供的 I/O 接口都一视同仁地被看作块设备来处理。

只要在通用块设备层做了某种修改，就会直接影响整个文件系统，不管是 ext3、ext4，还是其他文件系统。

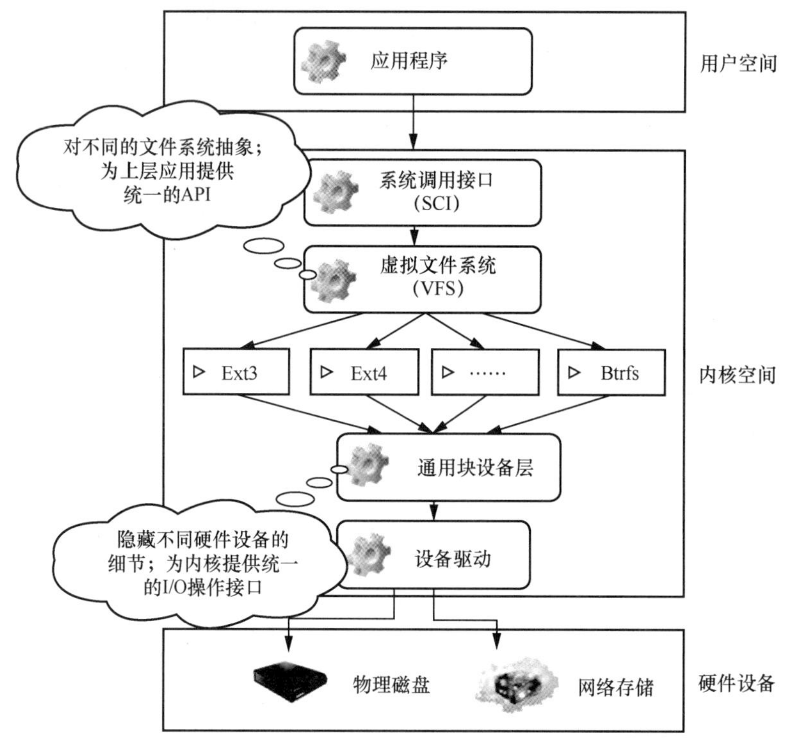

图 6-1　Linux 的文件系统结构

常见的硬件设备和对应的文件名称见表 6-1。

表 6-1　常见的硬件设备和对应的文件名称

硬件设备	对应的文件名称
IDE 设备	/dev/hd
SCSI/SATA/SSD 设备	/dev/sd
软驱	/dev/fd[0-1]
打印机	/dev/lp[0-1 5]

续表

硬件设备	对应的文件名称
光驱	/dev/cdrom
鼠标	/dev/mouse
磁带机	/dev/st0 或/dev/ht0
终端	tty
virtio 磁盘	vd

Linux 支持多种文件系统类型，不同的文件系统有不同的特性和优化方法。Linux 和 openEuler 文件系统的主要类型如下。

① **Ext4**：当前 Linux 分发版上普遍使用的文件系统，是 Ext3 的后续版本，提供了对大容量存储的支持，并且提升了存储效率和访问速度。

② **XFS**：一个高性能的文件系统，特别适合处理大文件和运行在大容量存储器上。XFS 支持通过元数据日志来确保文件系统的一致性，适合大型数据库、数据仓库等场景。

③ **Btrfs**：一种新型的文件系统，包含很多高级特性，例如快照、动态卷管理、数据完整性校验等。

④ **VFS**：一个抽象层，为不同的文件系统提供一个统一的接口。它允许 openEuler 使用多种具体的文件系统，同时对用户和程序提供一致的操作界面。

⑤ **NFS**：允许系统挂载一个远程服务器上的目录，和在本地磁盘中一样。

⑥ **FAT32 和 NTFS**：这两种是与 Windows 操作系统兼容的文件系统，在 Linux 操作系统中通常用于可移动介质或双启动环境。

在本章中，我们将学习如何对用于文件系统存储的磁盘设备进行管理和分区；学习如何在磁盘上格式化创建文件系统，并在挂载后使用；学习使用逻辑卷管理（LVM）进行磁盘管理，对多种磁盘资源进行统一组织和分配；了解服务器应用中常用的磁盘阵列；掌握常见的软独立磁盘冗余阵列（RAID）的基本操作方法。

6.1　磁盘管理

6.1.1　磁盘设备管理

这里说的磁盘设备是物理磁盘设备实体和虚拟磁盘，不是指磁盘如何保存文件。磁盘作为设备在 Linux 中表现为文件，保存在 dev 目录下。

根据硬盘的类型不同，硬盘设备遵循以下不同的命名规则。

① **IDE 硬盘**：早期并口磁盘设备，传输速率较慢，目前已基本被淘汰，名称以/dev/hd 开头后接字母序号，例如 hda、hdb 和 hdc。新版 Linux 内核将其按 SCSI 风格以 sd 开头命名。

② **SAS/SATA/SCSI 磁盘**：串口设备，目前较为普遍的接口类型，名称以/dev/sd 开头，后接字母作为编号，如果磁盘数量取到 z 后会升位到“aa”。

③ **NVME 硬盘**：使用速度更快的 **NVME** 通道的磁盘设备，大部分是固态硬盘，名称为 nvme<控制器编号>n<命名空间编号>。

安装系统时已经对系统磁盘进行了分区，lsblk 命令可以列出所有可用块设备的信息，现在使用 lsblk 命令查看当前磁盘分区信息，命令如下。

```
[root@server01 ~]# lsblk
NAME                   MAJ:MIN  RM   SIZE     RO   TYPE     MOUNTPOINT
sr0                    11:0     1    3.5G     0    rom
nvme0n1                259:0    0    60G      0    disk
├─nvme0n1p1            259:1    0    1G       0    part     /boot
└─nvme0n1p2            259:2    0    59G      0    part
  ├─openeuler-root     253:0    0    38.3G    0    lvm      /
  ├─openeuler-swap     253:1    0    2G       0    lvm      [SWAP]
  └─openeuler-home     253:2    0    18.7G    0    lvm      /home
```

输出结果的列信息说明如下。

① **NAME**：设备名称，通常是设备在/dev/目录下的名字。磁盘通常以 sd、hd、nvme 等开头，后接字母和数字来标识。例如，nvme0n1 是第一块 NVMe SSD。其中 nvme0n1p1 和 nvme0n1p2 是 nvme0n1 磁盘上的分区。

② **MAJ:MIN**：设备的主次设备号。每个物理和虚拟设备都通过这一对数字唯一标识。

③ **RM**：指示设备是不是可移动存储设备，1 代表是，0 代表否。例如 sr0 设备是光驱，标记为可移动存储设备。

④ **SIZE**：设备的存储容量。

⑤ **RO**：指示设备是否为只读，1 代表只读，0 代表可读写。

⑥ **TYPE**：设备类型。例如，disk 表示整个磁盘，part 表示磁盘的分区，lvm 表示逻辑卷（使用 LVM 管理），rom 表示只读存储媒体（例如光驱）。

⑦ **MOUNTPOINT**：该设备分区挂载的目录位置。如果某个分区未被挂载，则该列为空。

输出结果的行信息说明如下。

① **sr0**：一个只读存储设备，是当前系统的光驱设备，大小为 3.5 GB。

② **nvme0n1**：一个 60 GB 的 NVMe SSD 磁盘，被分成了两个分区。

- **nvme0n1p1**：一个 1 GB 的分区，挂载点是/boot。这个分区包含启动相关的文件，例如内核和初始化内存盘（initrd）。
- **nvme0n1p2**：一个 59 GB 的分区，被进一步用作物理卷，由以下 LVM 使用。
  - **openeuler-root**：38.3 GB 大小的逻辑卷，挂载点是根（/）。这个逻辑卷包含了 openEuler 操作系统的系统文件。
  - **openeuler-swap**：2 GB 大小的逻辑卷，用作交换（swap）分区。swap 分区是虚拟内存的一部分，当物理内存不足时，可以被操作系统用来临时存放数据。
  - **openeuler-home**：18.7 GB 大小的逻辑卷，挂载点是/home。这个目录通常用来存放用户的个人文件和配置。

我们通过给虚拟机增加磁盘的方式来模拟服务器增加磁盘：在虚拟机关机的状态下，编辑虚拟机设置，例如为当前系统增加一块 80 GB 的 IDE 硬盘、一块 100 GB 的 SCSI 硬盘、一块 60 GB 的 NVMe 硬盘、一块 120 GB 的 SATA 硬盘、一块 140 GB 的 NVMe 硬盘。新增硬盘操作如图 6-2 所示。在添加硬盘时，均选择创建全新硬盘，并将其拆分为多个文件。新增后的硬盘显示如图 6-3 所示。在实际的物理服务器中，除 IDE 硬盘外都支持热插拔操作，即支持在开机状态下插拔硬盘。

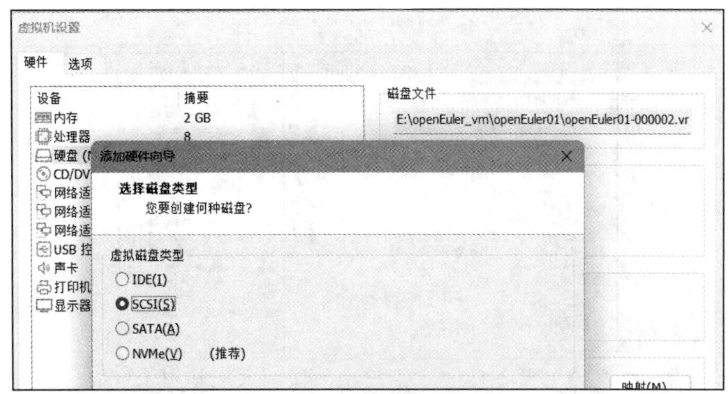

图 6-2　新增硬盘操作

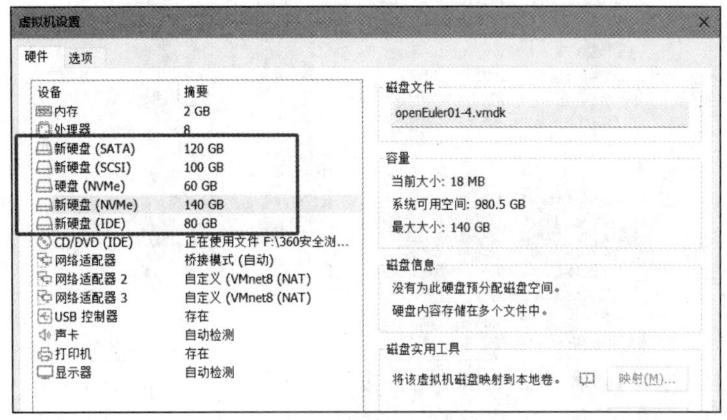

图 6-3　新增后的硬盘显示

增加新磁盘后可能会丢失引导顺序，在虚拟机关机的状态下，选择“虚拟机→打开电源时进入固件”，如图 6-4 所示。然后启动虚拟机。真实物理计算机需要进入物理机 BIOS 进行设置。

图 6-4　选择开机进入 BIOS 设置

单击图 6-5 所示的 BIOS 管理界面，可将 BIOS 界面作为当前工作界面，使用方向键定位到 Boot→Hard Drive→NVMe（B：0：0：2），这是原来的系统盘，按 Shift 加上“+”号上移到引导设备的第一个位置，按 F10 键保存设置，按“Enter”键确认重启系统。

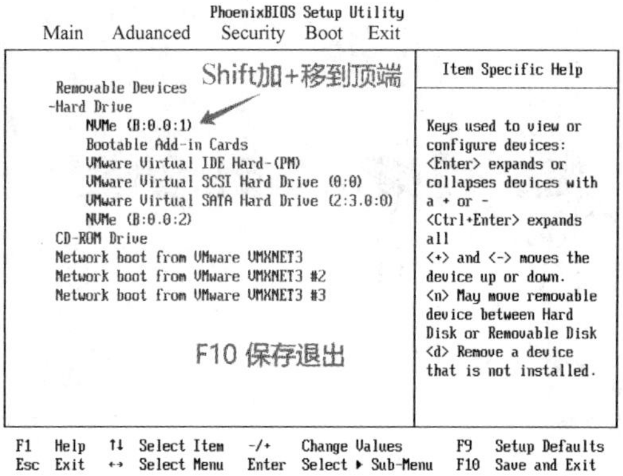

```
PhoenixBIOS Setup Utility
Main   Advanced   Security   Boot   Exit

Removable Devices          Shift加+移到顶端        Item Specific Help
-Hard Drive
   NVMe (B:0.0:1)                                  Keys used to view or
   Bootable Add-in Cards                           configure devices:
   VMware Virtual IDE Hard-(PM)                    <Enter> expands or
   VMware Virtual SCSI Hard Drive (0:0)            collapses devices with
   VMware Virtual SATA Hard Drive (2:3.0:0)        a + or -
   NVMe (B:0.0:2)                                  <Ctrl+Enter> expands
 CD-ROM Drive                                      all
 Network boot from VMware VMXNET3                  <+> and <-> moves the
 Network boot from VMware VMXNET3 #2               device up or down.
 Network boot from VMware VMXNET3 #3               <n> May move removable
                                                   device between Hard
                                                   Disk or Removable Disk
                F10 保存退出                        <d> Remove a device
                                                   that is not installed.

F1  Help  ↑↓ Select Item  -/+   Change Values     F9  Setup Defaults
Esc Exit  ↔  Select Menu  Enter Select ▸ Sub-Menu F10 Save and Exit
```

图 6-5　修改引导顺序

再次使用 lsblk 命令查看当前磁盘分区信息，命令如下。

```
[root@server01 ~]# lsblk
NAME                  MAJ:MIN RM  SIZE    RO      TYPE    MOUNTPOINT
sda                   8:0      0  80G     0       disk
sdb                   8:16     0  100G    0       disk
sdc                   8:32     0  120G    0       disk
sr0                   11:0     1  3.5G    0       rom
nvme0n1               259:0    0  60G     0       disk
├─nvme0n1p1           259:1    0  1G      0       part    /boot
└─nvme0n1p2           259:2    0  59G     0       part
  ├─openeuler-root    253:0    0  38.3G   0       lvm     /
  ├─openeuler-swap    253:1    0  2G      0       lvm     [SWAP]
  └─openeuler-home    253:2    0  18.7G   0       lvm     /home
nvme0n2               259:3    0  140G    0       disk
```

可以看到新增加的磁盘 sda（IDE 设备按 SCSI 风格命名）、sdb、sdc、nvme0n2 的信息，使用“fdisk　-l”命令可以获得更详细的信息，其中包括磁盘的扇区（磁盘存储数据的最小单位）数量和大小，可以看出/dev/nvme0n1p1 为启动分区。

```
[root@server01~]# fdisk -l
Disk/dev/sda: 80 GB，85899345920 字节，167772160 个扇区
磁盘型号：VMware Virtual I
单元：扇区/1×512=512 字节
扇区大小(逻辑/物理)：512 字节/512 字节
I/O 大小(最小/最佳)：512 字节/512 字节

Disk/dev/nvme0n1：60GB，64424509440 字节，125829120 个扇区
磁盘型号：VMware Virtual NVMe Disk
单元：扇区/1×512=512 字节
扇区大小(逻辑/物理)：512 字节/512 字节
I/O 大小(最小/最佳)：512 字节/512 字节
磁盘标签类型：dos
磁盘标识符：0x93a32da9

设备              启动     起点        末尾        扇区     大小        Id 类型
/dev/nvme0n1p1 *        2048     2099199     2097152      1G        83 Linux
/dev/nvme0n1p2       2099200   125829119   123729920     59G      8e Linux LVM

Disk/dev/nvme0n2: 140 GB，150323855360 字节，293601280 个扇区
磁盘型号：VMware Virtual NVMe Disk
单元：扇区/1×512=512 字节
扇区大小(逻辑/物理)：512 字节/512 字节
I/O 大小(最小/最佳)：512 字节/512 字节
```

```
Disk/dev/mapper/openeuler-root: 38.27GB, 41087401984 字节, 80248832 个扇区
单元: 扇区/1×512=512 字节
扇区大小(逻辑/物理): 512 字节/512 字节
I/O 大小(最小/最佳): 512 字节/512 字节

Disk/dev/mapper/openeuler-swap: 2.05 GB, 2197815296 字节, 4292608 个扇区
单元: 扇区/1×512=512 字节
扇区大小(逻辑/物理): 512 字节/512 字节
I/O 大小(最小/最佳): 512 字节/512 字节

Disk /dev/mapper/openeuler-home: 18.68GB, 20061356032 字节, 39182336 个扇区
单元: 扇区/1×512=512 字节
扇区大小(逻辑/物理): 512 字节/512 字节
I/O 大小(最小/最佳): 512 字节/512 字节

Disk/dev/sdb: 100GB, 107374182400 字节, 209715200 个扇区
磁盘型号: VMware Virtual S
单元: 扇区/1×512=512 字节
扇区大小(逻辑/物理): 512 字节/512 字节
I/O 大小(最小/最佳): 512 字节/512 字节

Disk/dev/sdc: 120 GB, 128849018880 字节, 251658240 个扇区
磁盘型号: VMware Virtual S
单元: 扇区/1×512=512 字节
扇区大小(逻辑/物理): 512 字节/512 字节
I/O 大小(最小/最佳): 512 字节/512 字节
```

6.1.2　磁盘分区分类

磁盘分区是将物理硬盘分为一个或多个区域的过程。每个区域被称为“分区”。磁盘分区可以帮助用户更好地组织数据。用户可以根据不同的使用目的来划分分区，例如划分操作系统、个人数据或备份。在多引导系统中，用户也可以为不同的操作系统创建不同的分区。新增的磁盘在没有进行分区和格式化前不能进行文件的存储。

1．对磁盘进行分区的必要性

（1）易于空间管理

通过分区操作，管理员或用户可以将硬盘的物理空间分割成逻辑上的部分，有助于高效管理和分配存储空间。而文件系统则提供了一种组织这些逻辑部分中的数据的方式。在分配分区时，管理员或用户可以分配存储空间用于特定的用途，例如用于系统文件、用户数据、应用程序等，并为每种用途选择最适合的文件系统。

（2）增强独立性和提高安全性

分区可以增强数据的独立性和提高安全性。例如，将操作系统放在一个分区上，而将用户数据放在另一个分区上，这样可以防止操作系统出现问题时影响用户数据。此外，分区还可以用于对特定区域的数据实施不同的安全措施，例如对某个分区加密。

（3）多操作系统支持

在计算机上可以通过创建多个分区来安装和运行多个操作系统。每个操作系统可安装在单独的分区上，并拥有自己的文件系统。引导加载程序（例如 GRUB）可以让用户在启动时选择要加载的操作系统。

（4）易于数据恢复

当文件系统损坏时，数据可能只限于特定分区受损，其他分区上的数据仍然安全。

由于只影响特定分区，恢复操作可以做集中处理。

（5）适配不同功能和性能

不同的文件系统具有不同的功能和性能特征，例如支持的最大文件大小和卷大小、元数据结构、对小文件的处理效率、日志记录等。因此，要想更好地满足特定需求（例如在服务器和桌面环境，以及不同类型的工作负载之间），选择适合分区内容的文件系统很有必要。

2. Linux 磁盘分区类型

Linux 磁盘可以基于多种不同的文件系统类型、分区本身的用途和构造来分类。以下是一些常见的 Linux 磁盘分区类型及其一般用途。

（1）按用途分区

① **根分区（/）**：是必需的分区，是 Linux 系统树的挂载点。它包含大部分系统文件和程序。

② **引导分区（/boot）**：包含启动系统所需的文件，例如内核、初始内存盘映像和引导加载器（例如 GRUB）的配置文件等。

③ **交换分区（swap）**：当系统的物理内存（RAM）用尽时，用作虚拟内存的分区。它可以作为一个交换文件（通常存在于根分区）或者一个单独的交换分区存在。

④ **家目录分区（/home）**：包含用户的个人文件和设置，通常作为单独分区，方便系统升级或重新安装时保留用户数据。

⑤ **变量分区（/var）**：保存经常变化的文件，例如缓存、日志文件等。有时专门为其设置分区来避免频繁写操作，从而影响系统稳定性。

⑥ **数据分区**：为了提高数据的安全性和灵活性，可以创建一个或多个分区来存储和备份用户数据。

（2）按文件系统分区

① **ext4**：目前广泛使用的 Linux 文件系统，因为它稳定且支持大文件，是很多 Linux 发行版本的默认文件系统。

② **xfs**：一个高性能的文件系统，常用于大型文件存储和数据库。

③ **btrfs**：一个有着高级特性的文件系统，可支持快照、动态 inode 分配等。

④ **ntfs**：Windows 系统的文件系统，如果用户有一个双启动系统，可能需要用 ntfs 来访问 Windows 的分区。

⑤ **fat32 和 exfat**：因为与 Windows 系统兼容好，这两种文件系统主要被用于可移动驱动器。

⑥ **swap**：虽然 swap 不是文件系统，但当创建交换分区时，通常会被格式化成 swap 类型。

（3）按分区表类型分区

① MBR 分区，其结构如图 6-6 所示。

- **主分区**：直接包含文件系统的分区。MBR 分区表最多可以有 4 个主分区。
- **扩展分区**：不包含文件系统，而是充当容器承载逻辑分区。在 MBR 分区表中，如果其需要多于 4 个分区，就必须使用一个扩展分区。扩展分区占用一个主分区槽位。

- **逻辑分区**：在扩展分区内创建的分区。用户可以创建多个逻辑分区，数量通常受限于操作系统和其文件系统。

图 6-6　MBR 分区结构

MBR 分区的缺点：它最多只支持 4 个主分区，或 3 个主分区加 1 个扩展分区；同时，MBR 分区表对磁盘大小有 2 TB 的限制。

② GPT 分区，是一个更现代的分区方案，它不受 MBR 分区类型的限制。GPT 在理论上允许几乎无限数量的分区（通常操作系统限制为 128 个）。每个分区都有一个全局唯一的标识符（GUID）。GPT 分区可以大于 2 TB，并且可以在一个磁盘上创建多个大容量分区。

安装系统的磁盘分区建议参考如下。

① /boot：500 MB。

② swap：内存的 2 倍，但不超过 32 GB。

③ /root：20～50 GB（根据安装软件的需求确定）。

④ /home：剩下的空间或其他盘。

⑤ /var：10～20 GB（如果为运行网站或邮件服务器，则磁盘容量更大）。

6.1.3　分区创建与调整

在 openEuler 系统中，可以使用一些工具来创建和调整分区，常见的工具有 fdisk、parted、gdisk 等。需要注意的是，fdisk 工具的大多数版本并不支持 GPT 分区，推荐使用 parted、gdisk 进行 GPT 磁盘分区管理，fdisk 进行 MBR 分区管理。

1. 使用 fdisk 工具进行 MBR 分区管理

使用 fdisk 工具进行 MBR 分区管理的语法格式如下。

```
fdisk [选项] <磁盘>              更改分区表
fdisk [选项] -l [<磁盘>]         列出分区表
```

选项部分不太常用，读者可以自行查阅“帮助信息”获取相关信息。

（1）查看分区信息

使用“fdisk　-l”命令查看当前系统盘分区表信息，也可以将设备名称替换成分区名称。

```
[root@server01 ~]# fdisk -l /dev/nvme0n1
Disk /dev/nvme0n1: 60 GB, 64424509440 字节, 125829120 个扇区
磁盘型号: VMware Virtual NVMe Disk
单元: 扇区/1×512=512 字节
扇区大小(逻辑/物理): 512 字节/512 字节
I/O 大小(最小/最佳): 512 字节/512 字节
磁盘标签类型: dos
磁盘标识符: 0x93a32da9
设备             启动      起点        末尾        扇区    大小        Id 类型
/dev/nvme0n1p1 *          2048     2099199     2097152     1G        83 Linux
/dev/nvme0n1p2         2099200   125829119   123729920    59G    8e Linux LVM
```

（2）创建主分区

fdisk 进行分区操作时是交互型的，输入以下命令对新增硬盘“/dev/sda”进行分区操作。在 fdisk 交互中输入“m”可以获得交互命令介绍。

```
[root@server01~]#fdisk/dev/sda
欢迎使用 fdisk(util-linux 2.35.2)。
更改将停留在内存中，直到您决定将更改写入磁盘。
使用写入命令前请三思。
设备不包含可识别的分区表。
创建了一个磁盘标识符为 0x1152e611 的新 DOS 磁盘标签。
命令(输入“m”获取帮助)：m
帮助：
DOS(MBR)
a 开关可启动标志
b 编辑嵌套的 BSD 磁盘标签
c 开关 dos 兼容性标志
常规
d 删除分区
F 列出未分区的空闲区
l 列出已知分区类型
n 添加新分区
p 打印分区表
t 更改分区类型
v 检查分区表
i 打印某个分区的相关信息
杂项
m 打印此菜单
u 更改显示/记录单位
x 更多功能(仅限专业人员)
脚本
I 从 sfdisk 脚本文件加载磁盘布局
O 将磁盘布局转储为 sfdisk 脚本文件
保存并退出
w 将分区表写入磁盘并退出
q 退出而不保存更改
新建空磁盘标签
g 新建一张 GPT 分区表
G 新建一张空 GPT(IRIX)分区表
o 新建一张空 DOS 分区表
s 新建一张空 Sun 分区表
```

输入命令时如果没有输入“w”参数，则写入的操作命令不会生效，输入“q”命令可以直接放弃操作并退出，所以不用过分小心。输入“n”命令用于新建分区。

```
命令(输入“m”获取帮助)：n
分区类型
   p   主分区 (0 primary, 0 extended, 4 free)
   e   扩展分区 (逻辑分区容器)
选择 (默认 p)：
```

当系统提示选择分区类型时，我们可先创建一个主分区，主分区可以用于引导系统，此时输入“p”命令，分区编号选择 1；然后输入分区的开始扇区，磁盘 2048 扇区之前的为引导记录部分，按“Enter”键则默认输入 2048 扇区；最后输入结束扇区，结束扇区的值不好估算，可以按提示使用“+size{K,M,G,T,P}”指定容量，这里给出 20 GB。

```
选择 (默认 p)：p
分区号 (1-4, 默认 1)：1
```

```
第一个扇区 (2048-167772159, 默认 2048):
最后一个扇区，+/-sectors 或 +size{K,M,G,T,P} (2048-167772159, 默认 167772159): +20GB
创建了一个新分区 1，类型为“Linux”，大小为 20 GB。
```

继续创建第二个主分区。序号和开始扇区都已自动算好，输入 30 GB。

```
选择 (默认 p): p
分区号 (2-4, 默认 2):
第一个扇区 (41945088-167772159, 默认 41945088):
最后一个扇区，+/-sectors 或 +size{K,M,G,T,P} (41945088-167772159, 默认 167772159): +30G
创建了一个新分区 2，类型为“Linux”，大小为 30 GB。
```

此时，如果直接输入“q”命令可以放弃并退出。这里我们输入“w”保存分区设置。

```
命令(输入“m”获取帮助): w
分区表已调整。
将调用 ioctl() 来重新读分区表。
正在同步磁盘。
```

再次查看分区信息，可以看到两个新建分区，同时结束扇区容量远远小于磁盘扇区容量，说明空间没有分配完。

```
[root@server01 ~]# fdisk -l /dev/sda
Disk /dev/sda: 80 GB, 85899345920 字节, 167772160 个扇区
磁盘型号: VMware Virtual I
单元: 扇区 / 1 * 512 = 512 字节
扇区大小(逻辑/物理): 512 字节 / 512 字节
I/O 大小(最小/最佳): 512 字节 / 512 字节
磁盘标签类型: dos
磁盘标识符: 0x047583dc

设备         启动       起点        末尾        扇区     大小    Id      类型
/dev/sda1              2048    41945087    41943040     20G    83      Linux
/dev/sda2          41945088   104859647    62914560     30G    83      Linux
```

（3）创建逻辑驱动器

逻辑驱动器必须创建在扩展分区内，继续使用 fdisk 命令，将剩余空间划分为扩展分区，全部使用默认值即可。

```
命令(输入“m”获取帮助): n
分区类型
   p   主分区 (2 primary, 0 extended, 2 free)
   e   扩展分区 (逻辑分区容器)
选择 (默认 p): e
分区号 (3,4, 默认 3):
第一个扇区 (104859648-167772159, 默认 104859648):
最后一个扇区，+/-sectors 或 +size{K,M,G,T,P} (104859648-167772159, 默认 167772159):
创建了一个新分区 3，类型为“Extended”，大小为 30 GB。
```

输入“p”命令打印当前分区信息，可以看到创建的扩展分区，没有执行“w”命令，则还没有实际生效。

```
命令(输入“m”获取帮助): p
Disk /dev/sda: 80 GB, 85899345920 字节, 167772160 个扇区
磁盘型号: VMware Virtual I
单元: 扇区 / 1 * 512 = 512 字节
扇区大小(逻辑/物理): 512 字节 / 512 字节
I/O 大小(最小/最佳): 512 字节 / 512 字节
磁盘标签类型: dos
磁盘标识符: 0x047583dc

设备         启动       起点        末尾        扇区     大小    Id   类型
/dev/sda1              2048    41945087    41943040     20G    83   Linux
```

```
/dev/sda2        41945088    104859647    62914560     30G      83     Linux
/dev/sda3       104859648    167772159    62912512     30G      5      扩展
```

继续创建逻辑分区，此时因为已经有了扩展分区，所以可以看到提示新建编号为 5 的逻辑驱动器。重复操作，分别创建 10 GB、20 GB 的逻辑分区。

```
命令(输入“m”获取帮助)：n
所有主分区的空间都在使用中。
添加逻辑分区 5
第一个扇区 (104861696-167772159, 默认 104861696):
最后一个扇区，+/-sectors 或 +size{K,M,G,T,P} (104861696-167772159, 默认 167772159)：+10G
创建了一个新分区 5，类型为“Linux”，大小为 10 GB。

命令(输入 m 获取帮助)：n
所有主分区的空间都在使用中。
添加逻辑分区 6
第一个扇区 (125835264-167772159, 默认 125835264):
最后一个扇区，+/-sectors 或 +size{K,M,G,T,P} (125835264-167772159, 默认 167772159):
创建了一个新分区 6，类型为“Linux”，大小为 20 GB。
```

使用“p”命令打印，检查无误后，使用“w”命令保存。

```
命令(输入“m”获取帮助)：p
Disk /dev/sda：80 GB，85899345920 字节，167772160 个扇区
磁盘型号：VMware Virtual I
单元：扇区 / 1 * 512 = 512 字节
扇区大小(逻辑/物理)：512 字节 / 512 字节
I/O 大小(最小/最佳)：512 字节 / 512 字节
磁盘标签类型：dos
磁盘标识符：0x047583dc

设备         启动       起点         末尾        扇区       大小   Id     类型
/dev/sda1               2048     41945087    41943040     20G    83     Linux
/dev/sda2           41945088    104859647    62914560     30G    83     Linux
/dev/sda3          104859648    167772159    62912512     30G     5      扩展
/dev/sda5          104861696    125833215    20971520     10G    83     Linux
/dev/sda6          125835264    167772159    41936896     20G    83     Linux

命令(输入“m”获取帮助)：w
分区表已调整。
将调用 ioctl() 来重新读分区表。
正在同步磁盘。
```

删除分区会释放磁盘空间，可以重新对可用空间进行分区，操作比较简单，读者可自行尝试。

2. 使用 gdisk 进行 GPT 磁盘分区管理

gdisk 命令的使用和 fdisk 命令极为相似，更多操作可结合 fdisk 部分进行实验。该命令的语法格式如下。

```
gdisk [选项] <磁盘>            更改分区表
gdisk [选项] -l [<磁盘>]       列出分区表
```

通过以下命令先安装工具。

```
[root@server01 ~]# dnf install gdisk -y
```

对磁盘“/dev/sdb”设备进行分区管理，同样支持命令交互，输入“？”命令可以查看交互命令说明。

```
[root@server01 ~]# gdisk /dev/sdb
GPT fdisk (gdisk) version 1.0.5.1

Warning: Partition table header claims that the size of partition table
```

```
entries is 0 bytes, but this program  supports only 128-byte entries.
Adjusting accordingly, but partition table may be garbage.
Warning: Partition table header claims that the size of partition table
entries is 0 bytes, but this program  supports only 128-byte entries.
Adjusting accordingly, but partition table may be garbage.
Partition table scan:
  MBR: not present
  BSD: not present
  APM: not present
  GPT: not present

Creating new GPT entries in memory.

Command (? for help): ?
b       back up GPT data to a file
c       change a partition's name
d       delete a partition
i       show detailed information on a partition
l       list known partition types
n       add a new partition
o       create a new empty GUID partition table (GPT)
p       print the partition table
q       quit without saving changes
r       recovery and transformation options (experts only)
s       sort partitions
t       change a partition's type code
v       verify disk
w       write table to disk and exit
x       extra functionality (experts only)
?       print this menu
```

对交互命令的说明如下。

① **b**：将 GPT 数据备份到一个文件。

② **c**：更改分区名称。

③ **d**：删除一个分区。

④ **i**：显示分区的详细信息。

⑤ **l**：列出已知分区类型。

⑥ **n**：增加一个新的分区。

⑦ **o**：创建一个新的空白的 GPT 分区表。

⑧ **p**：显示当前磁盘的分区表。

⑨ **q**：退出 gdisk 程序，不保存任何修改。

⑩ **r**：恢复和转换选项（仅限专家）。

⑪ **s**：对分区表条目按起始地址升序重新排序。

⑫ **t**：改变分区的类型。

⑬ **v**：验证磁盘分区表。

⑭ **w**：保存分区表并退出。

⑮ **x**：额外功能（仅限专家）。

⑯ **?**：显示帮助信息。

使用“n”命令新建 50 GB 的分区，这个操作过程和 fdisk 命令极为相似。此时，不再区分主分区和逻辑分区，分区编号支持 1~128，默认为 1。

```
Command (? for help): n
Partition number (1-128, default 1):                         #默认分区编号 1
First sector (34-209715166, default = 2048) or {+-}size{KMGTP}:   #默认开始扇区
```

```
Last sector (2048-209715166, default = 209715166) or {+-}size{KMGTP}: +50G  #容量
Current type is 8300 (Linux filesystem)
Hex code or GUID (L to show codes, Enter = 8300): L    #列出所有文件系统 GUID
Type search string, or <Enter> to show all codes:
0700 Microsoft basic data                  0c01 Microsoft reserved
2700 Windows RE                            3000 ONIE boot
3001 ONIE config                           3900 Plan 9
4100 PowerPC PReP boot                     4200 Windows LDM data
4201 Windows LDM metadata                  4202 Windows Storage Spaces
7501 IBM GPFS                              7f00 ChromeOS kernel
7f01 ChromeOS root                         7f02 ChromeOS reserved
8200 Linux swap                            8300 Linux filesystem
8301 Linux reserved                        8302 Linux /home
省略……
省略……
f814 Ceph dm-crypt LUKS block              f815 Ceph dm-crypt LUKS block DB
f816 Ceph dm-crypt LUKS block write-ahe    f817 Ceph dm-crypt LUKS OSD
fb00 VMWare VMFS                           fb01 VMWare reserved
fc00 VMWare kcore crash protection         fd00 Linux RAID
Hex code or GUID (L to show codes, Enter = 8300):
Changed type of partition to 'Linux filesystem'

Command (? for help): w                    #保存更改

Final checks complete. About to write GPT data. THIS WILL OVERWRITE EXISTING
PARTITIONS!!

Do you want to proceed? (Y/N): y           #确定写入
OK; writing new GUID partition table (GPT) to /dev/sdb.
The operation has completed successfully.
```

重复操作，对剩余空间进行分区，打印分区信息如下。

```
Command (? for help): p
Disk /dev/sdb: 209715200 sectors, 100.0 GB
Model: VMware Virtual S
Sector size (logical/physical): 512/512 bytes
Disk identifier (GUID): 659952BF-484D-4964-8A99-EB1EAE10F70A
Partition table holds up to 128 entries
Main partition table begins at sector 2 and ends at sector 33
First usable sector is 34, last usable sector is 209715166
Partitions will be aligned on 2048-sector boundaries
Total free space is 2014 sectors (1007.0 KiB)

Number  Start (sector)    End (sector)   Size     Code           Name
   1            2048       104859647   50.0 GB   8300  Linux filesystem
   2       104859648       209715166   50.0 GB   8300  Linux filesystem
```

6.2 磁盘格式化与挂载

磁盘进行分区后，并不能够进行文件的存储，还需要对分区进行格式化操作，磁盘格式化是指对计算机硬盘或其他存储介质进行初始化，使其具备存储和组织文件系统所需的数据结构和元数据。

硬盘格式化是指对硬盘存储空间进行规划，建立分区结构和文件系统，初始化存储管理元数据，使硬盘能够被操作系统识别和使用的过程。该操作会清除硬盘所有现有数据，执行前必须确保已完成重要数据备份。

格式化磁盘的过程会清除磁盘上的所有数据，并为其创建一个新的文件系统，用于存储新的文件。

在格式化过程中，操作系统会在磁盘上创建文件系统所需的数据结构，例如文件分配表、目录结构、文件属性等。这些数据结构使操作系统能够识别文件和文件夹，并在磁盘上进行正确的存储和访问。

格式化还可以选择文件系统的类型，例如 ext4、NTFS、FAT32 等。不同的文件系统具有不同的特性和用途。

需要注意的是，在进行磁盘格式化之前，一定要备份重要的数据，因为格式化磁盘将不可逆转地清除所有数据。

6.2.1 使用 mkfs 格式化分区

mkfs 是 Linux 中的一个命令行磁盘格式化工具，它可以用于格式化磁盘并为其创建文件系统。我们可以使用 mkfs.xfs 、mkfs.ext4、mkfs.ext3、mkfs.ext2 命令来创建 xfs、ext4、ext3、ext2 文件系统。使用 mkfs 格式化分区的语法格式如下。

```
mkfs [选项] [-t <类型>] [文件系统选项] <设备> [<大小>]
```

常用选项说明如下。

① **-t**：可以获得文件系统格式，例如 ext4 和 vfat 等（系统支持才会生效）。

② **大小**：可选参数，指定文件系统的大小，通常以块的数量或字节为单位，多数情况下默认即可。

我们可以通过命令行补全的方式获得当前系统 mkfs 支持的文件系统格式，在命令行输入 mkfs 后连续按两次“Tab”键，可以看到 mkfs 对应文件系统的子命令。

```
[root@server01 ~]# mkfs        #连续两次 tab 补全
mkfs            mkfs.cramfs   mkfs.ext2     mkfs.ext3     mkfs.ext4     mkfs.minix
mkfs.xfs
```

例：将之前创建的分区，分别格式化为 ext3、ext4、xfs 文件系统。对此，可以先使用 blkid 命令查看所有的可用分区信息，命令如下。粗体部分为新建分区，没有显示文件系统类型，尚未格式化。

```
[root@server01 ~]# blkid
/dev/mapper/openeuler-swap:          UUID="cbb979ed-e1bb-4e96-9352-42459f683aed"
TYPE="swap"
/dev/nvme0n1p1:   UUID="9374133c-098d-43e9-9274-dd6e67815873"   BLOCK_SIZE="4096"
TYPE="ext4" PARTUUID="93a32da9-01"
/dev/nvme0n1p2:  UUID="w4Nv3s-hYmm-G8pF-DJE4-9OLB-116e-6TtBtx"  TYPE="LVM2_member"
PARTUUID="93a32da9-02"
/dev/sr0:              BLOCK_SIZE="2048"              UUID="2023-12-12-03-25-59-00"
LABEL="openEuler-20.03-LTS-SP4-x86_64"      TYPE="iso9660"      PTUUID="1f375e4c"
PTTYPE="dos"
/dev/mapper/openeuler-home:          UUID="aa02f42c-c527-431f-bc2d-8bb252a28efc"
BLOCK_SIZE="4096" TYPE="ext4"
/dev/mapper/openeuler-root:          UUID="0024509a-8f98-4b92-a12c-2f4bfad7f042"
BLOCK_SIZE="4096" TYPE="ext4"
/dev/sdc2: PARTLABEL="Linux filesystem" PARTUUID="16008c48-729d-4a58-88a9-
20289ca8af9e"
/dev/sdc1: PARTLABEL="Linux filesystem" PARTUUID="e80f5bac-9791-4f7b-b0d1-
9cbea63d963b"
/dev/sda2: PARTUUID="047583dc-02"
/dev/sda5: PARTUUID="047583dc-05"
/dev/sda1: PARTUUID="047583dc-01"
/dev/sda6: PARTUUID="047583dc-06"
```

格式化“/dev/sda1”分区为 ext3 文件系统。

```
[root@server01 ~]# mkfs -t ext3 /dev/sda1
mke2fs 1.45.6 (20-Mar-2020)
```

```
创建含有 7864320 个块（每块 4 KB）和 1966080 个 inode 的文件系统
文件系统 UUID：d494bc23-7ece-41c4-ac18-0806fb0b601b
超级块的备份存储于下列块：
        32768, 98304, 163840, 229376, 294912, 819200, 884736, 1605632, 2654208,
        4096000

正在分配组表： 完成
正在写入 inode 表： 完成
创建日志（32768 个块）完成
写入超级块和文件系统账户统计信息： 已完成
```

格式化“/dev/sda2”分区为 ext4 文件系统。

```
[root@server01 ~]# mkfs -t ext4 /dev/sda2
mke2fs 1.45.6 (20-Mar-2020)
创建含有 7864320 个块（每块 4 KB）和 1966080 个 inode 的文件系统
文件系统 UUID：3c0c3c46-230d-4588-9e5a-4d1d2dcc9b39
超级块的备份存储于下列块：
        32768, 98304, 163840, 229376, 294912, 819200, 884736, 1605632, 2654208,
        4096000

正在分配组表： 完成
正在写入 inode 表： 完成
创建日志（32768 个块）完成
写入超级块和文件系统账户统计信息： 已完成
```

使用 mkfs.xfs 子命令格式化“/dev/sdc1”分区为 xfs 文件系统。

```
[root@server01 ~]# mkfs.xfs /dev/sdc1
meta-data=/dev/sdc1              isize=512    agcount=4, agsize=3276800 blks
         =                       sectsz=512   attr=2, projid32bit=1
         =                       crc=1        finobt=1, sparse=1, rmapbt=0
         =                       reflink=1
data     =                       bsize=4096   blocks=13107200, imaxpct=25
         =                       sunit=0      swidth=0 blks
naming   =version 2              bsize=4096   ascii-ci=0, ftype=1
log      =internal log           bsize=4096   blocks=6400, version=2
         =                       sectsz=512   sunit=0 blks, lazy-count=1
realtime =none                   extsz=4096   blocks=0, rtextents=0
```

查看新建文件系统的分区。

```
[root@server01 ~]# blkid /dev/sda1 /dev/sda2  /dev/sdc2
/dev/sda1: UUID="ac2079e5-44a9-4dfd-84e8-119905c69fea" SEC_TYPE="ext2" BLOCK_SIZE=
"4096" TYPE="ext3" PARTUUID="047583dc-01"
/dev/sda2: UUID="3c0c3c46-230d-4588-9e5a-4d1d2dcc9b39" BLOCK_SIZE="4096" TYPE="ext4"
PARTUUID="047583dc-02"
/dev/sdc2:   PARTLABEL="Linux   filesystem"   PARTUUID="16008c48-729d-4a58-88a9-
20289ca8af9e"
```

使用 lsblk 命令查看新建文件系统的分区。

```
[root@server01 ~]# lsblk -f /dev/sda1 /dev/sda2 /dev/sdc1
NAME FSTYPE FSVER LABEL UUID FSAVAIL FSUSE% MOUNTPOINT
sda1 ext3   1.0         7525ec90-2539-4aa5-8522-5853c7a28408
sda2 ext4   1.0         3c0c3c46-230d-4588-9e5a-4d1d2dcc9b39
sdc1 xfs                61326ace-4974-4f8c-9354-fde82b2a2b2e
```

对已格式化分区进行再次格式化时会有确认提示，格式化会清除原有数据。

6.2.2 挂载分区到文件系统

分区进行格式化后，就是文件系统了。但只有将它挂载到一个目录上，才能进行访问。相当于这个存储空间需要有一个地址，才能被文件系统访问。

挂载是指将一个文件系统连接到文件系统树的特定目录（称为挂载点）上，使文件系统中的文件和目录可以在该挂载点上访问。使用 mount 命令可以实现文件系统的挂载操作，其语法格式如下。

```
mount [-lhV]    #-l：显示已经挂载的文件系统列表。-h：显示命令的帮助信息。-V：显示命令的版本信息。
mount -a [选项]
mount [选项] [--source] <源> | [--target] <目录>
mount [选项] <源> <目录>
mount <操作> <挂载点> [<目标>]
```

常用选项说明如下。

① **-a**：挂载/etc/fstab 文件中列出的所有文件系统。

② **-t <文件系统类型>**：指定文件系统类型，例如，-t ext4 表示挂载 ext4 类型的文件系统。

③ **-o <选项>**：指定挂载选项，例如，-o rw 表示以读写方式挂载文件系统。

④ **-r**：以只读方式挂载文件系统。

⑤ **-w**：以读写方式挂载文件系统。

⑥ **-U**：通过 UUID（分区的唯一编号）挂载文件系统。

⑦ **-n**：不更新/etc/mtab 文件。

⑧ **-f**：强制挂载文件系统，即使文件系统在已挂载的状态下也可以挂载。

⑨ **-L**：将挂载点设为 lost+found 目录。

⑩ **-h**：显示帮助信息。

⑪ **-v**：显示详细信息。

1．挂载分区到文件系统

使用 mount 命令将 6.2.1 节中格式化的分区分别挂载到"/mnt"目录下的 disk1、disk2 和 disk3 目录。

使用以下命令创建挂载点目录。

```
[root@server01 ~]# mkdir /mnt/disk1 /mnt/disk2 /mnt/disk3
```

使用分区名称将/dev/sda1 挂载到/mnt/disk1，将/dev/sda2 挂载到/mnt/disk2，需要指定文件系统类型。

```
[root@server01 ~]# mount -t ext3 /dev/sda1  /mnt/disk1
[root@server01 ~]# mount -t ext4 /dev/sda2  /mnt/disk2
```

使用分区的 UUID 将/dev/sdc1 挂载到/mnt/disk3，UUID 通过"lsblk -f /dev/sdc1"命令获得。

```
[root@server01 ~]# lsblk -f  /dev/sdc1
NAME FSTYPE FSVER LABEL UUID       FSAVAIL FSUSE% MOUNTPOINT
sdc1 xfs               61326ace-4974-4f8c-9354-fde82b2a2b2e
[root@server01 ~]# mount -t xfs -U 61326ace-4974-4f8c-9354-fde82b2a2b2e  /mnt/disk3
```

使用"mount -l"命令查看挂载后的分区信息。

```
[root@server01 ~]# mount -l | grep /dev/sd
/dev/sda1 on /mnt/disk1 type ext3 (rw,relatime,seclabel)
/dev/sda2 on /mnt/disk2 type ext4 (rw,relatime,seclabel)
/dev/sdc1 on /mnt/disk3 type xfs (rw,relatime,seclabel,attr2,inode64,noquota)
```

使用 df 命令查看各个已挂载分区的使用情况。

```
[root@server01 ~]# df -h
文件系统                    容量    已用      可用    已用          挂载点
devtmpfs                   711M       0      711M     0%            /dev
tmpfs                      728M       0      728M     0%        /dev/shm
tmpfs                      728M    8.9M      719M     2%            /run
```

```
tmpfs                          728M      0      728M     0%  /sys/fs/cgroup
/dev/mapper/openeuler-root      38G   3.1G       33G     9%              /
tmpfs                          728M   4.0K      728M     1%           /tmp
/dev/mapper/openeuler-home      19G    76K       18G     1%          /home
/dev/nvme0n1p1                 974M   124M      783M    14%          /boot
tmpfs                          146M      0      146M     0%     /run/user/0
/dev/sda1                       20G   156K       19G     1%      /mnt/disk1
/dev/sda2                       30G    24K       28G     1%      /mnt/disk2
/dev/sdc1                       50G   390M       50G     1%      /mnt/disk3
```

此时，几个分区已经可以通过挂载路径访问和使用了。尝试在挂载分区中进行文件操作。

```
[root@server01 ~]# cd /mnt/disk1/
[root@server01 disk1]# touch testfile.txt
[root@server01 disk1]# ls
lost+found  testfile.txt
```

2. 删除挂载

使用 umount 命令可以删除挂载，语法格式如下。

```
umount [-hV]
umount -a [选项]
umount [选项] <源> | <目录>
```

常用选项说明如下。

① **-a**：卸载所有文件系统。

② **-A**：卸载当前名字空间内指定设备对应的所有挂载点。

③ **-c**：不对路径规范化。

④ **-f**：强制卸载（遇到不响应的 NFS 系统时）。

⑤ **-i**：不调用 umount.<类型>辅助程序。

⑥ **-n**：不写/etc/mtab。

⑦ **-l**：立即断开文件系统，清理以后执行。

⑧ **-O**：限制文件系统集合（和“-a”选项一起使用）。

⑨ **-R**：递归卸载目录及其子对象。

⑩ **-r**：若卸载失败，尝试以只读方式重新挂载。

⑪ **-t**：限制文件系统集合。

⑫ **-v**：打印当前进行的操作。

⑬ **-q**：不要输出“未挂载”错误信息。

⑭ **-N**：在另一个命名空间进行卸载。

⑮ **-h**：显示此帮助。

⑯ **-V**：显示版本。

例：删除/mnt/disk1 挂载点，此时/mnt/disk1 目录变为空目录，前面创建的文件也看不见了。之后可以删除目录，不会影响分区中存储的文件，重新挂载后便可以访问。

```
[root@server01 ~]# umount /mnt/disk1/
[root@server01 ~]# ls /mnt/disk1/
[root@server01 ~]#
```

6.2.3 自动挂载文件系统

要确保使用 mount 命令挂载的分区在系统重启后持续保持挂载状态，可以通过编辑“/etc/fstab”文件来实现。“/etc/fstab”文件包含了系统引导时需要自动挂载的文件系统信息。

使用 root 权限编辑“/etc/fstab”文件，可以看到系统盘分区的挂载信息。

```
/dev/mapper/openeuler-root /       ext4     defaults      1 1
UUID=9374133c-098d-43e9-9274-dd6e67815873 /boot  ext4    defaults      1 2
/dev/mapper/openeuler-home /home   ext4     defaults      1 2
/dev/mapper/openeuler-swap none    swap     defaults      0 0
```

查看系统盘记录，使用 UUID 的方式，录入前面的分区挂载信息，保存文件并退出。重启或者输入“mount -a”命令生效。

```
UUID=7525ec90-2539-4aa5-8522-5853c7a28408 /mnt/disk1 ext3 defaults 0 0
UUID=3c0c3c46-230d-4588-9e5a-4d1d2dcc9b39 /mnt/disk2 ext4 defaults 0 0
UUID=61326ace-4974-4f8c-9354-fde82b2a2b2e /mnt/disk3 xfs defaults 0 0
```

defaults 位置为挂载的权限“r”“w”，默认值为不限制。后面的两个数字分别代表不备份，启动时不检查。

6.2.4　挂载网络共享文件

1．基于 SMB 或者 CIFS 创建共享目录

使用 mount 命令和 cifs 文件系统类型来挂载网络共享文件夹，需要安装 cifs-utils 软件包。

```
[root@server01 ~]# dnf install cifs-utils -y
```

创建挂载点目录。

```
[root@server01 ~]# mkdir /mnt/share
```

使用以下命令挂载网络共享文件夹。将“//server/share”替换成网络文件夹路径，将“your_username、your_password”替换成网络文件夹访问的账户密码。

```
mount -t cifs //server/share /mnt/share -o username = your_username,password = your_
password
```

2．基于 NFS 创建共享文件夹

使用 mount 命令和 nfs 文件系统类型来挂载网络共享文件夹，需要安装“nfs-utils”工具包。

```
[root@server01 ~]# dnf install nfs-utils -y
```

创建挂载点目录。

```
[root@server01 ~]# mkdir /mnt/nfs
```

使用以下命令挂载网络共享文件夹。将“ServerIP”替换成共享主机地址，将“SharePath”替换成共享文件夹路径，分别将“your_username、your_password”替换成网络文件夹访问的账户名和密码。

```
mount -t nfs ServerIP:/SharePath /mnt/nfs -o username = your_username,password =
your_password
```

如果需要挂载永久生效，则将挂载参数写入“/etc/fstab”文件。

6.3　使用 LVM 管理磁盘

6.3.1　LVM 磁盘存储管理技术

LVM 是 Linux 环境下对磁盘分区进行管理的一种机制。LVM 通过在硬盘和文件系统

之间添加一个逻辑层，为文件系统屏蔽下层硬盘分区布局，提高硬盘分区管理的灵活性。

使用 LVM 管理硬盘的基本过程：将硬盘创建为物理卷；将多个物理卷组合成卷组；在卷组中创建逻辑卷；在逻辑卷上创建文件系统。

通过 LVM 管理硬盘之后，文件系统不再受限于硬盘容量的大小，可以分布在多个硬盘上，也可以动态扩容。

LVM 磁盘存储管理技术涉及的基本概念如下。

① **物理存储介质**：指系统的物理存储设备，例如硬盘，系统中为/dev/hda、/dev/sda 等，是存储系统最底层的存储单元。

② **物理卷（PV）**：指硬盘分区或从逻辑上与磁盘分区具有同样功能的设备（例如 RAID），是 LVM 的基本存储逻辑块。物理卷包括一个特殊的标签，该标签默认存放在第二个 512 字节的扇区，但也可以将其放在最开始的 4 个扇区中。该标签包含物理卷的 UUID、记录块设备的大小和 LVM 元数据在设备中的存储位置。

③ **卷组（VG）**：由物理卷组成，屏蔽了底层物理卷细节。可在卷组上创建一个或多个逻辑卷且不用考虑具体的物理卷信息。

④ **逻辑卷（LV）**：卷组不能直接使用，需要划分成逻辑卷才能使用。逻辑卷可以被格式化成不同的文件系统，挂载后直接使用。

⑤ **物理块（PE）**：以大小相等的“块”为单位存储，块的大小与卷组中逻辑卷块的大小相同。

⑥ **逻辑块（LE）**：以“块”为单位存储，一个卷组中的所有逻辑卷的块大小是相同的。

LVM 架构如图 6-7 所示，简单理解就是将物理存储重新组合为逻辑存储，然后进行分配并应用于文件系统。

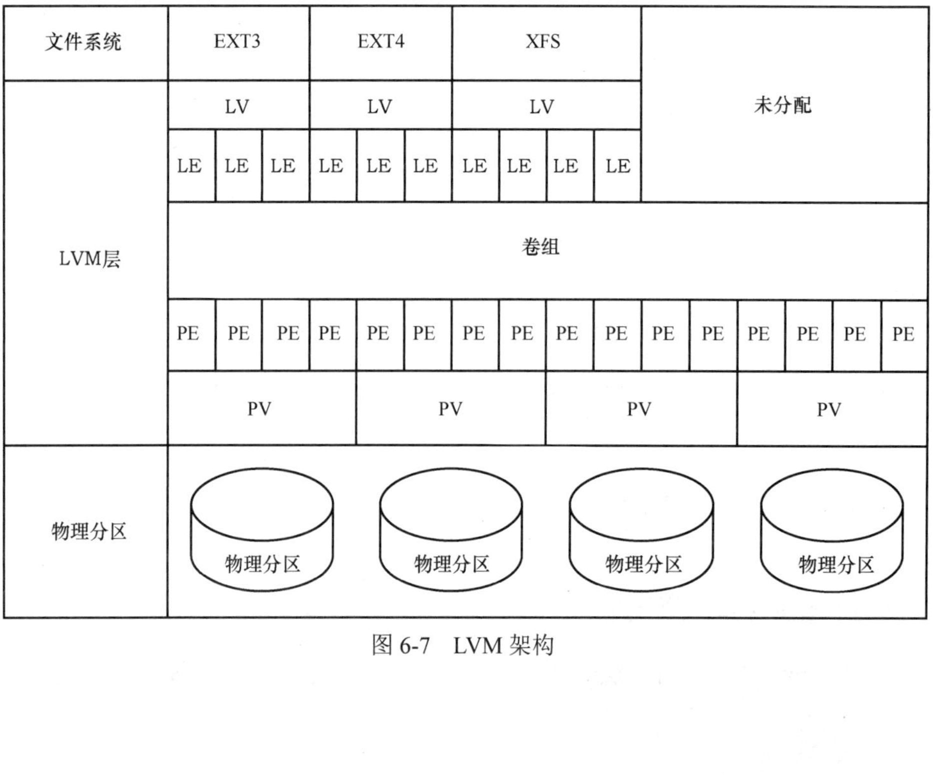

图 6-7　LVM 架构

6.3.2　LVM 管理物理卷

1．验证安装

openEuler 操作系统默认已安装 LVM，使用以下 RPM 命令查看 lvm2 是否已经安装。如果尚未安装，请使用 DNF 安装软件包。

```
[root@server01 ~]# rpm -qa | grep lvm2
lvm2-2.03.09-15.oe2003sp4.x86_64
lvm2-help-2.03.09-15.oe2003sp4.noarch
```

2．管理物理卷

在虚拟机关闭状态下，新增两块 NVMe 硬盘，一块 160 GB、一块 180 GB，加上前面增加的未分区的一块 140 GB 的硬盘，共 3 块硬盘，如图 6-8 所示。

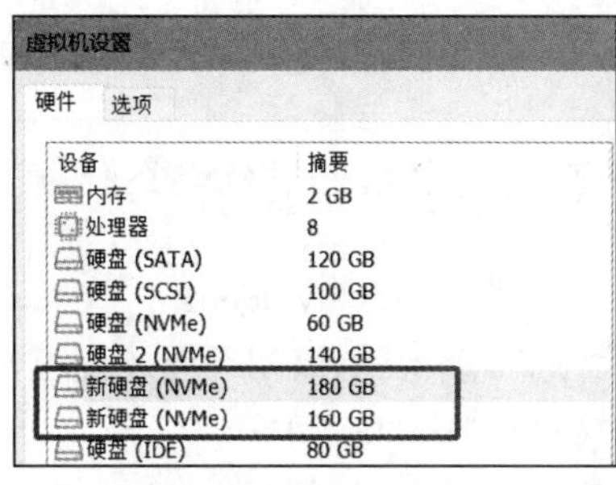

图 6-8　新增 NVMe 硬盘

3．新增物理卷

新增物理卷的语法格式如下。

```
pvcreate [选项] 设备名称...
```

常用选项说明如下。

① **-f**：强制创建物理卷，不需要用户确认。

② **-u**：指定设备的 UUID。

③ **-y**：所有的问题都回答“yes”。

④ **devname**：指定要创建的物理卷对应的设备名称。如果需要批量创建，可以填写多个设备名称，中间以空格间隔。

将“nvme0n2”“nvme0n3”“nvme0n4”分区创建为物理卷，命令如下。

```
[root@server01 ~]# pvcreate /dev/nvme0n2 /dev/nvme0n3 /dev/nvme0n4
  Physical volume "/dev/nvme0n2" successfully created.
  Physical volume "/dev/nvme0n3" successfully created.
  Physical volume "/dev/nvme0n4" successfully created.
```

4．查看物理卷

root 权限通过 pvdisplay 命令查看物理卷名称、所属的卷组、物理卷大小、PE 大小、总 PE 数、可用 PE 数、已分配的 PE 数和 UUID 等物理卷信息。查看物理卷的语法格式如下。

```
pvdisplay [option] devname
```

常用选项说明如下。

① **-s**：以短格式输出。

② **-m**：显示 PE 到 LE 的映射。

③ **devname**：指定要查看的物理卷对应的设备名称。如果不指定物理卷名称，则显

示所有物理卷的信息。

使用短格式显示物理卷的信息，命令如下。

```
[root@server01 ~]# pvdisplay -s
  Device "/dev/nvme0n1p2" has a capacity of 0
  Device "/dev/nvme0n2" has a capacity of 140.00 GB
  Device "/dev/nvme0n3" has a capacity of 160.00 GB
  Device "/dev/nvme0n4" has a capacity of 180.00 GB
```

显示“/dev/nvme0n2”物理卷的完整信息，命令如下。

```
[root@server01 ~]# pvdisplay /dev/nvme0n2
  "/dev/nvme0n2" is a new physical volume of "140.00 GB"
  --- NEW Physical volume ---
  PV Name               /dev/nvme0n2
  VG Name
  PV Size               140.00 GB
  Allocatable           NO
  PE Size               0
  Total PE              0
  Free PE               0
  Allocated PE          0
  PV UUID               T8tWR7-uKAv-Aa6f-MxV0-tZc8-2KMj-niDj6C
```

运行结果的说明如下。

① **PV Name**：该物理卷的名称为/dev/nvme0n2。

② **VG Name**：这里显示为空白，表示该物理卷还没有被分配给任何卷组。

③ **PV Size**：物理卷的大小为“140.00 GB”。

④ **Allocatable**：该物理卷是否可分配，“NO”表示该物理卷当前不可分配给卷组。

⑤ **PE Size**：物理扩展的大小，这里显示为0。

⑥ **Total PE**：总物理扩展数量，这里显示为0。

⑦ **Free PE**：空闲物理扩展数量，这里显示为0。

⑧ **Allocated PE**：已分配物理扩展数量，这里显示为0。

⑨ **PV UUID**：该物理卷的唯一标识符。

5. 修改物理卷属性

在root权限下，可以通过pvchange命令修改物理卷的属性（例如UUID）。需要注意的是，是否允许分配PE这一属性，只能在物理卷加入卷组时进行修改。修改物理卷属性的语法格式如下。

```
pvchange [option] devname...
```

常用选项说明如下。

① **-u**：生成新的UUID。

② **-x**：是否允许分配PE。

③ **pvname**：指定要修改属性的物理卷对应的设备名称。如果需要批量修改，可以填写多个设备名称，中间以空格间隔。

以下命令可以禁止分配“/dev/nvme0n2”物理卷上的PE。对于没有加入卷组的物理卷，通过pvdisplay命令可以看到其Allocatable属性默认为YES。执行“pvchange -x n”命令后，该属性会被永久修改为NO，且这一设置会持久保存在物理卷的元数据中。

```
[root@server01 ~]# pvchange  -x n  /dev/nvme0n2
```

6. 删除物理卷

删除物理卷的语法格式如下。

```
pvremove [option] devname···
```

常用选项说明如下。

① **-f**：强制删除物理卷，不需要用户确认。

② **-y**：所有的问题都回答"yes"。

③ **pvname**：指定要删除的物理卷对应的设备名称。如果需要批量删除，可以填写多个设备名称，中间以空格间隔。

删除物理卷比较简单，读者可以根据帮助信息自行操作。

6.3.3　LVM 管理卷组

在 LVM 中，卷组是由一个或多个物理卷组成的逻辑容器。

物理卷是硬盘或其他块设备的抽象表示。当我们想要将物理存储设备（例如硬盘、SSD 等）引入 LVM 管理时，需要将它们初始化为物理卷。这样，LVM 就可以将这些物理卷组合成一个或多个卷组。

卷组是一个逻辑单元，类似于一个容器，用于存储逻辑卷的数据。卷组将物理卷的存储空间添加到一个共享的逻辑卷池中。

LVM 的卷组中包含一个或多个物理卷，每个物理卷都是一个独立的存储设备。当物理卷被添加到卷组中时，LVM 就可以使用这些物理卷的存储空间来创建逻辑卷。

逻辑卷是在卷组上创建的逻辑存储卷。文件系统可以在逻辑卷上创建，并作为磁盘分区来使用。逻辑卷的大小和属性可以根据需要进行动态调整，以适应存储需求的变化。

因此，LVM 卷组是物理卷的集合，它提供了一个灵活的方式来管理存储空间，使管理员可以根据需要对逻辑卷进行动态调整。

1．创建卷组

创建卷组的语法格式如下。

```
vgcreate [option] vgname pvname ···
```

常用选项说明如下。

① **-l**：卷组上允许创建的最大逻辑卷数。

② **-p**：卷组中允许添加的最大物理卷数。

③ **-s**：卷组上的物理卷的 PE 大小。

④ **vgname**：要创建的卷组名称。

⑤ **pvname**：要加入卷组中的物理卷名称。

创建卷组 vg1，并且将物理卷"/dev/nvme0n2"和"/dev/nvme0n3"添加到卷组中。

```
[root@server01 ~]# vgcreate vg1 /dev/nvme0n2 /dev/nvme0n3
  Volume group "vg1" successfully created
```

2．查看卷组

查看卷组的语法格式如下。

```
vgdisplay [option] [vgname]
```

常用选项说明如下。

① **-s**：以短格式输出。

② **-A**：仅显示活动卷组的属性。

③ **vgname**：指定要查看的卷组名称。如果不指定卷组名称，则显示所有卷组的信息。

卷组 vg1 的基本信息显示如下，可以看出得到了一个由两个物理卷构成的总容量为 299.99 GB 的卷组。

```
[root@server01 ~]# vgdisplay vg1
  --- Volume group ---
  VG Name               vg1
  System ID
  Format                lvm2
  Metadata Areas        2
  Metadata Sequence No  1
  VG Access             read/write
  VG Status             resizable
  MAX LV                0
  Cur LV                0
  Open LV               0
  Max PV                0
  Cur PV                2
  Act PV                2
  VG Size               299.99 GB
  PE Size               4.00 MiB
  Total PE              76798
  Alloc PE / Size       0 / 0
  Free  PE / Size       76798 / 299.99 GB
  VG UUID               l1LgF2-lIOL-xkLa-xSO0-iOT2-bXm9-d9f7JG
```

3. 修改卷组属性

修改卷组属性的语法格式如下。

```
vgchange [option] vgname
```

常用选项说明如下。

① **-a**：设置卷组的活动状态。

② **vgname**：指定要修改属性的卷组名称。

将卷组 vg1 的状态修改为活动，当前卷组尚未分配 PE，所以不会发生修改。

```
[root@server01 ~]# vgchange -ay vg1
  0 logical volume(s) in volume group "vg1" now active
```

4. 扩展卷组

扩展卷组的语法格式如下。

```
vgextend [option] vgname pvname ...
```

常用选项说明如下。

① **-d**：调试模式。

② **-t**：仅测试。

③ **vgname**：要扩展容量的卷组名称。

④ **pvname**：要加入卷组中的物理卷名称。

将“/dev/nvme0n4”物理卷加入当前卷组。

```
[root@server01 ~]# vgextend vg1 /dev/nvme0n4
  Volume group "vg1" successfully extended
```

再次查看卷组信息，可以看到卷组变为由 3 个元数据区域构成，总容量<479.99 GB。

```
[root@server01 ~]# vgdisplay vg1
  --- Volume group ---
  VG Name               vg1
  System ID
  Format                lvm2
  Metadata Areas        3
  Metadata Sequence No  2
  VG Access             read/write
  VG Status             resizable
```

```
  MAX LV                    0
  Cur LV                    0
  Open LV                   0
  Max PV                    0
  Cur PV                    3
  Act PV                    3
  VG Size                   <479.99 GB
  PE Size                   4.00 MiB
  Total PE                  122877
  Alloc PE / Size           0 / 0
  Free  PE / Size           122877 / <479.99 GB
  VG UUID                   l1LgF2-lIOL-xkLa-xSO0-iOT2-bXm9-d9f7JG
```

5．收缩卷组

收缩卷组的语法格式如下。

```
vgreduce [option] vgname pvname ...
```

常用选项说明如下。

① **-a**：如果命令行中没有指定要删除的物理卷，则删除所有的空物理卷。

② **--removemissing**：删除卷组中丢失的物理卷，使卷组恢复正常状态。

③ **vgname**：要收缩容量的卷组名称。

④ **pvname**：要从卷组中删除的物理卷名称。

收缩卷组比较简单，这里不再进行演示。

6．删除卷组

删除卷组的语法格式如下。

```
vgremove [option] vgname pvname ...
```

常用选项说明如下。

① **-f**：强制删除卷组，不需要用户确认。

② **vgname**：指定要删除的卷组名称。

删除卷组比较简单，这里不再进行演示。

6.3.4　管理逻辑卷

在 LVM 中，逻辑卷是建立在卷组上的逻辑存储单位。逻辑卷使用卷组中的物理卷来存储数据。

具体来说，卷组是由一个或多个物理卷组成的逻辑实体，它们将物理存储设备（例如硬盘、SSD）抽象化组合成一个逻辑单元。物理卷将存储空间添加到卷组中，而卷组则提供了一个灵活的存储池，可以为逻辑卷提供存储空间。

逻辑卷则是在卷组上创建的逻辑存储卷，它类似于传统磁盘分区，但具有更多的灵活性和可动态扩展的特性。管理员可以在卷组中创建多个逻辑卷，每个逻辑卷可以独立设置大小、文件系统等属性，并可以根据需要调整大小。

总结来说，逻辑卷是 LVM 中的逻辑存储单位，它们建立在卷组之上，利用卷组提供的物理存储空间来存储数据。通过 LVM 的灵活管理和分配，用户可以更加方便地管理存储空间，并根据需求动态调整逻辑卷的大小，而不会受限于固定的物理分区。

1．创建逻辑卷

创建逻辑卷的语法格式如下。

```
lvcreate [option] vgname
```

常用选项说明如下。

① **-L**：指定逻辑卷的大小，单位为“kKmMgGtT”字节。

② **-l**：指定逻辑卷的大小（LE 数）。

③ **-n**：指定要创建的逻辑卷名称。

④ **-s**：创建快照。

⑤ **vgname**：要创建逻辑卷的卷组名称。

在卷组 vg1 中创建容量为 20 GB 的逻辑卷，默认的逻辑卷名称是 lvo10，命令如下。

```
[root@server01 ~]# lvcreate -L 20G vg1
WARNING: LVM2_member signature detected on /dev/vg1/lvol0 at offset 536. Wipe it?
[y/n]: y
  Wiping LVM2_member signature on /dev/vg1/lvo10.
  Logical volume "lvo10" created.
```

重复以上操作，再创建 4 个逻辑卷。最后创建一个容量为 200 GB 的逻辑卷并命名为“lv_A”，命令如下。

```
[root@server01 ~]# lvcreate -L 200G -n lv_A  vg1
WARNING: LVM2_member signature detected on /dev/vg1/lv_A at offset 536. Wipe it? [y/n]: y
  Wiping LVM2_member signature on /dev/vg1/lv_A.
  Logical volume "lv_A" created.
```

2. 查看逻辑卷

查看逻辑卷的语法格式如下。

```
lvdisplay [option] [lvname]
```

常用选项说明如下。

① **-v**：显示 LE 到 PE 的映射。

② **lvname**：指定要显示属性的逻辑卷对应的设备文件。如果省略，则显示所有的逻辑卷属性。

显示逻辑卷 lv_A 的基本信息，命令如下。

```
[root@server01 ~]# lvdisplay /dev/vg1/lv_A
  --- Logical volume ---
  LV Path                /dev/vg1/lv_A
  LV Name                lv_A
  VG Name                vg1
  LV UUID                SG1MLI-jfWo-5X3k-JRLl-VNR3-gN4H-vc6n0f
  LV Write Access        read/write
  LV Creation host, time server01, 2024-02-18 16:00:34 +0800
  LV Status              available
  # open                 0
  LV Size                200.00 GB
  Current LE             51200
  Segments               2
  Allocation             inherit
  Read ahead sectors     auto
  - currently set to     8192
  Block device           253:8
```

3. 调整逻辑卷大小

调整逻辑卷大小的语法格式如下。

```
lvresize [option] vgname
```

常用选项说明如下。

① **-L**：指定逻辑卷的大小，单位为“kKmMgGtT”字节。

② **-l**：指定逻辑卷的大小（LE 数）。

③ **-f**：强制调整逻辑卷的大小，不需要用户确认。

④ **lvname**：指定要调整的逻辑卷名称。

为逻辑卷"/dev/vg1/lvol0"增加 200 MB 空间，命令如下。调整后，"/dev/vg1/lvol0"逻辑卷容量变为 20.20 GB，命令如下（如果"+"替换成"–"可以为逻辑卷收缩空间）。

```
[root@server01 ~]# lvresize -L +200 /dev/vg1/lvol0
  Size of logical volume vg1/lvol0 changed from 20.00 GB (5120 extents) to <20.20 GB
(5170 extents).
  Logical volume vg1/lvol0 successfully resized.
```

4. 扩展逻辑卷

虽然从名称来看，扩展逻辑卷和调整逻辑卷大小一样，都是变更了逻辑卷大小，但它们有以下区别。

① **扩展逻辑卷**。扩展逻辑卷指的是增加逻辑卷所使用的存储空间。当我们需要更多的存储空间来存储数据时，可以向逻辑卷添加物理卷，从而扩展逻辑卷。这使逻辑卷容纳更多的数据。

② **调整逻辑卷大小**。调整逻辑卷大小是指改变逻辑卷所占用的存储空间的大小。我们可以增加或减少逻辑卷的存储空间，以适应不同的需求。调整逻辑卷大小可以在逻辑卷的边界内进行，而不需要改变逻辑卷组的物理布局。

两者的主要区别在于，扩展逻辑卷是向逻辑卷添加新的物理卷来增加存储容量，而调整逻辑卷大小是更改逻辑卷的存储容量，无须添加或删除物理卷。

扩展逻辑卷的语法格式如下。

```
lvextend [option] lvname
```

常用选项说明如下。

① **-L**：指定逻辑卷的大小，单位为"kKmMgGtT"字节。

② **-l**：指定逻辑卷的大小（LE 数）。

③ **-f**：强制调整逻辑卷的大小，不需要用户确认。

④ **lvname**：指定要扩展空间的逻辑卷名称。

5. 收缩逻辑卷

使用 lvreduce 命令，操作方式和扩展收缩逻辑卷基本相同。

6. 删除逻辑卷

使用 lvremove 命令，语法格式如下。

```
lvremove [option] vgname
```

6.3.5　挂载文件系统

创建好的逻辑卷相当于分好区的存储设备，需要格式化创建文件系统，并进行挂载。使用 mkfs 命令，将 6.3.4 小节创建的逻辑卷格式化为 ext4 文件系统。

```
[root@server01 ~]# mkfs -t ext4  /dev/vg1/lvol0
mke2fs 1.45.6 (20-Mar-2020)
创建含有 5294080 个块（每块 4 KB）和 1324512 个 inode 的文件系统
文件系统 UUID：e43b1040-e073-4a80-9d1a-ce296e275f76
超级块的备份存储于下列块：
        32768, 98304, 163840, 229376, 294912, 819200, 884736, 1605632, 2654208,
        4096000
```

创建"/mnt/lvm/data0""/mnt/lvm/data1""/mnt/lvm/data2""/mnt/lvm/data3"

“/mnt/lvm/data4”“/mnt/lvm/data5”目录，将逻辑卷分别挂载到这些目录下。

```
[root@server01  ~]#  mkdir  -p    /mnt/lvm/data0    /mnt/lvm/data1    /mnt/lvm/data2
/mnt/lvm/data3  /mnt/lvm/data4  /mnt/lvm/data5
[root@server01 ~]# mount /dev/vg1/lvol0 /mnt/lvm/data0
[root@server01 ~]# mount /dev/vg1/lvol1 /mnt/lvm/data1
[root@server01 ~]# mount /dev/vg1/lvol2 /mnt/lvm/data2
[root@server01 ~]# mount /dev/vg1/lvol3 /mnt/lvm/data3
[root@server01 ~]# mount /dev/vg1/lvol4 /mnt/lvm/data4
[root@server01 ~]# mount /dev/vg1/lv_A /mnt/lvm/data5
```

定位到挂载目录，尝试进行文件操作，如列出文件列表，命令如下。

```
[root@server01 ~]# cd /mnt/lvm/data0/
[root@server01 data0]# touch testfile2.txt
[root@server01 data0]# ls
lost+found  testfile2.txt
[root@server01 data0]#
```

6.4 磁盘阵列管理

服务器系统对存储设备有着较高的要求，不仅需要使用高性能的单块磁盘，还要求其具备极高的数据安全性以及实时备份数据的能力。服务器系统对多块磁盘进行阵列化控制和管理，能够有效提升整体服务能力。磁盘阵列如图 6-9 所示。

图 6-9 磁盘阵列

磁盘阵列是指将多个物理磁盘组合成一个逻辑单元，以提供更大容量、更高性能和更高可靠性的存储系统。磁盘阵列通常由硬件控制器管理，可以提供各种数据保护和故障恢复功能。

通过将多个物理磁盘组合起来，磁盘阵列可以实现数据的分布存储、并行访问和冗余备份。这使得磁盘阵列在大规模数据存储和高性能计算环境中得到了广泛应用。

6.4.1 常见的阵列模式

磁盘阵列通常使用不同的 RAID 级别来提供不同的数据保护和性能特性。

1．常见的 RAID 级别

（1）RAID 0

RAID 0 至少由两块硬盘构成，使用更多的硬盘可以提高 RAID 0 的性能，因为数据可以更均匀地分布在多个硬盘上，从而实现更高效的并行读写操作。RAID 0 如图 6-10 所示。

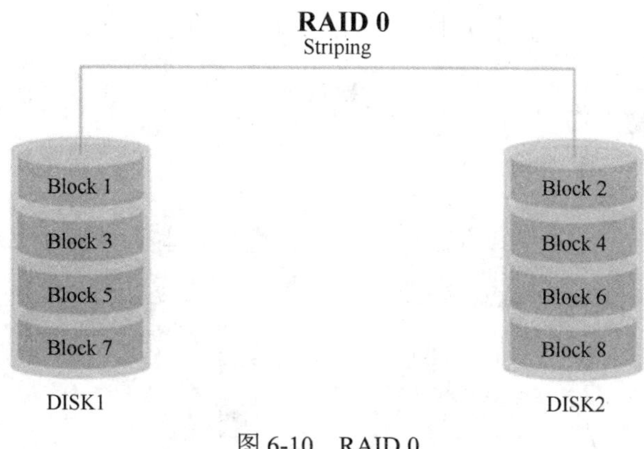

图 6-10　RAID 0

RAID 0 的特点如下。

① **容量**：单块磁盘容量 × 磁盘数量。

② **读取速度**：约等于单块磁盘读取速度× 磁盘块数。

③ **写入速度**：约等于单块磁盘写入速度 × 磁盘块数。

④ **数据冗余**：无（任何一块硬盘损坏将会丢失所有数据）。

⑤ **恢复性**：无。

（2）RAID 1

RAID 1 至少由两块硬盘构成，数据同时写入多块硬盘中，以实现数据的完全镜像备份。RAID 1 如图 6-11 所示。

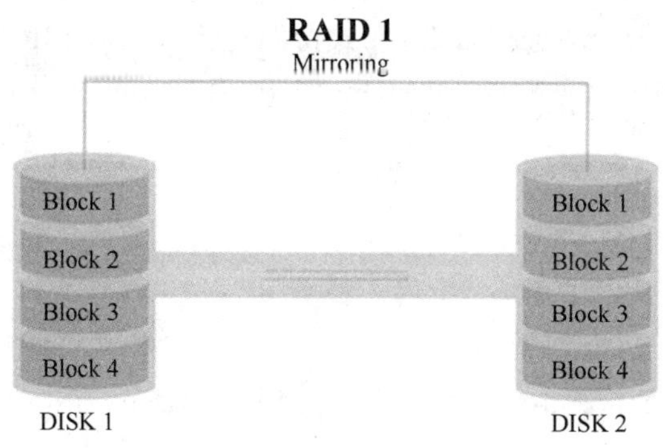

图 6-11　RAID 1

RAID 1 的特点如下。

① **容量**：单块磁盘容量（阵列中最小的磁盘）。

② **读取速度**：受限于阵列中速度最快的硬盘。

③ **写入速度**：受限于阵列中速度最慢的硬盘。

④ **数据冗余**：高（阵列中只要有一块硬盘正常就可以正常工作）。

⑤ **恢复性**：恢复阵列时可以正常使用。

（3）RAID 5

RAID 5 至少由 3 块硬盘构成，数据被划分成块并以条带的方式存储在多块硬盘上，同时每个块还包含校验信息。校验信息被分布存储在所有硬盘上，在一定数量的硬盘遭到损坏时可以利用校验信息恢复数据。RAID 5 如图 6-12 所示。

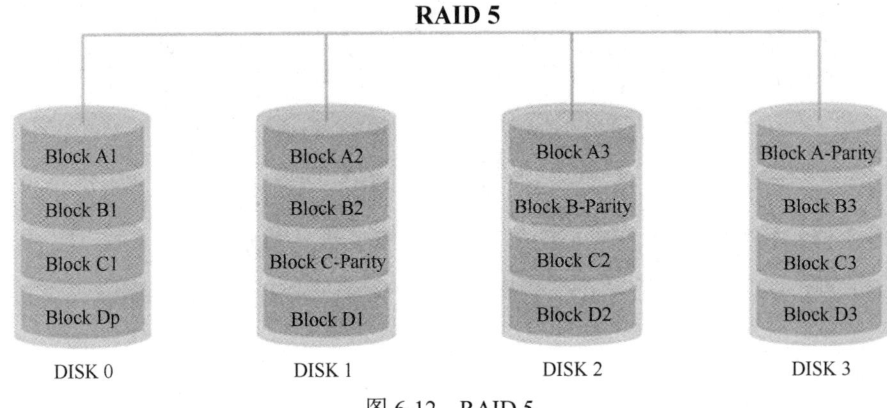

图 6-12 RAID 5

RAID 5 的特点如下。

① **容量**：n−1 磁盘数量的容量。

② **读取速度**：单盘读取速度乘以 n−1（n 为磁盘数量），并且单盘读取速度受限于最慢的一块磁盘设备。

③ **写入速度**：随机写入性能很差。

④ **数据冗余**：高（阵列中损坏一块硬盘的情况下可以恢复）。

⑤ **恢复性**：恢复时响应速度极慢。

（4）RAID 6

RAID 6 至少由 4 块硬盘组成，双分布式奇偶校验，类似于 RAID 5，可提供更高的冗余能力，可以容忍多个磁盘故障。RAID 6 如图 6-13 所示。

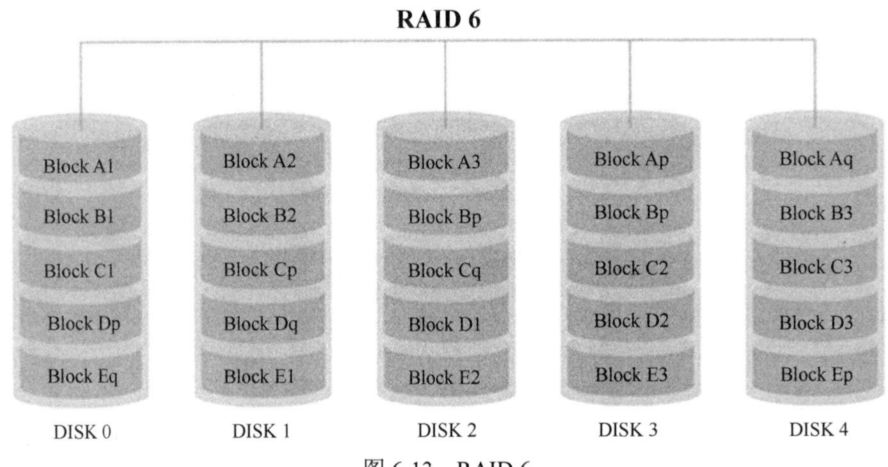

图 6-13 RAID 6

RAID 6 的特点如下。

① **容量**：n−2 磁盘数量的容量。

② **读取速度**：单盘读取速度乘以 n−2（n 为磁盘数量），并且单盘读取速度受限于最慢的一块磁盘设备。

③ **写入速度**：随机写入性能很差。

④ **数据冗余**：高（阵列中损坏一块硬盘的情况下可以恢复）。

⑤ **恢复性**：恢复时响应速度极慢。

（5）RAID 10

RAID 10 是镜像阵列条带，也称为 RAID 1 + 0，至少由 4 块硬盘组成。它借鉴了 RAID 0 和 RAID 1 的思想，两块硬盘通过 RAID 1 组成磁盘组，再将组成的磁盘组组成 RAID 0。RAID 10 如图 6-14 所示。

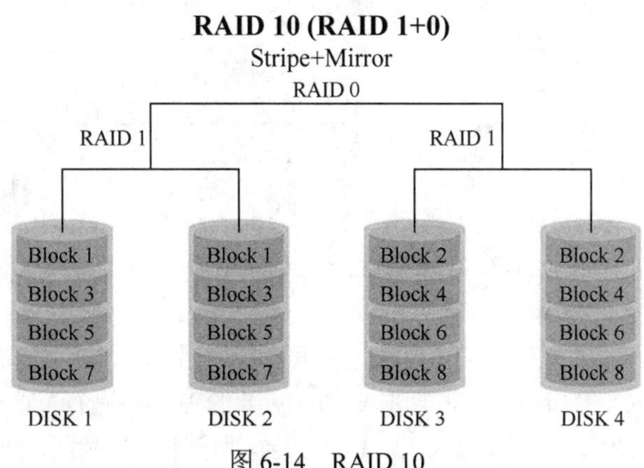

图 6-14　RAID 10

RAID 10 的特点如下。

① **容量**：1/2 磁盘数量的容量。

② **读取速度**：单盘读取速度乘以硬盘总数/2。

③ **写入速度**：单盘写入速度乘以硬盘总数/2。

④ **数据冗余**：一般（RAID1 子阵列中的硬盘不能同时损坏）。

⑤ **恢复性**：恢复阵列时可以持续工作。

2. RAID 的实现方式

软 RAID（软件 RAID）和硬 RAID（硬件 RAID）是两种不同的 RAID 实现方式，它们在管理 RAID 功能时采用了不同的技术和架构。它们之间的主要区别如下。

（1）软 RAID

软 RAID 是在操作系统实现的，依赖于操作系统内核提供的软件驱动程序来管理 RAID 功能。

软 RAID 不需要额外的硬件设备，可以通过操作系统的软件实现 RAID 的功能，因此成本通常较低。

软 RAID 的性能可能会受限于主机 CPU 的性能，因为 RAID 计算是由 CPU 处理的。

软 RAID 轻量化、灵活，便于管理和配置。

（2）硬 RAID

硬件 RAID 卡如图 6-15 所示，硬 RAID 是通过专用的 RAID 控制卡来实现的，该控制卡独立于主机 CPU，具有自己的处理器和内存。RAID 控制器可以提供更好的性能，因为所有的 RAID 计算和操作都由控制器硬件完成，不会占用主机 CPU 的资源。

硬 RAID 对系统的负载影响较小，通常可以获得更快的数据传输速度和更强的稳定性。

硬 RAID 可以在系统启动时管理 RAID 配置，有助于提高系统启动和恢复的速度。

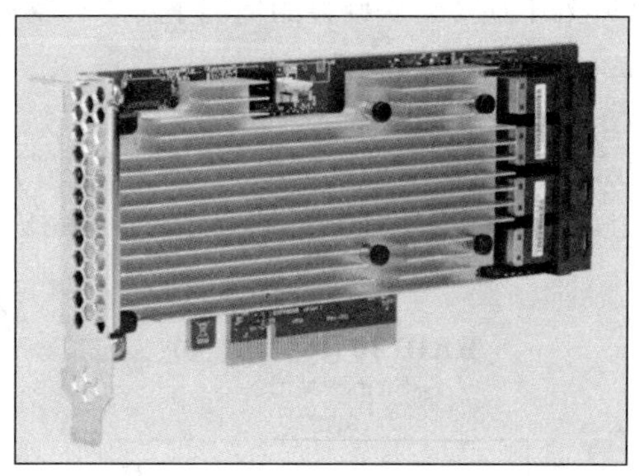

图 6-15 硬件 RAID 卡

综合来看，软 RAID 具有成本较低、灵活管理的优势，适合小型场景或对性能要求不高的场景；而硬 RAID 则具有更好的性能、稳定性和可靠性，适用于对数据存储和传输速度要求较高的企业级环境。

硬 RAID 具有较低的 CPU 占用率时延，虽然在服务器上被广泛采用，但在学习环境中难以适用。配置 RAID 卡时，需要进入 RAID 卡的 BIOS 进行配置，具体操作参看对应 RAID 卡的厂商说明。本书中以软 RAID 的配置为例进行讲解和演示。

6.4.2 构建 RAID 阵列

构建 RAID 阵列，建议使用的硬盘的容量、型号和性能相同，否则会出现木桶效应。由于虚拟机里不能显示太多数量的存储设备，因此需要停止之前的逻辑驱动器。在虚拟机关机状态下，删除其他磁盘，只保留 NVMe 的系统盘。同时，新增 5 块单块大小为 20 GB 的 SATA 硬盘（NVMe 硬盘虚拟机热插播支持不好）。此外，参考 6.1.1 小节修改 BIOS 的驱动器引导顺序（删除前面创建的 IDE 和 SCSI 硬盘，虚拟机 BIOS 显示不了太多的硬盘）。新增硬盘如图 6-16 所示。

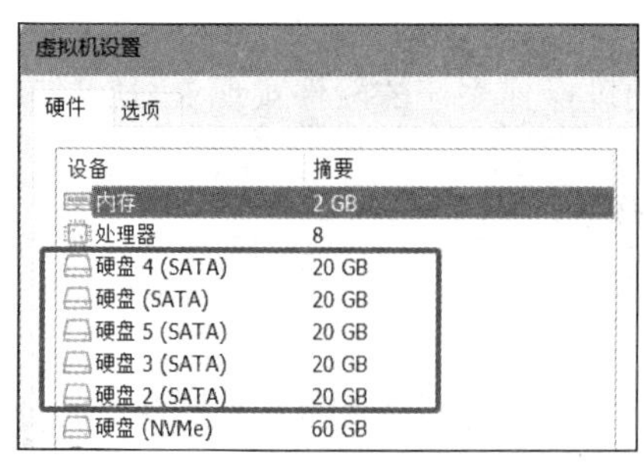

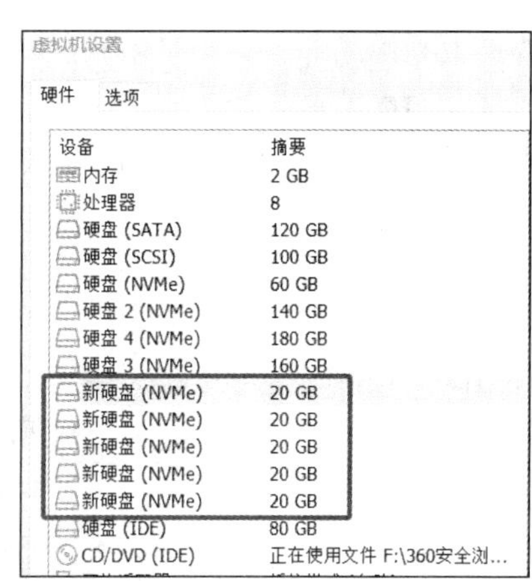

图 6-16 新增硬盘

启动系统后查看硬盘信息，命令如下。

```
[root@server01 ~]#  lsblk | grep sd
sda              8:0    0   20G  0 disk
sdb              8:16   0   20G  0 disk
sdc              8:32   0   20G  0 disk
sdd              8:48   0   20G  0 disk
sde              8:64   0   20G  0 disk
```

1．使用 mdadm 构建阵列

使用 mdadm 构建阵列的语法格式如下。

```
mdadm --create /dev/mdX --level=<级别> --raid-devices=<设备数> /dev/sdX1 /dev/sdY1…
```

选项说明如下。

① **<级别>**：指定 RAID 的级别，例如 0（条带化）、1（镜像）、5（奇偶校验，至少需要 3 台设备）、10（条带镜像）等。

② **<设备数>**：指定参与 RAID 的设备数。

③ **/dev/sdX1 /dev/sdY1 …**：指定要包含在 RAID 中的分区列表。

如果未安装 mdadm，则使用 DNF 安装后再操作。将“/dev/sda”和“/dev/sdb”组成 RAID 0 阵列，命令如下。

```
[root@server01 ~]# mdadm --create /dev/md0 --level=0 --raid-devices=2 /dev/sda
/dev/sdb
mdadm: partition table exists on /dev/sda
mdadm: partition table exists on /dev/sda but will be lost or
       meaningless after creating array
mdadm: partition table exists on /dev/sdb
mdadm: partition table exists on /dev/sdb but will be lost or
       meaningless after creating array
Continue creating array? y
mdadm: Defaulting to version 1.2 metadata
mdadm: array /dev/md0 started.
```

将“/dev/sdc”和“/dev/sdd”组成 RAID 1 阵列，“/dev/sdc1”作为热备盘，命令如下。

```
[root@server01 ~]# mdadm --create /dev/md1 --level=1 --raid-devices=2 /dev/sdc
/dev/sdd
mdadm: partition table exists on /dev/sdc
mdadm: partition table exists on /dev/sdc but will be lost or
       meaningless after creating array
mdadm: Note: this array has metadata at the start and
    may not be suitable as a boot device.  If you plan to
    store '/boot' on this device please ensure that
    your boot-loader understands md/v1.x metadata, or use
    --metadata=0.90
mdadm: partition table exists on /dev/sdd
mdadm: partition table exists on /dev/sdd but will be lost or
       meaningless after creating array
Continue creating array? y
mdadm: Fail create md0 when using /sys/module/md_mod/parameters/new_array
mdadm: /dev/md0 is already in use.
```

查看磁盘信息，可以看到“/dev/md0”为两倍磁盘容量，“/dev/md1”为单倍磁盘容量。

```
[root@server01 ~]# fdisk -l | grep md
Disk /dev/md0: 39.96 GB, 42910875648 字节, 83810304 个扇区
Disk /dev/md1: 19.98 GB, 21455896576 字节, 41906048 个扇区
```

格式化生成的 RAID 驱动器，命令如下。

```
[root@server01 ~]# mkfs.ext4 /dev/md0
[root@server01 ~]# mkfs.ext4 /dev/md1
```

查看 RAID 信息，其中包括当前 RAID 状态、构成、失效设备等，命令如下。

```
[root@server01 ~]#  mdadm -D /dev/md0
/dev/md0:
          Version : 1.2
```

```
     Creation Time : Sun Feb 18 22:46:20 2024
        Raid Level : raid0
        Array Size : 41908224 (39.97 GB 42.91 GB)
      Raid Devices : 2
     Total Devices : 2
       Persistence : Superblock is persistent

       Update Time : Sun Feb 18 22:46:20 2024
             State : clean
    Active Devices : 2
   Working Devices : 2
    Failed Devices : 0
     Spare Devices : 0

        Chunk Size : 512K

Consistency Policy : none

              Name : server01:0  (local to host server01)
              UUID : 24e93b0d:689e5364:3a4594cb:56389272
            Events : 0

    Number   Major   Minor   RaidDevice   State
    0        8       0       0            active sync   /dev/sda
    1        8       16      1            active sync   /dev/sdb
```

挂载驱动器，命令如下。

```
[root@server01 ~]# mkdir /mnt/raid0 /mnt/raid1
[root@server01 ~]# mount /dev/md0 /mnt/raid0
[root@server01 ~]# mount /dev/md1 /mnt/raid1
```

分别在两个 RAID 驱动器上创建文件，命令如下。

```
[root@server01 ~]# touch /mnt/raid0/testRaid0.txt
[root@server01 ~]# touch /mnt/raid1/testRaid1.txt
```

为 RAID 1 增加一块热备盘，如果原来的磁盘损坏，会自动替换热备，命令如下。

```
[root@server01 ~]# mdadm --add /dev/md1 /dev/sde
mdadm: added /dev/sde
```

查看结果，可以看到多了一个热备盘。

```
[root@server01 ~]#  mdadm -D /dev/md1
/dev/md1:
           Version : 1.2
     Creation Time : Sun Feb 18 22:46:50 2024
        Raid Level : raid1
        Array Size : 20954112 (19.98 GB 21.46 GB)
     Used Dev Size : 20954112 (19.98 GB 21.46 GB)
      Raid Devices : 2
     Total Devices : 3
       Persistence : Superblock is persistent

       Update Time : Sun Feb 18 22:51:17 2024
             State : clean
    Active Devices : 2
   Working Devices : 3
    Failed Devices : 0
     Spare Devices : 1

Consistency Policy : resync
              Name : server01:1  (local to host server01)
              UUID : e05e16e3:a2b25b9c:2627896c:40e04880
            Events : 28
    Number   Major   Minor   RaidDevice State
       0       8      32        0      active sync   /dev/sdc
       1       8      48        1      active sync   /dev/sdd

       2       8      64        -      spare         /dev/sde
```

2. 数据恢复

RAID 0 中的任意磁盘损坏，则数据丢失，不可恢复。RAID 1 的数据可以进行恢复。

使用 mdadm 命令将驱动器“/dev/sdd”设置为失效，模拟设备故障。

```
[root@server01 ~]# mdadm /dev/md1 -f /dev/sdd
```

立刻查看 RAID 设备信息，可以看到正在恢复数据，损坏磁盘数量为 1。状态 clean 则说明同步完成，可以更换失效设备。

```
[root@server01 ~]#  mdadm -D /dev/md1
/dev/md1:
           Version : 1.2
     Creation Time : Sun Feb 18 22:46:50 2024
        Raid Level : raid1
        Array Size : 20954112 (19.98 GB 21.46 GB)
     Used Dev Size : 20954112 (19.98 GB 21.46 GB)
      Raid Devices : 2
     Total Devices : 3
     Persistence : Superblock is persistent

     Update Time : Sun Feb 18 22:54:39 2024
           State : clean, degraded, recovering  #正在自动恢复，clean 代表恢复完成
    Active Devices : 1
   Working Devices : 2
    Failed Devices : 1  #已损坏磁盘
     Spare Devices : 1

Consistency Policy : resync

    Rebuild Status : 19% complete

              Name : server01:1  (local to host server01)
              UUID : e05e16e3:a2b25b9c:2627896c:40e04880
            Events : 35

    Number   Major   Minor   RaidDevice State
       0       8       32        0      active sync   /dev/sdc
       2       8       64        1      spare rebuilding   /dev/sde

       1       8       48        -      faulty   /dev/sdd
```

删除标记为失败的硬盘“/dev/sdd”，模拟拆除设备，命令如下。此时，查看 RAID 设备状态，可以看到备份设备为 0。

```
[root@server01 ~]# mdadm --manage /dev/md1 --remove /dev/sdd
mdadm: hot removed /dev/sdd from /dev/md1
```

查看 RAID 1 挂载目录，命令如下。之前的文件都正常存在，数据没有丢失。

```
[root@server01 ~]# ls /mnt/raid1/
lost+found  testRaid1.txt
```

重新添加设备“/dev/sdd”，模拟更换新设备，命令如下。此时，查看 RAID 设备状态，可以看到设备已恢复到最初的状态：0 台失效设备，总共 3 台设备，其中 1 台为热备设备。

```
[root@server01 ~]# mdadm --manage /dev/md1 --add /dev/sdd
mdadm: added /dev/sdd
```

3. 删除 RAID 盘

解除文件系统挂载后，使用“mdadm stop raid 设备名”命令即可停止对应的 RAID 驱动器。

若要清除存储设备上的元数据，可使用“mdadm --zero-superblock 存储设备名”命令清除存储设备上的 RAID 数据。

其他级别的 RAID 的建立大同小异，读者可以自己进行验证。

6.5 习题

1. 在 openEuler 中，（　　）命令用于查看磁盘的分区表。

A. fdisk　B. lsblk　C. parted　D. mkfs

2. 在 openEuler 中，（　　）命令用于创建 ext4 文件系统。

A. mkfs.ext4　B. fdisk　C. mount　D. mkfs.xfs

3. 在 openEuler 中，（　　）命令可以列出当前已挂载的磁盘和文件系统。

A. mount　B. lsblk　C. df　D. du

4. 在 openEuler 中，（　　）命令用于将一个磁盘挂载到指定的挂载点上。

A. mount　B. attach　C. link　D. join

5. 在 openEuler 中，想要卸载一个已经挂载的磁盘，应该使用（　　）命令。

A. unmount　B. eject　C. umount　D. remove

6. 在 openEuler 中，（　　）文件用于配置系统启动时自动挂载的文件系统。

A. /etc/fstab　B. /etc/mount　C. /etc/filesystems　D. /etc/auto_mount

7. 在 openEuler 中，（　　）命令用于创建一个 LVM 物理卷。

A. pvcreate　B. lvcreate　C. vgcreate　D. fdisk

8. 在 openEuler 中，（　　）命令用于创建一个新的 LVM 卷组。

A. pvcreate　B. lvcreate　C. vgcreate　D. fdisk

9. 在 openEuler 中，（　　）命令用于将一个 LVM 卷组扩展到新的物理卷上。

A. pvextend　B. lvextend　C. vgextend　D. lvcreate

10. 在 openEuler 中，（　　）命令用于将一个 LVM 逻辑卷与文件系统关联并挂载到指定的挂载点上。

A. mount　B. attach　C. link　D. lvdisplay

第7章 日常系统管理

主要内容

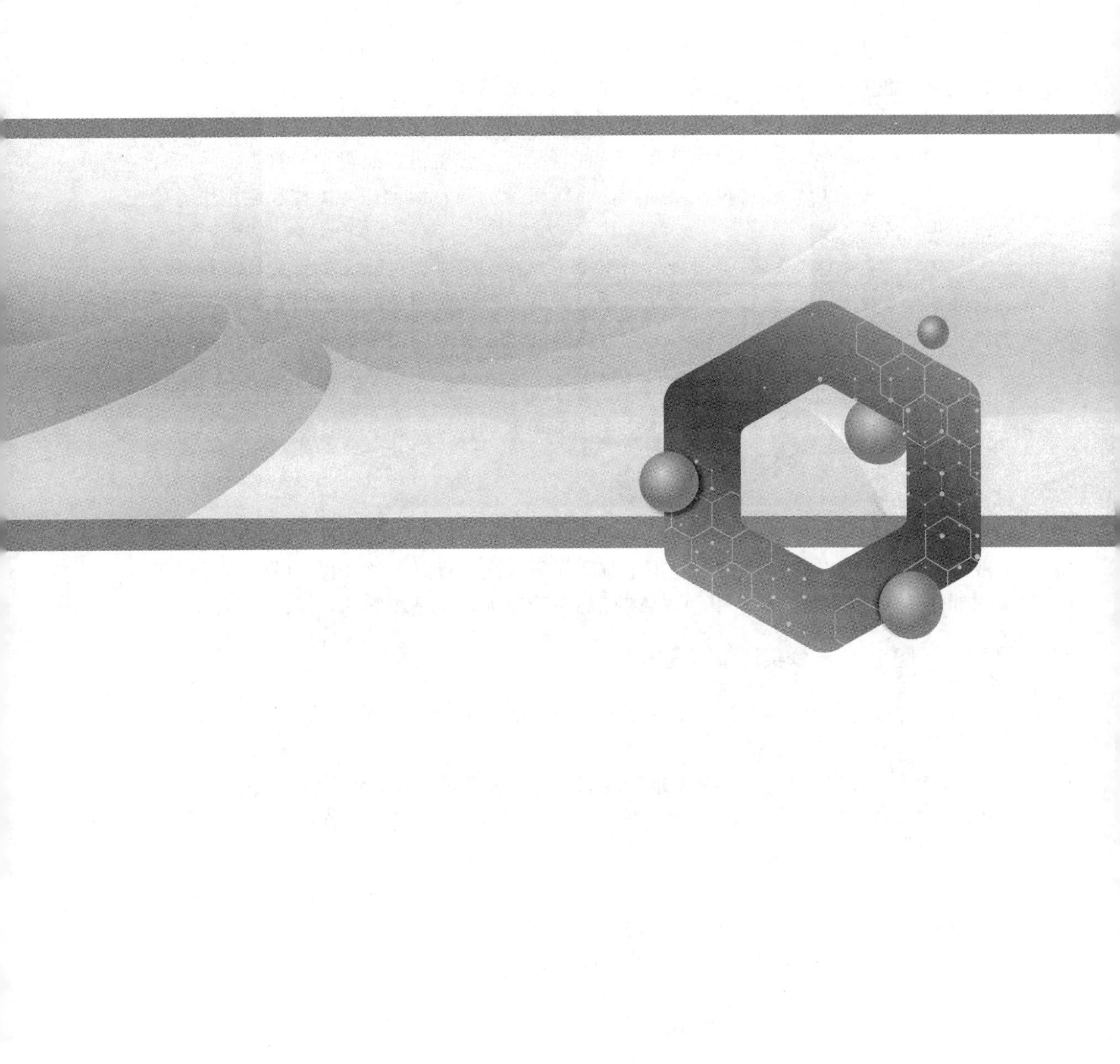

服务器系统在日常运行时需要通过日常维护确保系统的稳定运行，保护数据安全，提高系统性能和响应速度，同时降低系统出现故障和安全漏洞的风险。

同时，持续维护工作，可以降低系统运行成本，并提高系统的可靠性和持续性。日常维护的工作内容包括系统更新和软件包管理、定时备份、磁盘空间管理、系统性能监控、日志管理、用户管理和权限控制、系统安全加固、运行任务监控、应用服务监控、故障排查和修复。

大多数内容前面已经学习过。在本章中，我们将掌握 Linux 的计划任务管理，让系统能够自动化执行一些指令，降低日常维护的难度；学习 Linux 的日志管理，在无人值守状态下，可以通过查看系统日志进行问题的定位；对网络管理命令进行拓展；最后补充一些 Linux 的系统安全管理方面的知识。

7.1 计划任务管理

Linux 中运行中的所有进程都可以被称为任务，但如果某些任务需要在特定的时间或者状态下，以单次、周期或者指定时间间隔多次运行时，这些任务统称为计划任务。周期性任务或按指定时间间隔运行的任务在管理工具上是相同的。

7.1.1 使用 at 命令实现单次任务

在 Linux 系统中，单次任务通常是指只需在特定时间点执行一次的任务。这类任务可以通过 at 命令来实现。

at 命令允许用户指定一个特定的时间来执行命令或脚本，而不是像 cron 那样周期性地执行。用户可以使用 at 命令将任务提交到队列中，然后任务将在指定的时间点执行一次，执行完毕后就会被删除。

at 命令是 atd 服务的客户端程序，atd 服务是一个守护进程。atd 是指 Linux 系统中的一个守护进程，负责处理由用户通过 at 命令提交的单次任务调度。atd 是与 at 命令配合使用的，用于执行指定时间需要执行的任务。

1. atd 守护进程的主要功能

① **监控 at 队列**：atd 守护进程负责监控 at 队列中的任务，并在指定的执行时间点执行这些任务。

② **执行任务调度**：当到达指定的任务执行时间时，atd 守护进程负责调用系统的执行任务的机制来执行相应的任务。

③ **处理任务执行结果**：atd 守护进程会记录执行任务的结果，包括成功执行、执行失败等信息，并通知相应的用户。

通过 at 命令提交的任务会被 atd 守护进程接收并处理，以确保任务在指定的时间点被准确执行。atd 守护进程对于实现单次任务调度非常重要，可以使用户可以灵活地安排特定时间执行的任务，而无须手动进行管理。

2. at 命令的使用

首先需要安装 at 工具，命令如下。

```
[root@server01 ~]# dnf install at -y
```

安装完毕，启动 atd 服务，命令如下。

```
[root@server01 ~]# systemctl enable atd && systemctl start atd
```

查看 atd 服务的状态，状态为 active（running）运行中。

```
[root@server01 ~]# systemctl status atd
● atd.service - Deferred execution scheduler
   Loaded: loaded (/usr/lib/systemd/system/atd.service; enabled; vendor preset:
enabled)
   Active: active (running) since Tue 2024-02-20 10:01:09 CST; 1min 27s ago
     Docs: man:atd(8)
 Main PID: 9468 (atd)
    Tasks: 1
   Memory: 212.0K
   CGroup: /system.slice/atd.service
           └─9468 /usr/sbin/atd -f

2月 20 10:01:09 server01 systemd[1]: Started Deferred execution scheduler.
```

使用 PS 命令查看 atd 服务的运行状态。

```
[root@server01 ~]# ps -ef | grep atd
root       9468      1  0 10:01 ?        00:00:00 /usr/sbin/atd -f
root      20178   1667  0 10:31 pts/0    00:00:00 grep --color=auto atd
```

at 命令的语法格式如下。

```
at[参数][时间]
```

参数说明如下。

① **-m**：指定的任务完成之后，给用户发送邮件（即使没有标准输出）。

② **-I**：atq 命令的别名。

③ **-d**：atrm 命令的别名。

④ **-v**：显示任务将被执行的时间。

⑤ **-c**：打印任务的内容到标准输出（标准输出是程序默认的输出目标，通常是终端屏幕）。

⑥ **-V**：显示版本信息。

⑦ **-q<列队>**：使用指定的列队。

⑧ **-f<文件>**：从指定文件读入任务而不是从标准输入（默认的输入目标端）读入。

⑨ **-t<时间参数>**：以时间参数的形式提交要执行的任务。

⑩ **TIME**：时间格式，这里可以定义进行 at 这项任务的时间。

at 允许使用一套相当复杂的指定时间的方法，具体如下。

可以以当天的 hh:mm（小时:分钟）式的时间指定。假如该时间已过去，那么就放在第二天的同一时间执行。

除了精确的时间格式，还可以使用 midnight（深夜）、noon（中午）、teatime（饮茶时间，一般是下午 4 点）等比较模糊的词语来指定时间。

用户也可以采用 12 小时计时制，即在时间后面加上 AM（上午）或 PM（下午）来说明是上午还是下午。

此外，可以指定命令执行的具体日期，指定格式为 month day（月 日）或 mm/dd/yy（月/日/年）或 dd.mm.yy（日.月.年）。需注意，指定的日期必须跟在指定时间的后面。

除了上述时间指定方式，还可以采用相对计时法。其指定格式为“now + count time-units”，其中“now”是当前时间，“time-units”是时间单位，具体可以是“minutes”（分钟）、“hours”（小时）、“days”（天）、“weeks”（星期）。“count”表示时间的数量，用于表示是几天还是几小时等。还有一种计时方法就是直接使用“today”（今天）、

“tomorrow”（明天）来指定完成命令的时间。

3. at 命令支持的时间格式

① **HH:MMex> 04:00**：在今日的 HH:MM 时刻进行，若该时刻已超过，则明天的 HH:MM 进行此任务。

② **HH:MM YYYY-MM-DD**：强制规定在某年某月的某一天的特殊时刻进行该任务。

③ **HH:MM[am|pm][Month][Date]**：强制在某年某月某日的某时刻进行该任务。

④ **HH:MM[am|pm]+number[minutes|hours|days|weeks]**：在某个时间点再增加几个小时后才进行该任务。

新建任务 1：一分钟后，将当前系统进程信息输出并保存到文本文件中。at 为交互性命令，用户设置好执行时间后，系统会进入 at 交互模式。用户输入要执行的指令，之后按“Ctrl+d”组合键（屏幕显示为<EOF>），系统将保存任务并退出。

```
[root@server01 ~]# at now +1 minute
warning: commands will be executed using /bin/sh
at> ps -ef > ps.txt
at> <EOT>
job 3 at Tue Feb 20 14:22:00 2024
```

在 at 交互中，用户可以输入多条指令。如果指令过于复杂，也可以将其编写在 Shell 脚本（后文将讲解 Shell 脚本），在设置任务时，只需指定执行该脚本即可。例如，设置一分钟后执行 at.sh 文件中的脚本，命令如下。

```
at now +1 minute < at.sh
```

使用 atq 命令或者“别名-l”查看任务执行情况。如果有待执行任务，则显示以下信息（第一个数字代表任务序号）；如果没有待执行任务，则什么都不显示。

```
[root@server01 ~]# atq  #或者 at -l
1       Tue Feb 20 14:22:00 2024 a root
```

到达预设时间后，任务中的指令会自动执行。主目录中可以看到生成的文本文件，内容为当时的 ps 信息。

```
[root@server01 ~]# ls -l | grep ps
-rw-r--r--. 1 root root 17266  2月 20 14:22 ps.txt
```

新建任务 2：在 17 点执行“/bin/ls”命令。

```
[root@server01 ~]# at 5pm+3 days
warning: commands will be executed using /bin/sh
at> /bin/ls
at> <EOT>
job 4 at Fri Feb 23 17:00:00 2024
```

新建任务 3：第二天 17 点，在指定文件内输出时间。

```
warning: commands will be executed using /bin/sh
at> date > ~/2023.log
at> <EOT>
job 5 at Wed Feb 21 17:20:00 2024
```

再次使用 atq 命令查看任务列表，可以看到待执行的任务 4 和任务 5（根据实际情况）。

```
[root@server01 ~]# atq
4       Fri Feb 23 17:00:00 2024 a root
5       Wed Feb 21 17:20:00 2024 a root
```

可以使用以下命令查看指定编号任务的内容。

```
[root@server01 ~]# at -c 4
```

使用 at 命令创建所要运行的计划任务时，计划任务以文档的方式写入/var/spool/at/目录。查看该目录下的任务文件，其内容和使用 at -c 命令查看任务详情的结果相同。

```
[root@server01 ~]# ls /var/spool/at/ -l
总用量 12
-rwx------. 1 root root 3043  2月 20 15:01 a0000501b27ef0
-rwx------. 1 root root 3028  2月 20 15:53 a0000601b28a1c
```

未执行的任务可以使用 atrm 或者“at-d”删除指定编号的任务。删除 4 号任务后查看任务列表，命令如下。

```
[root@server01 ~]# atrm 4 #或者 at -d
[root@server01 ~]# atq
5       Wed Feb 21 17:20:00 2024 a root
```

4．at 命令的安全

主机遭到攻击破解后，系统中会存在大量网络攻击者植入程序，这些程序极有可能利用一些计划任务来实现自身运行或搜集系统的运行信息，并会定时将搜集到的信息发送给网络攻击者。因此，除非是用户认可的账号，否则应限制使用 at 命令。

利用/etc/at.allow 与/etc/at.deny 两个文件来限制 at 的用户，规则如下。

① 先寻找/etc/at.allow 文件，只有被列在这个文件中的用户才能使用 at 命令，没有列在这个文件中的用户则不能使用 at 命令（即使没有写在 at.deny 当中）。

② 如果/etc/at.allow 文件不存在，就寻找/etc/at.deny 文件，写在这个 at.deny 文件中的用户不能使用 at 命令，而没有在这个 at.deny 文件中的用户，则可以使用 at 命令。

③ 如果两个文件都不存在，那么只有 root 可以使用 at 命令。

_/etc/at.allow 是一种管理较为严格的方式，只有列在该文件中的用户才能使用 at 命令。相比之下，/etc/at.deny 的管理方式较为宽松，只要用户的账号没有出现在该文件中，就可以使用 at 命令。

通常情况下，系统默认所有用户都是可信任的，因此会保留一个空的/etc/at.deny 文件，允许所有用户使用 at 命令。如果不希望某些用户使用 at 命令，只需将其账号写入 etc/at.deny 文件中，每个账号占一行。

7.1.2　crond 周期任务

Linux 中的周期性任务指的是定期按照预定时间间隔自动执行的任务。这些任务可以是系统维护、日常清理、数据备份、日志分析等各种需要定期执行的操作。周期性任务可以帮助用户进行自动化重复性工作，从而提高效率。

crond 全称是 crontab，是 Linux 下用来周期性地执行某种任务或等待处理某些事件的一个守护进程，一般默认系统会安装此服务工具，并且会自动启动 crond 进程。crond 进程每分钟会定期检查是否有要执行的任务，如果有要执行的任务，则自动执行该任务。

1．crond 服务

验证 crond 服务是否在运行中。如果没有，参考前面内容安装和运行服务。crond 服务状态如图 7-1 所示。

```
[root@server01 ~]# systemctl status crond
● crond.service - Command Scheduler
   Loaded: loaded (/usr/lib/systemd/system/crond.service; enabled; vendor preset: enabled)
   Active: active (running) since Tue 2024-02-20 08:31:05 CST; 8h ago
 Main PID: 975 (crond)
    Tasks: 1
   Memory: 23.5M
   CGroup: /system.slice/crond.service
           └─975 /usr/sbin/crond -n
```

图 7-1　crond 服务状态

2. crond 的配置文件

crond 任务分为系统任务和用户任务，分别通过两个不同路径的配置文件进行维护。

① **系统任务**：/etc/crontab 文件负责安排由系统管理员制定的维护系统和其他任务的 crontab。

② **用户任务**：/var/spool/cron/目录下存放的是每个用户（包括 root 用户）的 crontab 任务，每个任务以创建者的名字命名，例如 tom 创建的 crontab 任务对应的文件就是/var/spool/cron/tom。一般一个用户最多只有一个 crontab 文件。

用户周期任务和系统周期任务之间存在以下区别。

① **执行权限**：用户周期任务是由普通用户创建和管理的，只在这些用户的环境中执行。而系统周期任务是由超级用户（例如 root 用户）创建和管理的，并在整个系统范围内执行。

② **执行范围**：用户周期任务只适用于创建任务的用户，对其他用户不可见。而系统周期任务适用于整个系统，无论是哪个用户执行的任务，都可以对系统产生影响。

③ **系统级别访问**：系统周期任务通常具有对系统资源和配置进行广泛修改的能力。这是因为它们由超级用户创建和管理，可以对整个系统进行更深入的操作。而用户周期任务的权限通常受限于用户的访问权限。

④ **安全性**：由于系统周期任务是由超级用户创建和管理的，因此更容易受到恶意操作的攻击。相比之下，用户周期任务的风险较低，只对创建任务的用户产生影响。

⑤ **管理**：用户周期任务可以由用户自由创建、编辑和删除。系统周期任务通常需要通过特定的管理工具或配置文件进行创建和管理。

3. crontab 命令

crontab 命令的语法格式如下。

```
crontab [options] file
crontab [options]
```

常用参数说明如下。

① **-e**：用于编辑当前用户的 crontab 文件，如果文件不存在，则会创建一个新的 crontab 文件。

② **-l**：用于列出当前用户的 crontab 任务列表。

③ **-r**：用于删除当前用户的 crontab 文件，并删除所有任务。

④ **-u username**：用于操作其他用户的 crontab 文件，其中 username 是指定的用户名。

⑤ **-i**：在删除 crontab 文件时进行交互式确认，提示用户是否真正要删除 crontab 文件。

⑥ **-n[hostname]**：用于查看指定主机的 crontab 任务列表，其中 hostname 是需要查看的主机名。

4. 创建任务

执行 crontab-e 命令可以进入用户周期任务编辑界面（一个文本编辑界面），按照规定格式进行指令的书写。指令格式可参看以下/etc/crontab 文件。

```
# For details see man 4 crontabs

# Example of job definition:
# .---------------- minute (0 - 59)
```

```
# |  .------------- hour (0 - 23)
# |  |  .---------- day of month (1 - 31)
# |  |  |  .------- month (1 - 12) OR jan,feb,mar,apr ...
# |  |  |  |  .---- day of week (0 - 6) (Sunday=0 or 7) OR sun,mon,tue,wed,thu,fri,sat
# |  |  |  |  |
# *  *  *  *  * user-name  command to be executed
```

“*　*　*　*　* user-name　command to be executed ”就是逐条指令的格式。“*”为时间的通配符，表示所有。

（1）指令构成说明

① **minute**：表示分钟，可以是 0~59 的任何整数。

② **hour**：表示小时，可以是 0~23 的任何整数。

③ **day**：表示日期，可以是 1~31 的任何整数。

④ **month**：表示月份，可以是 1~12 的任何整数。

⑤ **week**：表示星期几，可以是 0~7 的任何整数，这里的 0 或 7 代表星期日。

⑥ **command**：要执行的命令，可以是系统命令，也可以是自己编写的 Shell 脚本文件。

（2）时间字段使用的特殊字符

① **星号（*）**：代表所有可能的值，例如 month 字段如果是星号，则表示在满足其他字段的制约条件后每月都执行该命令。

② **逗号（,）**：用逗号隔开的值，指定一个列表范围，例如，“1,2,5,7,8,9”。

③ **中杠（-）**：用整数之间的短横线表示一个整数范围，例如，“2-6”表示“2,3,4,5,6”。

④ **正斜线（/）**：用正斜线指定时间的间隔频率，例如，“0-23/2”表示每两个小时执行一次。同时，正斜线可以和*一起使用，例如*/10，如果用在 minute 字段，表示每 10 分钟执行一次。

例：执行“crontab -e”命令，进入任务编辑界面后依次编辑任务。

首先设置每隔两分钟，以追加模式。追加模式输出当前时间到“/tmp/ test.txt”。

```
*/2 * * * * date >> /tmp/test.txt
```

每天上午 10 点，追加模式输出“Good morning.”到“/tmp/ test.txt”。

```
0 10 * * * echo "Good morning." >> /tmp/test.txt
```

每两个小时，追加输出“Have a break now.”到“/tmp/hello.txt”。

```
0 */2 * * * echo "Have a break now." >> /tmp/test.txt
```

每小时执行/etc/cron.hourly 内的脚本。以下命令说明：以 root 身份执行，run-parts 为参数名。

```
01 * * * * root run-parts /etc/cron.hourly
```

每周一、周三、周五的下午 3：00，系统进入维护状态，重新启动系统。

```
0 0 15 * * 1,3,5 shutdown -r +5
```

完成后保存并退出编辑器，会在/var/spool/cron/目录下看到一个和当前用户名相同的文件，如果格式错误会看到错误提示。

```
[root@server01 ~]# ls /var/spool/cron/
Root
```

查看当前用户的所有任务，结果是/var/spool/cron/任务文件内容。

```
[root@server01 ~]# crontab -l
*/2 * * * * date >> /tmp/test.txt
0 10 * * * echo "Good morning." >> /tmp/test.txt
0 */2 * * * echo "Have a break now." >> /tmp/test.txt
01 * * * * root run-parts /etc/cron.hourly
```

```
0 0 15 * * 1,3,5 shutdown -r +5
```

过一段时间查看/tmp/test.txt 内容，可以看到每隔两分钟输出的时间。

```
[root@server01 ~]# cat /tmp/test.txt
Have a break now.
2024年 02月 20日 星期二 18:52:01 CST
2024年 02月 20日 星期二 18:54:01 CST
2024年 02月 20日 星期二 18:56:01 CST
2024年 02月 20日 星期二 18:58:01 CST
2024年 02月 20日 星期二 19:00:01 CST
2024年 02月 20日 星期二 19:02:01 CST
```

执行以下命令可以删除所有定时任务，查看任务列表为空。

```
[root@server01 ~]# crontab -r
[root@server01 ~]# crontab -l
no crontab for root
```

以上只是一些简单的指令举例。在日常使用中，我们可以把文件备份、资源清理、定时启动等作为周期任务保存起来自动执行。系统周期任务和个人周期任务指令书写格式一致，不再进行演示。

7.1.3 使用 systemd timer 组件实现周期任务

除了 crontab，还可以使用 systemd timer 来创建周期性任务。相比于 crontab，它的优势是可以与 systemd 服务进行集成，方便管理和监控。

1．crontab 的缺点

① 只支持分钟级别精度的定时任务。

② 定时规则太死板。

③ 当调度到本次任务时，如果上次调度的任务仍在执行，则无法阻止本次任务，重复执行（需结合 flock）。

④ 无法对定时任务可能消耗的大量资源作出限制。

⑤ 不支持只执行一次定时的计划任务。

⑥ 日志不直观，不方便调试任务。

2．systemd 的特点

① systemd 系统中包含 timer 计时器组件。timer 可以完全替代 cron+at，可精确到微秒级别，支持的时间单位包括 μs（微秒）、ms（毫秒）、s（秒）、m（分）、h（时）、d（日）、w（周）。

② 可对定时任务进行资源限制。

③ 可替代 cron 和 at 工具，且支持比 cron 更加灵活丰富的定时规则。

④ 不会重复执行定时任务，如果触发定时任务时发现上次触发的任务还未执行完，那么本次触发的任务不会执行。

⑤ systemd 启动服务的操作具有幂等性，如果服务正在运行，启动操作将不做任何事，所以，可以每秒或每几秒启动一次服务，免去判断进程是否存在的过程。

⑥ 可集成到 journal 日志，方便调试任务，方便查看任务调度情况。

3．systemd 单元文件

使用 systemd timer 定时任务时，需要同时编写两个文件。

以.timer 为后缀的 Systemd Unit：该文件描述定时任务如何定时。

以.service 为后缀的 Systemd Service Unit：该文件描述定时任务要执行的操作。

这两个文件名称通常保持一致（除了后缀部分），它们可以放在下面的目录中。

```
/usr/lib/systemd/system/foo.service
/usr/lib/systemd/system/foo.timer

/etc/systemd/system/foo.service
/etc/systemd/system/foo.timer

~/.config/systemd/user/foo.timer
~/.config/systemd/user/foo.service
```

4．service 文件的构成

（1）Unit 部分

Description：服务的文字描述。

Requires、Wants：定义服务启动的依赖关系。

After、Before：定义服务启动顺序的关系。

（2）Service 部分

Type：定义服务的类型，常见的类型有 simple、forking、oneshot、dbus 和 notify。

ExecStart：定义要在服务启动时执行的命令或脚本。

ExecStop：定义要在服务停止时执行的命令或脚本。

ExecReload：定义要在服务重新加载时执行的命令或脚本。

Restart：定义在服务失败时是否自动重启。

RestartSec：定义在重新启动服务之前需要等待的时间。

User、Group：指定服务应以哪个用户和组的身份运行。

WorkingDirectory：定义服务的工作目录。

Environment：设置环境变量。

（3）Install 部分

WantedBy：指定所需安装的 systemd target。常见的目标有 multi-user.target、graphical.target 和 timers.target。

Also、Alias、RequiredBy、Requires、Before、After：用于定义和其他服务之间的关系。

这些是 service 文件的一些基本选项和参数，具体的配置可以根据实际需求进行自定义。创建或修改 service 文件后，需要使用 systemctl daemon-reload 命令来重新加载 systemd 的配置信息，使其生效。

5．timer 文件的构成

（1）Unit 部分

① Description：描述该定时器的简短说明。

② Documentation：提供有关定时器的任意文档链接。

（2）Timer 部分

① OnActiveSec、OnBootSec：定义系统在激活或引导后，定时器触发的时间间隔。

② OnUnitInactiveSec、OnUnitActiveSec：定义当特定服务或目标不再处于活动状态或恢复活动状态时，定时器触发的时间间隔。

③ OnCalendar、RandomizedDelaySec：定义基于日历时间或随机延迟触发定时器。

④ AccuracySec：定义定时器触发的精确度。

（3）Install 部分

WantedBy：指定所需安装的 systemd target。常见的目标有 Timers.target。

在 timer 文件中，还需要指定要触发的服务或脚本。这通常是通过在 Timer 部分的 Unit 指令中使用 Unit = your_service.service 的方式来实现。

创建或修改 timer 文件后，同样需要使用 systemctl daemon-reload 命令重新加载 systemd 的配置信息，使其生效。

定时器的调度和状态改变与服务管理调度相同。定时器调度命令如下。

```
systemctl enable myjob.timer
systemctl start myjob.timer
systemctl stop myjob.timer
systemctl disable myjob.timer
```

例：使用周期任务输出时间到日志文件中。

这里使用脚本文件。首先使用 Vim 编辑器创建脚本文件“/opt/now_time.sh”。

```
#!/bin/bash
echo "$(date)" >> /tmp/time_record.log
```

修改脚本文件权限为可执行，命令如下。

```
[root@server01 ~]# chmod 755 /opt/now_time.sh
```

使用 Vim 编辑器创建一个 service 单元文件“/usr/lib/systemd/system/timerecord.service”。输入以下内容，保存并退出。

```
[Unit]
Description=now time service

[Service]
ExecStart=/opt/now_time.sh

[Install]
WantedBy=multi-user.target
```

使用 Vim 编辑器创建 timer 文件“/usr/lib/systemd/system/timerecord.timer”。输入以下内容，保存并退出。

```
[Unit]
Description=Run timerecord every 1 minute

[Timer]
OnBootSec=2min
OnUnitActiveSec=1min
Unit=timerecord.service

[Install]
WantedBy=timers.target
```

加载配置并启动服务。

```
systemctl  daemon-reload                #重新加载配置
systemctl  enable timerecord.timer      #创建服务
systemctl  start  timerecord.timer      #启动定时任务
```

使用以下命令查看服务执行情况。

```
[root@server01 ~]# systemctl list-timers | grep timerecord
Wed  2024-02-21  16:34:50  CST   858ms  left  Wed  2024-02-21  16:33:50  CST   59s  ago
timerecord.timer           timerecord.service
```

可以看到 timerecord.timer 和 timerecord.service 已经成功启动并且正在运行。根据输出的时间戳信息，timerecord.timer 下一次触发的时间是 Wed 2024-02-21 16:34:50 CST，距离

当前时间还剩 858ms，上一次触发时间是 Wed 2024-02-21 16:33:50 CST，即 59s 之前。

这表示 timerecord.timer 每隔一分钟启动一次 timerecord.service，而 timerecord.service 则会执行对应的脚本或命令。系统当前时间为 2024-02-21 16:33:51 CST，所以 timerecord.timer 正在等待下一次触发。

输出的日志文件如下，可以看到每分钟保存下来的时间信息。

```
[root@server01 ~]# cat  /tmp/time_record.log
2024 年 02 月 21 日 星期三 08:45:37 CST
2024 年 02 月 21 日 星期三 08:45:37 CST
2024 年 02 月 21 日 星期三 08:45:37 CST
2024 年 02 月 21 日 星期三 08:45:37 CST
2024 年 02 月 21 日 星期三 08:45:37 CST
2024 年 02 月 21 日 星期三 08:45:37 CST
```

7.2　日志管理

7.2.1　日志的作用

日志是系统、应用程序或设备在运行过程中记录和存储事件、活动和状态信息的记录文件，包含系统的操作、错误、警告、通知和其他相关的信息。日志记录了系统和应用程序的各种活动。

和计划任务一样，日志可以帮助系统管理员和开发人员在服务运行期间跟踪和分析系统的行为和性能，以解决问题、诊断故障和监控安全。通过查看和分析日志，可以确定系统中出现的问题，了解系统的状态和变化，发现潜在的安全威胁，并在必要时采取适当的措施。

日志在计算机系统和网络中发挥着重要的作用，主要包括以下几个方面。

① **故障排除**：当系统发生故障或异常时，日志可以记录导致问题的事件、错误信息和警告，有助于快速定位和解决故障。

② **安全审计**：日志可以记录系统和网络的安全事件，例如登录尝试、权限变更、恶意软件活动等，以便进行安全审计和追踪安全违规行为。

③ **性能监测**：通过日志记录系统的性能指标、资源利用情况和应用程序运行状态，监测系统的性能表现并进行性能优化。

④ **合规性和法律责任**：某些行业和法规中要求组织机构保留和监管特定类型的日志数据，以确保合规性，在必要时可将其作为证据。

⑤ **趋势分析**：通过对日志进行趋势分析，可以发现系统运行的趋势、识别用户行为模式以及异常情况，从而为系统优化和问题预防提供有价值的参考。

⑥ **证据和调查**：在发生安全事件、数据泄露、网络攻击等情况下，日志可以作为关键的证据来源，助力数字取证和调查。

在 Linux 系统中，日志记录了操作系统、运行中的应用程序和服务、系统守护进程、硬件设备和安全机制的信息。Linux 日志的作用与其他计算机系统的日志作用相类似。

Linux 系统中的日志内容非常丰富，通常可以在/var/log/目录下找到各种不同的日志文件。一些常见的日志文件及其记录的内容如下。

① **/var/log/syslog 或/var/log/messages**：包含系统的全局日志，记录了系统的大多数日志信息（从内核消息到各种系统服务信息）。

② **/var/log/auth.log**：记录与认证和授权相关的所有事件，包括用户登录、sudo 命令使用、SSH 登录等。

③ **/var/log/kern.log**：记录内核产生的消息和警告，对于分析和解决内核级问题非常重要。

④ **/var/log/dmesg**：存储系统引导时内核检测到的硬件和驱动程序的状态信息。

⑤ **/var/log/apache2/（或/var/log/httpd/等）**：Web 服务器 Apache 的日志目录，记录了访问、错误等信息。

⑥ **/var/log/mail.log**：邮件服务器（例如 Postfix 或 Sendmail）的日志文件，记录邮件发送和接收相关的信息。

⑦ **/var/log/boot.log**：记录系统启动过程中的各种信息。

⑧ **/var/log/cron**：记录定时任务（cron 任务）的运行信息。

Linux 系统中的日志工具（例如 syslogd、rsyslog 和 journald 等）允许管理员配置日志的记录级别、目的地（例如本地文件、数据库或远程服务器）及旋转和归档日志文件的策略。此外，还有各种日志分析工具可以帮助用户理解和加工这些日志数据，以更容易识别问题或洞察系统运行状态。

7.2.2 rsyslog 日志管理工具

rsyslog 是一种用于 UNIX 和 Linux 系统的日志管理工具。它能够接收、处理和传送系统、应用程序和设备生成的日志消息。rsyslog 是 syslog 协议的实现之一，通过网络协议（例如 UDP 或 TCP）从各种来源收集日志信息，并将其记录到本地文件或远程服务器上。rsyslog 工作模式如图 7-2 所示。

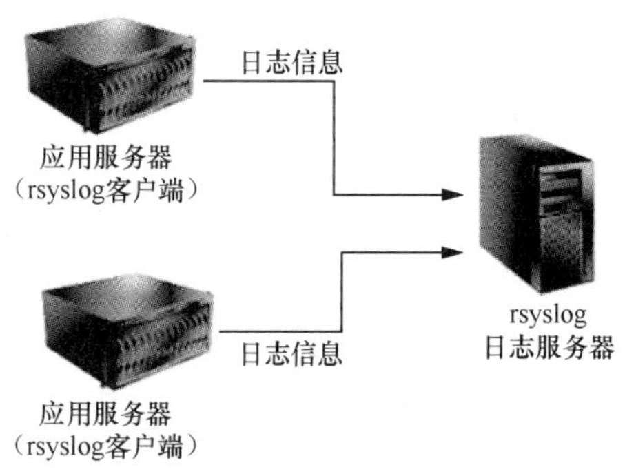

图 7-2 rsyslog 工作模式

rsyslog 提供了强大的日志过滤、分析和传输功能，可以根据各种条件对日志进行筛选和分类。它支持灵活的配置选项，允许管理员在日志信息被处理和存储之前对其进行预处理。rsyslog 还可以与其他工具和系统，例如日志分析工具、安全信息和事件管理系统等集成。

通过有效使用 rsyslog，管理员能够中央化管理系统日志，并实时监控和分析日志数据。这有助于及时发现系统问题、故障和安全事件，并采取相应的措施加以解决。此外，rsyslog 还支持日志的归档、压缩和加密等功能。

1．验证安装

验证是否安装了 rsyslog，若没有安装，则使用 DNF 进行安装，命令如下。

```
[root@server01 ~]# rpm -q rsyslog
未安装软件包 rsyslog
[root@server01 ~]# rpm -q rsyslog3
```

验证 rsyslog 服务是否处于运行状态，命令如下。

```
[root@server01 ~]# systemctl status rsyslog
● rsyslog.service - System Logging Service
   Loaded: loaded (/usr/lib/systemd/system/rsyslog.service; enabled; vendor preset:
enabled)
   Active: active (running) since Wed 2024-02-21 08:33:52 CST; 9h ago
     Docs: man:rsyslogd(8)
           http://www.rsyslog.com/doc/
 Main PID: 1482 (rsyslogd)
    Tasks: 3
   Memory: 10.9M
   CGroup: /system.slice/rsyslog.service
           └─1482 /usr/sbin/rsyslogd -n -i/var/run/rsyslogd.pid
```

2．rsyslog.conf 配置文件

/etc/rsyslog.conf 是 rsyslog 服务的主要配置文件，定义了 rsyslog 的行为和功能。配置文件由以下内容构成。

① /etc/sysconfig/rsyslog：表示定义级别，已弃用。

② /etc/logrotate.d/rsyslog：日志轮转和切割相关的配置。

作为系统日志管理工具，rsyslog 默认将系统日志存放在路径/var/log 目录中，日志目录如图 7-3 所示。

```
[root@server01 ~]# ls /var/log/
anaconda      cron                        dnf.log      hawkey.log-20240130  maillog                    private           rpmpkgs-20240220  tuned
audit         dnf.librepo.log             dnf.rpm.log  hawkey.log-20240211  messages                   README            secure            wtmp
btmp          dnf.librepo.log-20240130    dracut.log   hawkey.log-20240220  messages-20240131          rpmpkgs           spooler
btmp-20240201 dnf.librepo.log-20240211    firewalld    httpd                messages-20240214          rpmpkgs-20240130  systemtap.log
chrony        dnf.librepo.log-20240220    hawkey.log   lastlog              openEuler-security.log     rpmpkgs-20240211  tallylog
```

图 7-3　日志目录

3．/etc/rsyslog.conf 文件中常见的配置项及其作用

（1）全局设置

全局设置以 global 关键字开头。在这个部分，用户可以设置以下全局选项。

① **workDirectory**：指定辅助文件的存放位置。

② **UMask**：设置创建文件的权限掩码。

③ **MaxMessageSize**：限制每条日志信息的最大字节数。

④ **UseDNS**：指定是否要进行 DNS 查询以获取主机名。

⑤ **InputFilePollInterval**：设置检查输入文件的间隔时间。

（2）模块加载

模块加载以 module(load="<module_name>"<module_parameters>)的形式加载不同的模块。常用的模块如下。

① **imuxsock**：用于提供对本地系统日志的支持。

② **imjournal**：用于访问 systemd 的日志服务。

③ **imfile**：用于监视文件，并将文件的内容作为日志信息进行处理。

④ **omfile**：用于将日志信息写入文件。

（3）模块参数设置

一些模块可能需要设置参数，例如 imjournal 模块可以指定日志位置的文件路径。

（4）规则定义

规则定义以规则的格式来设置日志信息的处理方式。每个规则由一个或多个选择器、一个或多个操作组成。

① **选择器**：用于匹配日志信息，常见的选择器包括*（所有信息）、facility.level（设备.facility）和 programname（程序名称）等。

② **操作**：定义了对匹配到的日志信息要执行的动作，例如将其写入文件、发送到远程服务器、通过电子邮件发送等。

（5）include 语句

Include 语句用于包含其他配置文件。例如，include(file="/etc/rsyslog.d/*.conf")可以将/etc/rsyslog.d/目录下的所有.conf 文件都包含进来。

为了能进行日志的收发，需要进行以下网络配置。

① 加载对应模块，开启 UDP 的 514 端口，开启 TCP 的 514 端口，接收 TCP、UDP 端口上远程发送来的日志。

```
$Modload imudp           #使 rsyslog 通过 UDP 接收日志
$UDPServerRun 514        #在 UDP 的 514 端口上运行日志服务器，等待日志消息
$ModLoad imtcp           #使 rsyslog 通过 TCP 接收日志
$TCPServerRun 514        #在 TCP 的 514 端口上运行日志服务器，等待日志消息
```

② @表示允许主机通过 UDP 转发日志。@@表示允许主机通过 TCP 转发日志。

```
*.*@127.0.0.1:514       #将所有消息（*.*）通过 UDP 转发到本机的 514 端口
*.*@@127.0.0.1:514      #将所有消息（*.*）通过 TCP 转发到本机的 514 端口
*.*@目标主机 ip:514      #所有消息通过 UDP 发送到目标 IP 主机地址（根据情况替换）
*.*@@目标主机 ip:514     #所有消息通过 TCP 发送到目标 IP 主机地址（根据情况替换）
```

增加信息到“/etc/rsyslog.conf”配置文件的末尾。不建议同时使用两种协议，UDP 这一部分被注释了。IP 地址为当前服务器 127.0.0.1 环回地址。因为都是通过网络协议收发，虽然是自己发给自己，模拟两台机器工作，但效果相同。编辑完成，保存退出。

```
# Save boot messages also to boot.log
local7.*                                        /var/log/boot.log

#$ModLoad imudp
#$UDPServerRun 514
$ModLoad imtcp
$TCPServerRun 514


#*.* @127.0.0.1:514
*.* @@127.0.0.1:514
```

重启服务，用当前服务器模拟日志的发送和接收。

```
[root@server01 ~]# systemctl restart rsyslog
```

再次打开一个终端，输入以下命令，筛选收到包含 test 的日志的改变信息。

```
[root@server01 ~]# tail -f  /var/log/messages | grep test
```

并排两个终端窗口，以便于观察。在原终端中使用 logger 工具手动发送日志，另一个终端可以模拟日志服务器收到的日志信息，如图 7-4 所示。

图 7-4　日志收发

7.2.3　Logrotate 日志文件管理工具

日志内容多数是体量较小的字符信息，但服务器在采集多个维度且长期连续运行的情况下，有可能会产生数量众多且杂乱的日志文件和信息。日志文件不利于快速筛选和处理，且长时间积累也会占据服务器的大量存储空间。

Logrotate 是一个用于管理日志文件的工具，旨在自动化日志文件的轮转、压缩、删除和其他操作，以帮助控制日志文件的大小并确保系统的日志文件不会无限增加。Logrotate 的主要作用如下。

① **日志轮转**：定期将当前日志文件以指定的方法重命名，例如添加时间戳或数字后缀，并创建一个新的空日志文件，以便继续记录日志数据。

② **日志压缩**：对旧的日志文件进行压缩操作，以节省磁盘空间。

③ **日志删除**：根据配置的规则，删除过期或不再需要的日志文件，以避免占用过多的磁盘空间。

④ **信号通知**：在轮转日志文件后，可以通过发送与信号通知相关的应用程序重新打开日志文件，以便应用程序继续将日志写入新的日志文件。

⑤ **灵活的配置**：Logrotate 提供了丰富的配置选项，可以根据用户的需求对日志文件进行定制化管理，例如设置轮转周期，保留旧日志文件的数量、压缩方式和执行自定义脚本等。

通过 Logrotate，系统管理员可以轻松地管理和维护日志文件，避免日志文件过大导致磁盘空间耗尽或日志数据不易管理的情况。通常，Logrotate 通过在系统上设置定时任务，定期执行日志文件的管理操作。

1．验证安装

使用 RPM 工具验证 Logrotate 是否已经安装，若未安装，则使用 DNF 进行安装操作。

```
[root@server01 ~]# rpm -qa | grep logrotate
[root@server01 ~]# dnf install logrotate -y
```

2．配置文件

一旦安装了 Logrotate，主要的配置文件将位于/etc/logrotate.conf，这个全局配置文件包含一些默认的配置，通常情况下不需要修改此文件。可以在/etc/logrotate.d/目录下为特定的日志文件或应用程序配置单独的规则，没有独立规则时则遵循/etc/logrotate.conf 文件中的默认配置，内容如下。

```
# see "man logrotate" for details
# rotate log files weekly
weekly     #指定日志文件每周滚动一次

# keep 4 weeks worth of backlogs
rotate 4   #保留副本数量

# create new (empty) log files after rotating old ones
create   #当发生滚动后，创建一个新的日志文件

# use date as a suffix of the rotated file
dateext   #指定滚动文件的后缀使用当前日期

# uncomment this if you want your log files compressed
#compress    #指定是否压缩日志文件

# packages drop log rotation information into this directory
include /etc/logrotate.d  #加载指定的子配置文件

# system-specific logs may be also be configured here.
```

默认配置文件中引入了 include /etc/logrotate.d 目录，可以使用以下命令载入/etc/logrotate.d/目录下的所有日志配置。

```
[root@server01 ~]# logrotate /etc/logrotate.conf
```

配置文件中的配置项可以包括以下内容。

```
daily                    #指定转储周期为每天
weekly                   #指定转储周期为每周
monthly                  #指定转储周期为每月
rotate count             #指定日志文件删除之前转储的次数，0 指没有备份，5 指保留 5 个备份
compress                 #通过 gzip 压缩转储以后的日志
nocompress               #不需要压缩时，用这个参数
delaycompress            #延迟压缩，和 compress 一起使用时，转储的日志文件到下一次转储时才
                          压缩
nodelaycompress          #覆盖 delaycompress 选项，转储同时压缩
copytruncate             #用于还在打开中的日志文件，对当前日志进行备份并截断
nocopytruncate           #备份日志文件但是不截断
create mode owner group  #转储文件，使用指定的文件模式创建新的日志文件
nocreate                 #不建立新的日志文件
errors address           #转储时的错误信息发送到指定的 E-mail 地址
ifempty                  #即使是空文件也转储，这个是 Logrotate 的默认选项
notifempty               #如果是空文件，则不转储
mail address             #把转储的日志文件发送到指定的 E-mail 地址
nomail                   #转储时不发送日志文件
olddir directory         #转储后的日志文件放入指定的目录，必须和当前日志文件在同一个文件系统中
noolddir                 #转储后的日志文件和当前日志文件放在同一个目录下
prerotate/endscript      #转储以前需要执行的命令，这两个关键字必须单独成行
postrotate/endscript     #转储以后需要执行的命令，这两个关键字必须单独成行
tabootext [+] list       #让 Logrotate 不转储指定扩展名的文件，默认的扩展名是.rpm-orig, .
                          rpmsave,v,和~
size size                #当日志文件到达指定的大小时才转储，Size 可以指定 bytes(默认)、
                          KB(sizek)或者 MB(sizem)
postrotate               #日志轮换过后指定的脚本，endscript 参数表示结束脚本
sharedscripts            #共享脚本,下面的 postrotate 中的脚本只执行一次即可
```

例：以下是对于网站服务应用 httpd 的日志进行管理的一个例子。读者可能还没学习过 httpd 站点服务，这里不用过多关注 httpd 本身，重点是理解配置对站点服务器的日志管理。

（1）安装 httpd 站点服务用于演示

先使用 DNF 安装 httpd 站点服务，命令如下。

```
[root@server01 ~]# dnf install httpd -y
```

将 httpd 配置成服务，命令如下。

```
[root@server01 ~]# systemctl enable httpd
[root@server01 ~]# systemctl start  httpd
```

默认安全机制暂时不能访问站点服务，需要先使用以下命令临时停止 Linux 防火墙服务（后文将进行详细介绍）。

```
[root@server01 ~]# systemctl stop firewalld
```

打开物理机浏览器，输入虚拟机 IP 地址，看到 httpd 欢迎页面，如图 7-5 所示，说明站点服务已正常启动。

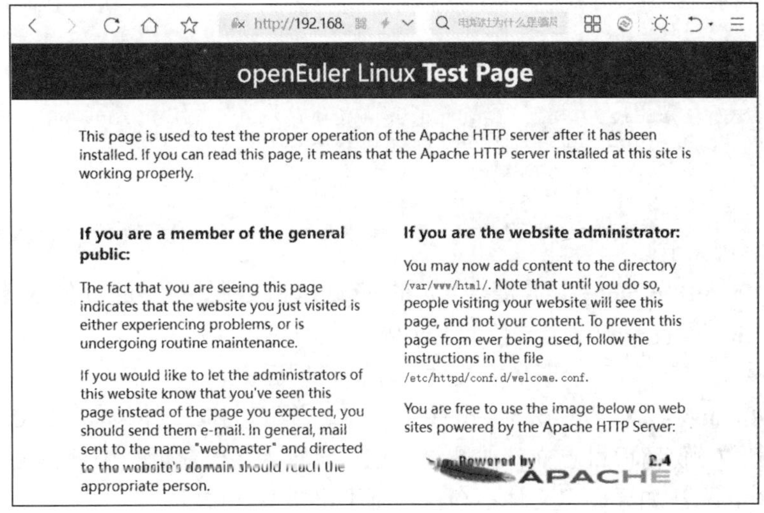

图 7-5　httpd 欢迎页面

说明：/var/log/httpd/access_log 文件是 httpd 服务的访问日志记录，/var/log/httpd/access_log 文件是 httpd 服务的访问错误日志记录。

可以使用 tail -f 命令动态查看日志文件的改变内容，打开浏览器访问虚拟机地址，刷新页面，可以看到访问信息。打开新浏览器访问就会产生新的会话信息，如图 7-6 所示。

```
[root@server01 ~]# tail -f /var/log/httpd/access_log
```

```
[root@server01 ~]# tail -f /var/log/httpd/access_log
192.168.70.51 - - [22/Feb/2024:22:47:53 +0800] "GET / HTTP/1.1" 403 3929 "-" "Mozilla/5.0 (Windows NT 10.0; Win64; x64) AppleWebKit/537.36 (KHTML, like Gecko) Chrome/114.0.5735.289 Safari/537.36"
192.168.70.51 - - [22/Feb/2024:22:48:45 +0800] "-" 408 - "-" "-"
192.168.70.51 - - [22/Feb/2024:22:58:35 +0800] "GET / HTTP/1.1" 403 3929 "-" "Mozilla/5.0 (Windows NT 10.0; Win64; x64) AppleWebKit/537.36 (KHTML, like Gecko) Chrome/114.0.5735.289 Safari/537.36"
192.168.70.51 - - [22/Feb/2024:22:58:43 +0800] "GET /favicon.ico HTTP/1.1" 404 196 "-" "Mozilla/5.0 (Windows NT 10.0; Win64; x64) AppleWebKit/537.36 (KHTML, like Gecko) Chrome/114.0.5735.289 Safari/537.36"
192.168.70.51 - - [22/Feb/2024:22:58:43 +0800] "GET /favicon.ico HTTP/1.1" 404 196 "-" "Mozilla/5.0 (Windows NT 10.0; Win64; x64) AppleWebKit/537.36 (KHTML, like Gecko) Chrome/114.0.5735.289 Safari/537.36"
192.168.70.51 - - [22/Feb/2024:22:58:44 +0800] "GET /favicon.ico HTTP/1.1" 404 196 "-" "Mozilla/5.0 (Windows NT 10.0; Win64; x64) AppleWebKit/537.36 (KHTML, like Gecko) Chrome/114.0.5735.289 Safari/537.36"
192.168.70.51 - - [22/Feb/2024:22:58:44 +0800] "GET /sdfsd HTTP/1.1" 404 196 "-" "Mozilla/5.0 (Windows NT 10.0; Win64; x64) AppleWebKit/537.36 (KHTML, like Gecko) Chrome/114.0.5735.289 Safari/537.36"
192.168.70.51 - - [22/Feb/2024:22:59:36 +0800] "-" 408 - "-" "-"
```

图 7-6　httpd 访问日志

查看目录可以看到目前有两个日志文件，因为没有运行多长时间，所以日志体积很小。

```
[root@server01 ~]# ls /var/log/httpd/ -l
总用量 16
-rw-r--r--. 1 root root 4107  2月 22 11:22 access_log
```

```
-rw-r--r--. 1 root root 6079  2月 22 11:20 error_log
```

（2）配置 httpd 的日志轮转服务

创建轮转配置文件 httpd，命令如下。

```
[root@server01 ~]# vim /etc/logrotate.d/httpd
```

为了看到轮转效果，按文件大小设置轮转规则，一般设置很小字节，例如 1KB（实际运行时不会取这么小的值）。下面是针对 apache 日志文件进行的轮转配置，将其写入/etc/logrotate.d/httpd 文件中。

```
/var/log/httpd/*log {
    size 1k
    dateext
    dateformat -%Y-%m-%d
    rotate 7
    missingok
    notifempty
    compress
    delaycompress
    create   sharedscripts
    postrotate
       /usr/bin/systemctl reload httpd.service > /dev/null 2>/dev/null || true
       echo "Httpd log files were rotated." | mail -s "Log Rotation Notice" 
admin@example.com
    endscript
}
```

该配置解析如下。

① **/var/log/httpd/*log**：这是需要管理的 httpd 日志文件路径下的所有 log 结束的文件。

② **size 1k**：设置每个日志文件的大小限制为 1KB。

③ **dateext**：在轮转后给旧日志文件名添加日期后缀。

④ **dateformat -%Y-%m-%d**：设置日期格式为-年-月-日，例如-2024-02-22。

⑤ **rotate 7**：保留旧日志文件的数量，这里设置为保留最近 7 个旧日志文件。

⑥ **missingok**：如果日志文件不存在，则不报错继续进行。

⑦ **notifempty**：如果日志文件为空，则不轮转。

⑧ **compress**：在轮转后压缩旧日志文件。

⑨ **delaycompress**：下一次轮转时才压缩日志，否则不会压缩日志。

⑩ **create**：创建一个新的空日志文件来替换旧日志文件。

⑪ **sharedscripts**：多个日志文件运行一次脚本。

⑫ **postrotate/endscript**：在日志文件轮转之后执行的脚本（连续的指令文件）。在本示例中，它重新加载了 httpd 服务，并发送了轮转通知的电子邮件（需要配置额外的邮件服务）给管理员。

执行日志轮转操作，-f 参数可以强制覆盖之前生成的文件。

```
[root@server01 ~]#  logrotate  -f  /etc/logrotate.d/httpd
```

查看日志目录，可以看到日志被拆分成包含日期后缀的文件。因本次实验时间较短，我们只能看到一个轮转结果。

```
[root@server01 ~]# ll /var/log/httpd/
总用量 28
-rw-r--r--. 1 root root  65      2月 22 23:35 access_log
-rw-r--r--. 1 root root  12124   2月 22 23:34 access_log-2024-02-22
-rw-r--r--. 1 root root  543     2月 22 23:34 error_log
-rw-r--r--. 1 root root  6404    2月 22 22:15 error_log-2024-02-22
```

实验成功后，可以将轮转命令配置到 Linux 的 crond 周期服务中，并在指定的时间间隔或者特定的时间内，对各种日志文件进行分割保存。

7.2.4　audit 日志审计配置

openEuler 操作系统作为服务器系统，对于关键性操作需要做到监控、追踪和取证，要能够发现可疑的访问、攻击和破解行为。

1．Linux Audit 系统的 audit 日志审计功能的作用

（1）安全监控与取证

① 提供捕获违规操作和非法活动的机制。

② 帮助分析安全事件发生前后的环境和上下文。

③ 在安全事件发生后，可以作为取证信息来源，帮助追溯攻击者的行动路径。

（2）合规性遵从

① 多数监管标准要求对关键系统变更和敏感操作有完整的审计跟踪。

② 审计日志可以证明组织遵守了数据保护和隐私法规。

（3）系统改变追踪

① 记录对系统关键文件和配置的修改。

② 对系统访问进行实时监控，例如特定文件的读写操作。

（4）用户行为监控

① 跟踪特定用户的行为或特定系统命令的使用。

② 通过审计日志来确定哪个用户执行了敏感操作。

（5）入侵检测

① 发现潜在的恶意活动或未授权的访问。

② 实现早期警报机制，及时发现安全问题。

（6）资源访问审计

① 对敏感或关键资料访问的监控。

② 确定谁在何时访问了这些资源，以及执行了哪些操作。

（7）辅助排查故障

① 提供系统故障或异常行为分析的详细上下文信息。

② 帮助系统管理员更快地定位问题源头。

（8）政策的执行和确认

① 确保系统用户遵循组织的 IT 安全政策。

② 检查系统配置和使用情况是否符合既定的安全政策。

（9）性能监测

① 部分性能相关的信息可通过审计日志间接获取。

② 可以辅助分析系统是否面临过度负荷或异常使用模式。

以上作用使 audit 日志审计系统成为企业和系统管理员维护系统安全、保持合规性，并且综合监控系统健康状况不可或缺的工具。然而，适当配置和管理审计日志至关重要，因为过度的日志记录不仅可能影响系统性能，也会让事件分析变得复杂和低效。因此，在实践中需要达到监控与系统开销之间的平衡。

2．工具的配置

查看当前系统中是否已经安装 audit。如果没有安装，则使用以下指令安装和开启服务。

```
[root@server01 ~]# dnf install audit
[root@server01 ~]# sudo systemctl start auditd
[root@server01 ~]# sudo systemctl enable auditd
```

auditd 的主配置文件是/etc/audit/auditd.conf，它包含各种配置选项和参数。这些配置用于设定如何记录和处理审计日志，大多数情况下保持默认不变。

```
[root@server01 ~]# vim /etc/audit/auditd.conf
#
# This file controls the configuration of the audit daemon
#

local_events = yes
write_logs = yes
log_file = /var/log/audit/audit.log
log_group = root
log_format = ENRICHED
flush = INCREMENTAL_ASYNC
freq = 50
max_log_file = 8
num_logs = 5
priority_boost = 4
name_format = NONE
##name = mydomain
max_log_file_action = ROTATE
space_left = 75
space_left_action = SYSLOG
verify_email = yes
action_mail_acct = root
admin_space_left = 50
admin_space_left_action = SUSPEND
disk_full_action = SUSPEND
disk_error_action = SUSPEND
use_libwrap = yes
##tcp_listen_port = 60
tcp_listen_queue = 5
tcp_max_per_addr = 1
##tcp_client_ports = 1024-65535
tcp_client_max_idle = 0
transport = TCP
krb5_principal = auditd
##krb5_key_file = /etc/audit/audit.key
distribute_network = no
q_depth = 400
overflow_action = SYSLOG
max_restarts = 10
plugin_dir = /etc/audit/plugins.d
```

以下是一些常见配置选项的说明。

- **local_events**：指定是否记录本地事件，设置为 yes 表示记录本地事件。
- **write_logs**：指定是否将日志写入磁盘文件，设置为 yes 表示写入日志。
- **log_file**：指定日志文件的路径和文件名，这里设置为/var/log/audit/audit.log。
- **log_group**：指定日志文件所属的用户组。
- **log_format**：指定日志格式，这里设置为 ENRICHED。
- **flush**：指定刷新日志的方式，这里设置为 INCREMENTAL_ASYNC。
- **freq**：指定刷新日志的频率，这里设置为每 50 个记录刷新一次。
- **max_log_file**：指定最大日志文件数量，这里设置为 8 个。

- **num_logs**：指定保留的日志文件数量，这里设置为最多保留5个日志文件。
- **priority_boost**：指定提升日志记录的优先级，默认为4。
- **name_format**：指定真实用户和组的格式。
- **max_log_file_action**：当日志文件数量达到最大值时采取的操作，这里设置为ROTATE，表示对旧的日志文件进行轮转。
- **space_left**：指定磁盘空间占用率的阈值，低于该阈值将触发相应的操作，默认为75%。
- **space_left_action**：当磁盘空间不足时采取的操作，这里设置为SYSLOG，表示将信息发送到系统日志。
- **verify_email**：指定是否验证邮件地址，设置为yes表示验证。
- **action_mail_acct**：指定邮件发送的账户。
- **admin_space_left**：指定管理员磁盘空间占用率的阈值，默认为50%。
- **admin_space_left_action**：当管理员磁盘空间不足时采取的操作，这里设置为SUSPEND，表示暂停审计服务。
- **disk_full_action**：当磁盘空间占满时采取的操作，这里设置为SUSPEND。
- **disk_error_action**：当磁盘错误时采取的操作，这里设置为SUSPEND。
- **use_libwrap**：指定是否使用libwrap库来控制远程连接，默认为yes。
- **tcp_listen_port**：指定TCP监听端口，默认为60。
- **tcp_listen_queue**：指定TCP监听队列长度，默认为5。
- **tcp_max_per_addr**：指定每个地址的最大TCP连接数，默认为1。
- **tcp_client_max_idle**：指定TCP客户端的最大空闲时间，默认为0，表示没有限制。
- **transport**：指定传输协议，这里设置为TCP。
- **krb5_principal**：指定Kerberos 5的principal名称，这里设置为auditd。
- **distribute_network**：指定是否分布式网络配置，默认为no。
- **q_depth**：指定内核队列的深度，默认为400。
- **overflow_action**：当内核队列溢出时采取的操作，这里设置为SYSLOG。
- **max_restarts**：指定在一定时间内最大的auditd重启次数，默认为10。
- **plugin_dir**：指定插件的目录路径。

3．auditctl制定审计规则

auditctl是用户态的控制程序，可以修改audit配置和审计规则。其语法格式如下。

```
auditctl [options]
```

常用选项说明如下。

- **-b**：配置buffer的大小。
- **-e**：设置enabled标记。
- **-f**：设置failure标记。
- **-s**：返回整体的状态。
- **–backlog_wait_time**：设置backlog_wait_time。
- **-a & -A l,a**：往某个规则表中增加需要记录的行为。
- **-d**：从某个规则表中删除规则。
- **-D**：删除所有规则。

- **-F f=v**：设置更多监控条件。
- **-l**：查看规则。
- **-p**：在文件监控上设置权限过滤，权限可以是 w、r、x、a 或者 wrxa。
- **-i**：当从文件中读取规则时忽略错误。
- **-c**：出错时继续。
- **-r**：设置 rate_limit，每秒多少条消息。
- **-R**：从文件中读取的规则。
- **-S**：设置要监控的系统调用名或者系统调用号。
- **-w**：增加监控点。
- **-W**：删除监控点。

例：/share/testfile 是公司重要文件，如果有人读取或者对该文件进行写操作，希望可以知道是谁在什么时间操作的。

新建/share/testfile 文件并赋予 777 的权限，命令如下。

```
[root@server01 ~]# mkdir /share/
[root@server01 ~]# touch /share/testfile
[root@server01 ~]# chmod 777 -R /share/
```

创建规则如下，为文件/share/testfile 创建监控点，指定监控类型为读写，并为这个规则指定一个关键字 testfile_acces，用于规则管理。

```
[root@server01 ~]# auditctl -w /share/testfile  -p rw -k testfile_acces
```

使用-l 参数可以查看刚才创建的规则。

```
[root@server01 ~]# auditctl  -l
-w /share/testfile -p rw -k testfile_acces
```

4．验证审计

使用 euler01 账户新建终端登录，编辑/share/testfile 文件并保存。root 账户使用以下命令通过规则关键字查询审计结果。

```
[root@server01 ~]# ausearch -k testfile_acces
```

审计结果如图 7-7 所示。

```
time->Fri Feb 23 19:08:24 2024
type=PROCTITLE msg=audit(1708686504.224:1017): proctitle=76696D002F73686172652F7465737466696C65
type=PATH msg=audit(1708686504.224:1017): item=1 name="/share/testfile" inode=2223874 dev=fd:00 mode=0100777 ouid=0 ogid
=0 rdev=00:00 obj=unconfined_u:object_r:default_t:s0 nametype=NORMAL cap_fp=0000000000000000 cap_fi=0000000000000000 cap
_fe=0 cap_fver=0
type=PATH msg=audit(1708686504.224:1017): item=0 name="/share/" inode=2223873 dev=fd:00 mode=040777 ouid=0 ogid=0 rdev=0
0:00 obj=unconfined_u:object_r:default_t:s0 nametype=PARENT cap_fp=0000000000000000 cap_fi=0000000000000000 cap_fe=0 cap
_fver=0
type=CWD msg=audit(1708686504.224:1017): cwd="/home/euler01"
type=SYSCALL msg=audit(1708686504.224:1017): arch=c000003e syscall=257 success=yes exit=3 a0=ffffff9c a1=55a437fbac20 a2
=41 a3=1ff items=2 ppid=2350 pid=2915 auid=1000 uid=1000 gid=1000 euid=1000 suid=1000 fsuid=1000 egid=1000 sgid=1000 fsg
id=1000 tty=pts1 ses=7 comm="vim" exe="/usr/bin/vim" subj=unconfined_u:unconfined_r:unconfined_t:s0-s0:c0.c1023 key="che
ckTestfile"
```

图 7-7　审计结果

下面是一些关于审计结果的解释。

① **time=Fri Feb 23 19:08:24 2024**：事件发生的时间戳是 2024 年 2 月 23 日 19 点 8 分 24 秒。

② **type=PROCTITLE msg=audit(1708686504.224:1017)**：进程标题和审计消息的时间戳。**proctitle=76696D002F73686172652F7465737466696C65** 是关于进程标题的信息，可能包含启动该进程时使用的命令。

③ **type = PATH msg = audit(1708686504.224:1017): item = 1 name = "/share/testfile"**

inode = 2223874 dev = fd:00 mode = 0100777 ouid = 0 ogid = 0 rdev = 00:00 obj = unconfine d_u:object_r:default_t:s0 nametype = NORMAL cap_fp = 0000000000000000 cap_fi = 0000000000000000 cap_fe = 0 cap_fver = 0：关于文件路径的信息，显示了被执行操作的文件路径、inode 号和其他属性信息。

④ **type = PATH msg = audit(1708686504.224:1017)：item = 0 name = "/share/" inode = 2223873 dev = fd:00 mode = 040777 ouid = 0 ogid = 0 rdev = 00:00 obj = unconfined_u: object_r:default_t:s0 nametype = PARENT cap_fp = 0000000000000000 cap_fi = 0000000000000000 cap_fe = 0 cap_fver = 0**：关于父级目录路径的信息，显示了被操作文件所在的目录路径、inode 号和其他属性信息。

⑤ **type = CWD msg = audit(1708686504.224:1017)：cwd = "/home/euler01"**：显示了当前用户工作目录路径。

⑥ **type = SYSCALL msg = audit(1708686504.224:1017): …**：关于系统调用的信息，显示了所调用的系统调用、成功与否及其他进程和权限相关的信息。

根据这些信息，可以推断出对“/share/testfile”文件执行了哪些操作，通过审计日志记录该操作的细节。参考案例，还有很多审计方式，可以尝试利用 Logrotate 进行日志轮转管理，并通过 rsyslog 进行日志远端管理。

7.3 网络管理扩展

到目前为止，读者应该已经逐步适应了服务器通过网络进行远程管理的方式。这里再对 openEuler 网络管理中的一些知识点、工具进行补充。

7.3.1 TCP/IP 网络协议栈

协议是一组规则和约定，用于定义和控制数据通信的方式。它确定了数据传输的格式、顺序、错误检测和纠正等方面的规则。协议在计算机网络中起到了重要的作用，它使不同设备和系统相互通信和交换信息。协议定义了通信过程中的规范，确保发送方和接收方正确地解释和处理通信中的数据。

服务器网络管理中普遍使用的是 TCP/IP，TCP/IP 是网络通信协议，被广泛用于互联网和局域网中。该规范被抽象成多个层次，目前广泛使用的是 TCP/IP 四层协议。TCP/IP 四层协议包括应用层、传输层、网络层、网络接口层，如图 7-8 所示。

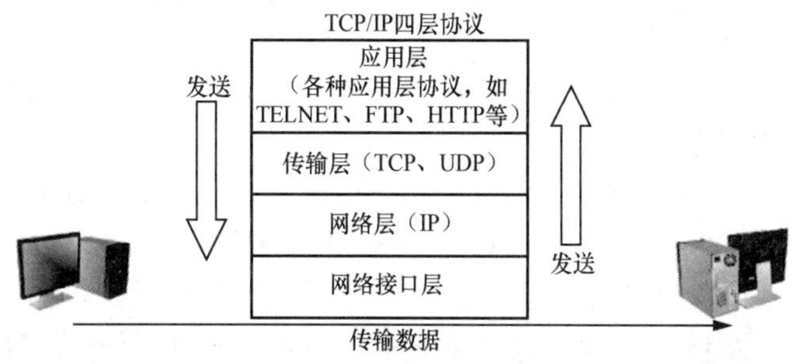

图 7-8 TCP/IP 四层协议

在传输数据时，发送方的数据由应用程序产生，按以下顺序被逐层按协议处理。

① **应用层**：TCP/IP 协议栈的最上层，包含了各种应用程序使用的协议，例如 HTTP、FTP、SMTP 等。应用层协议定义了应用程序之间的通信规则，使应用程序进行高层次的数据交换。

② **传输层**：为应用程序提供端到端的数据传输服务。在 TCP/IP 协议栈中，有两个主要的传输层协议——TCP 和 UDP。TCP 提供可靠的、面向连接的数据传输；UDP 提供简单的、无连接的数据传输。

③ **网络层**：使用 IP，主要负责将数据包从源节点传输到目标节点。它通过 IP 地址标识设备和网络，并使用路由器进行数据包的转发和路由选择。

④ **网络接口层（数据链路层）**：TCP/IP 协议栈的最底层，负责处理数据的物理传输，例如通过网线、光纤等介质发送和接收比特流。

计算机在接收数据时，是这个顺序的反顺序。数据包会从网络设备被接收到，再逐步拆解出传输目标 IP 地址、传输方式和应用协议。

1. 端口号

应用层的各种协议最终对应的是一个逻辑地址（端口号）。可以理解为，网络数据通过这些逻辑地址在计算机内访问特定进程（运行中的程序）。例如，我们所使用的 SSH 使用的端口号为 22，前面测试用的站点服务 httpd 的端口号为 80 等。通过端口定位处理进程如图 7-9 所示。

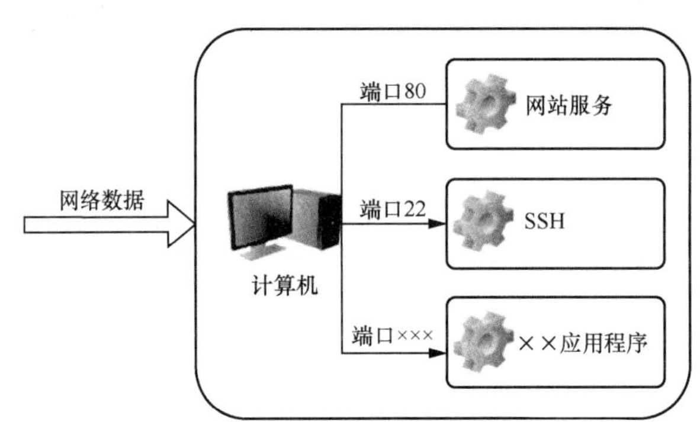

图 7-9 通过端口定位处理进程

端口号支持 TCP 和 UDP 两种类型（传输层协议）。两种协议的端口号的范围都是 0~65535。一些常用的、系统内置的端口号被限制在 0~1023，例如 HTTP 端口为 80、FTP 端口为 21 等。用户自己的程序进程监听的端口号多数是大于 1023 的数值，端口号是系统对于网络来源数据最终交给谁处理的依据。进行服务器网络管理时，往往要进行相应的协议/端口号的维护工作，并且可以通过端口号做最后的网络安全限制。

2. UDP 和 TCP 传输

在发送数据时，发送方由应用程序根据应用层协议产生要传输的数据帧，再根据传输层协议确定采用 TCP 或者 UDP 方式对数据进行处理。

① **TCP**：一种面向连接的、可靠的传输层协议。它提供数据传输的可靠性，确保数据能够按照顺序到达目标，并且能够在数据丢失或损坏后进行重传。TCP 还实现了流量控制和拥塞控制，以确保网络传输的稳定性和公平性。

② **UDP**：一种无连接的传输层协议。它提供了一种简单的数据传输机制，不保证数据的可靠性和顺序性，不能保证数据到达的时间和顺序。但 UDP 比 TCP 更加轻量级，适用于对实时性要求高且可以容忍数据丢失的应用场景，例如视频流和实时游戏等。

3. IP

IP 是互联网中使用的一种网络协议，它位于 TCP/IP 模型的网络层，负责在网络之间传输数据包。IP 为数据在计算机之间的传输提供了寻找和定位功能。例如，诸如 192.168.X.X 的形式配置服务器的 IP 地址，这就是使用 IPv4 地址协议对计算机进行标识的方式。

IP 地址是网络上设备的标识符，用于在网络上标识主机和路由器。通过 IP 地址定位主机如图 7-10 所示，就是对网络中的所有设备进行管理所起的一个编号，只是这个编号最终是由计算机进行识别的。IP 地址和应用层的端口号的区别可以理解为，IP 地址像是门牌号，是计算机的网络地址；端口号像是房间号，是具体办公室。

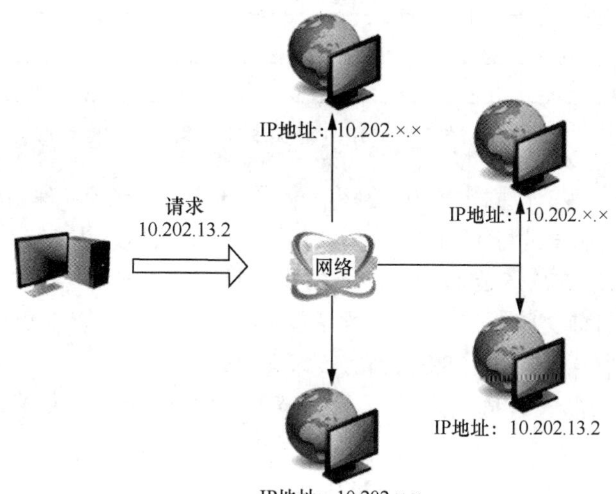

图 7-10　通过 IP 地址定位主机

IP 包括 IPv4 和 IPv6 两个版本，目前处于 IPv4 向 IPv6 过渡的时期，大多数设备同时支持两种版本。两种版本的原理基本相同，IPv6 比 IPv4 能管理更多的网络设备。

IPv4 地址是指 IP 第 4 个版本中使用的 IP 地址，采用了 32 位二进制数字来对计算机进行编号，为了易于大家理解，通常将 32 位二进制按每 8 位一组进行划分，再把每组转化成十进制表示形式，组与组之间用点号分隔，例如 192.168.X.X。32 位二进制所能表示的数值范围是 0～4294967295。如果要从约 42 亿个编号中查询某个 IP，效率将是非常低效的，所以在地址管理中，将地址进行了网络号的划分，通过网络号+主机地址的方式进行综合定位，这和手机号的数值定义有相似之处。

为了满足不同网络应用和效率需求，IPv4 对 IP 地址的网络号进行了分级管理。IPv4 将网络地址类型分为 A、B、C、D、E 五类，分别用 32 位二进制数中不同的位数表示网络号和主机号。其中，A、B、C 类用于常规网络，D 类用于组播，E 类保留用于实验。

在 A、B、C 类中，可管理的网络数量依次增多，而每个网络中可管理的主机数量依次减少。例如：

- A 类网络：可以管理 126 个网络号，但每个网络可以管理 16777214 台主机。
- C 类网络：可以管理的网络数量多达 2097152 个，但每个网络只能管理 254 台主机。

不同的网络类型依靠网络号前面的几位二进制来表示，IPv4 分类编址方式如图 7-11 所示。

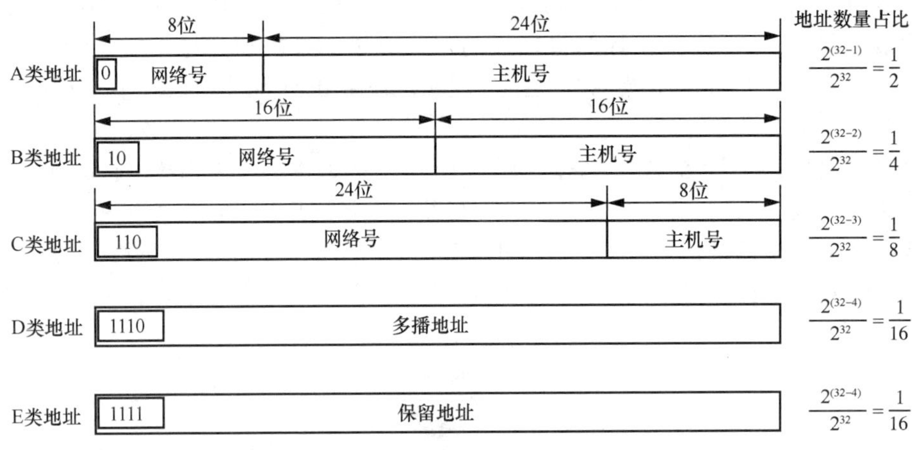

图 7-11　IPv4 分类编址方式

A 类地址网络号第 1 位固定为 0，网络号后面部分不能全 0（保留不指派），也不能全 1（作为本地环回测试地址），其中最小的本地环回测试地址为 127.0.0.1，最大的本地环回测试地址为 127.255.255.254。所以网络号范围是 1～126。

B 类地址网络号前 2 位固定为 10，网络号后面部分可以全取 0（即 128.0）或 1（即 191.255），所以网络号范围是 128.0~191.255。

C 类地址网络号前 3 位固定为 110，网络号后面部分可以全取 0（即 192.0.0）或 1（即 223.255.255），所以网络号范围是 192.0.0～223.255.255。

D 类地址为多播地址，IP 地址为 224.0.0.0～239.255.255.255。

E 类地址并不用于分配给设备，用于实验或未来的某个用途，因此不会在标准网络配置中使用。

A 类、B 类和 C 类地址都是单播地址，只有单播地址可分配给网络中的主机或路由器的各接口。

主机号为“全 0”的地址是网络地址，不能分配给主机或路由器的各接口。

D 类地址主机号为“全 1”的地址是广播地址，不能分配给主机或路由器的各接口。

各类地址的详细说明见表 7-1。

表 7-1　各类地址的详细说明

网络类型	第一个可指派的网络号	最后一个可指派的网络号	不能指派的网络号	占总地址空间	IP 地址范围	网络数量及主机数量
A 类地址		126	0 和 127	1/2	1.0.0.1~126.255.255.254	126（2^7–2）个网络，每个网络能容纳 16,777,214（2^{24}–2）个主机

续表

网络类型	第一个可指派的网络号	最后一个可指派的网络号	不能指派的网络号	占总地址空间	IP 地址范围	网络数量及主机数量
B 类地址	128.0	191.255	无	1/4	128.0.0.1~191.255.255.254	16384（2^{14}）个网络，每个网络能容纳 65534（$2^{16}-2$）个主机
C 类地址	192.0.0	223.255.255	无	1/8	192.0.0.1~223.255.255.254	2097152（2^{21}）个网络，每个网络能容纳 254（$2^{8}-2$）个主机
D 类地址	多播地址	1/16	224.0.0.1~239.255.255.254			
E 类地址	保留，为今后使用	1/16	240.0.0.1~255.255.255.254			

只有在同一网络号中的设备才能够直接进行网络通信，如果不同网络的设备需要通信，就需要网关和路由对数据包进行转发。

4．公网地址和私有地址

全球的网络设备量目前远远超过了 IPv4 所能表示的设备数量。但在实际使用时，并不是所有的网络设备都需要暴露在全球互联网中并被所有人访问。因此 IP 地址被分为公网地址和私有地址。

公网地址属于有限唯一资源，需要在专门的机构进行注册，可以被全球用户访问，例如百度、阿里的服务器都绑定了公网地址，能够被全球用户访问。

公司的个人办公计算机，一般情况下不需要对外提供固定的服务，而某些提供内部服务的设备暴露在公网之上也存在安全风险。因此，为了解决这些问题，专门从地址资源中划分出了私网地址。网络设备不会在互联网上转发这些私网地址的数据包。私网设备的数据会通过统一的网关设备转发，私网地址工作模式如图 7-12 所示。私有地址对外不可见，它们可以在不同的私网中重复使用。这一特性不仅大大缓解了地址资源的紧缺，还降低了网络设备的压力。

私有 IP 地址属于非注册地址，专门为组织机构内部使用。RFC1918 定义了以下私有 IP 地址的范围。

A：10.0.0.0~10.255.255.255 即 10.0.0.0/8。

B：172.16.0.0~172.31.255.255 即 172.16.0.0/12。

C：192.168.0.0~192.168.255.255 即 192.168.0.0/16。

很多案例要求设置地址为 192.168.X.X，因为它属于 C 类网络的私有地址。C 类网络能管理的设备数量最多只有 254 台，对网络设备的性能要求很低。如果网络中的设备超过 254 台，可能需要考虑 B 类或者 C 类的私有地址，并借助子网进行细分管理。如果需要对外提供服务，则需要申请公网 IP 地址。

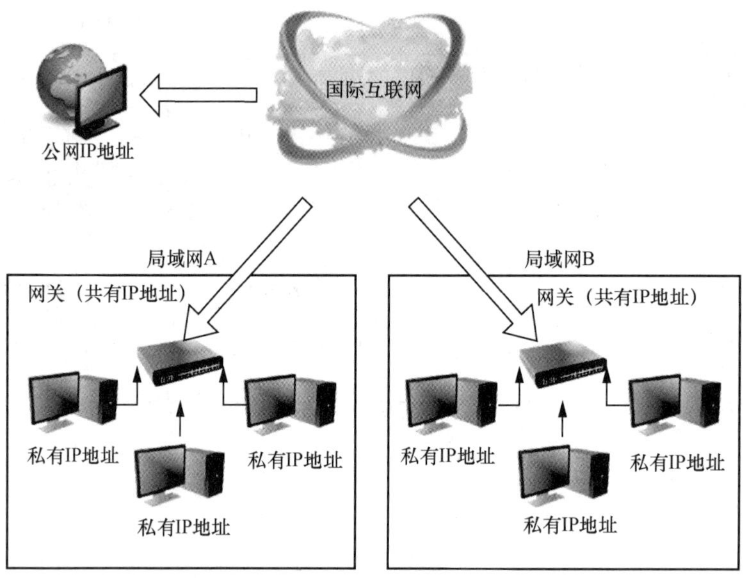

图 7-12　私网地址工作模式

5. 网络细分和子网掩码

网络细分是将一个大的网络划分成多个小的、逻辑上的子网络的过程。网络细分可以更有效地管理地址空间，并提高网络的安全性和性能。

在 IPv4 中，进行网络细分通常需要使用子网掩码。通过更改子网掩码中的 1 和 0 的默认分布，可以创建多个子网。子网掩码 255.255.255.0 大多数是由 24 个连续的 1 和 8 个 0 构成。CIDR 表示法中的/24，这里的 24 也是代表子网掩码的连续 1 的数量，意味着前 24 位被用于标示网络部分，实际值要视具体情况确定。

例如，C 类网络地址设置时 255.255.255.0 的子网掩码意味着网络中从 192.168.1.1 到 192.168.1.254 的 IP 地址可以分配给设备（192.168.1.0 为网络地址，192.168.1.255 为广播地址）。

现在，如果将 192.168.1.0/24 网络细分成更小的子网，可以修改子网掩码为 255.255.255.192（或者在 CIDR 表示法中是/26，意味着前 26 位被用来标示网络部分）。这时，子网掩码二进制表示如下。

子网掩码：255.255.255.192（在二进制中为 11111111.11111111.11111111.11000000）。

这样，我们就把单一网络拆分成以下 4 个小子网。

- 192.168.1.0/26（地址范围从 192.168.1.1 到 192.168.1.62）。
- 192.168.1.64/26（地址范围从 192.168.1.65 到 192.168.1.126）。
- 192.168.1.128/26（地址范围从 192.168.1.129 到 192.168.1.190）。
- 192.168.1.192/26（地址范围从 192.168.1.193 到 192.168.1.254）。

每个子网都有自己的独特网络地址（第一个 IP 地址）和广播地址（最后一个 IP 地址），并且每个子网内部可以拥有多达 62 个可用的主机地址（第一个和最后一个地址不能分配，分别作为网络地址和广播地址）。

子网的划分通常基于实际需要，例如不同部门的网络隔离、网络设计优化、地址分配策略等。通过子网掩码，可以灵活地设计符合组织需求的网络架构。子网细分技术更多地被用于 A 类和 B 类网络的精细化管理。

6. IPv6 协议补充

IPv4 已经发展多年，目前正逐步向 IPv6 协议过渡，但这个过程非常缓慢。不过好在 IPv6 协议向下兼容 IPv4 协议，这为过渡提供了一些便利。这里，我们对 IPv6 协议进行一些适当的补充阐述。IPv6 具有以下关键特点。

① **地址空间扩展**：IPv4 使用 32 位地址，提供大约不到 43 亿个唯一地址。而 IPv6 使用 128 位地址，提供了近乎无限的地址空间，约有 3.4×10^{38} 个唯一地址。这个数值过于巨大，理论上可以给地球上的每粒沙子分配一个 IP 地址，以满足互联网设备爆炸性增长的需求。

② **地址格式**：IPv6 地址由 8 个 16 位的字段组成，以冒号分隔。例如，2001:0db8:85a3:0000:0000:8a2e:0370:7334。为了缩短地址长度，IPv6 地址中的连续的 0 可以用双冒号“::”代替，例如 2001:0db8:85a3::8a2e:0370:7334。IPv6 地址 = 前缀 + 接口 ID，接口 ID 的生成方式包括基于 MAC 地址生成、设备随机生成以及手动配置。

③ **自动地址配置**：IPv6 提供了一种名为无状态地址自动配置（SLAAC）的机制，允许设备根据接入网络的路由器提供的网络前缀自动分配自己的 IPv6 地址。这样可以简化网络配置，并提高网络的可扩展性。

④ **增强的安全性**：IPv6 内建了对 IPsec 的支持，IPsec 是一种用于保护通信数据的网络安全协议。在 IPv6 中，IPsec 可以用于确保数据的机密性、完整性和对源身份的认证。

⑤ **流量流向和质量控制**：IPv6 引入了一个叫作流量类别的新字段，这个字段可以对不同类型的流量进行标识和处理。这样可以更好地控制和优化网络中各种类型的数据流。

⑥ **向后兼容性**：IPv6 设计时考虑了与 IPv4 的向后兼容性，可以通过不同的转换机制实现 IPv4 和 IPv6 之间的互操作。这样，IPv4 在全面过渡到 IPv6 前，可以和 IPv6 共存。

7. IPv6 和地址分类

IPv6 地址没有 IPv4 那样明确的分类，例如 A 类、B 类、C 类等。IPv6 地址采用一个固定长度的 128 位地址，其中前缀部分表示网络部分，后缀部分表示主机部分。然而，我们可以根据地址的前缀长度对 IPv6 地址进行一定程度的划分和分组。常见的 IPv6 地址类型如下。

① **全局单播地址**：类似于 IPv4 中的公有 IP 地址，这类地址用于互联网上的广泛通信。IPv6 的全局单播地址通常以 2000::/3 开头，其中“/3”表示前 3 位有特定的模式，其余部分用于识别不同的网络和设备。例如，2001:0db8:85a3:0000:0000:8a2e:0370:7334，这个地址有一个 64 位的路由前缀（网络部分）和一个 64 位的接口标识符（设备或主机部分）。

② **链路本地单播地址**：这些地址仅在单个链路或网络段中有效，并且不应该在链路之外的网络中被传播。链路本地地址通常以 fe80::/10 开头。例如，fe80::1，这个地址可以用于网络中节点的本地通信，像设备之间的自动地址配置或邻居发现过程等场景都能用到。

③ **唯一本地单播地址**：这类地址类似于 IPv4 的私有地址，它们用于组织内部通信，而不是用于互联网通信。唯一本地单播地址以 fc00::/7 开头。例如，fd00:0:0:0:0:0:0:1，这个地址用于组织内部的私有通信。

④ **多播地址**：这种类型的地址用来一次性向多个接收者发送数据。多播地址以 ff 开头。例如，ff02::1，这个地址是一个特殊的多播地址，代表所有链路本地设备的地址，

发送到这个地址的数据包将被分发给同一个链路中的所有设备。

⑤ **任播地址**：在多个设备上配置，但数据只发送给距离发送方最近的一个接收方。在 IPv6 中，任何分配给一组设备的全局单播地址也可以作为任播地址使用。

⑥ **回环地址**：IPv6 中的回环地址是::1/128。这个地址用来表示设备的本地接口。例如，::1，如果一个系统向这个地址发送数据包，数据包不会离开设备，但会作为内部通信返回。

8．MAC 地址

MAC 地址是网络接口层协议的基础组成部分，是预先分配给网络接口控制器（NIC）的唯一标识符，用于在数据链路层确保网络设备间的通信。每台网络设备，例如计算机的以太网卡、Wi-Fi 适配器、智能手机和其他连入网络的硬件，都有一个独一无二的 MAC 地址。

MAC 地址通常由 6 字节（48 位）组成，并以十六进制数的形式表示，如 00:0C:29:23:38:15。由于它包含 48 位，理论上可以提供大约 2 的 48 次方，即超过 280 万亿个独一无二的地址。

MAC 地址在电气和电子工程师协会（IEEE）标准化并由原始设备制造商（OEM）在生产时分配给网络接口，通常存储在硬件的 ROM 中。它由以下两个部分组成。

① **组织唯一标识符（OUI）**：前 3 字节（前 24 位）由 IEEE 的注册管理机构分配给厂商，用来标识网络设备的制造商。每个厂商都至少有一个唯一的 OUI。

② **扩展标识符**：后 3 字节（后 24 位）通常由制造商设置，用于在其生产的所有网络接口中保证唯一性。理论上，每个 OUI 可以用来制造 16777216 个唯一的设备接口。

尽管 MAC 地址被设计为永久的标识符，但在某些情况下，它们可以在软件层级被修改，这种被称为“MAC 地址欺骗”。

MAC 地址主要用于网络协议（例如以太网和 Wi-Fi）之中。在这些局域网协议中，数据包被发送到具有特定 MAC 地址的设备。例如，当数据从网络的一个部分（一台设备）发送到另一个部分（另一台设备）时，MAC 地址用于确保数据包到达正确的目的地。当网络交换机或路由器接收到一个数据包时，它将使用 MAC 地址来确定如何路由或转发该数据包。

7.3.2 使用 ifconfig 和 ip 命令进行网络配置

前面我们学习了 nmcli 网络命令的使用，nmcli 是一个现代的、为了简化复杂网络管理任务而设计的配置工具。在新的 Linux 发行版本中，建议使用 nmcli 来管理网络。但是在很多的管理场景中，ifconfig 常被用来临时进行网络配置。而 ip 命令通常被新版本的 Linux 所支持。

1．ifconfig 网络配置命令

需要注意，用 ifconfig 命令配置的网卡信息，在机器重启将会失效。若要进行永久设置，则需要修改网卡的配置文件。所以 ifconfig 命令多用于调试和维护操作。ifconfig 命令的功能特点如下。

① **显示网络接口的状态**：ifconfig 命令可以显示网络接口（例如网卡）的状态信息，如 IP 地址、MAC 地址、子网掩码、广播地址等。

② **配置网络接口参数**：ifconfig 命令可以配置网络接口参数，例如设置 IP 地址、子

网掩码、广播地址等。

③ **显示网络接口统计信息**：ifconfig 命令可以显示网络接口的统计信息，例如收发数据包的数量、错误数量等。

④ **支持 IPv4 和 IPv6 协议**：ifconfig 命令支持 IPv4 和 IPv6 协议，可以用于配置和管理 IPv4 和 IPv6 网络接口。

⑤ **可以启用和禁用网络接口**：ifconfig 命令可以启用和禁用网络接口，例如禁用无线网卡等。

⑥ **可以用于调试网络问题**：ifconfig 命令可以用于调试网络问题，例如查看网络接口是否正常工作、是否配置正确等。

多数新版本的 Linux 中已经不再配置 ifconfig 命令。这里需要手动配置该命令所在的工具包 net-tools。

```
[root@server01 ~]# dnf install net-tools -y
```

ifconfig 网络配置命令的语法格式如下。

```
ifconfig [选项] [网络接口名称] [命令]
```

常用选项说明如下。

① **-a**：显示所有网络接口，包括未启用的网络接口。

② **-s**：显示网络接口汇总信息。

③ **-v**：显示详细信息，如 MTU、广播地址等。

④ **-h**：显示帮助信息。

⑤ **up**：启用指定网络接口。

⑥ **down**：禁用指定网络接口。

⑦ **mtu**：设置指定网络接口的最大传输单元。

⑧ **promisc**：开启或关闭网卡的混杂模式。

可用参数如下。

① **网络接口名称**：可以是 eth0、lo 等网络接口的名称。

② **IPv4 地址**：表示网络接口的 IPv4 地址。

③ **子网掩码**：表示网络接口的子网掩码。

④ **广播地址**：表示网络接口的广播地址。

2．ifconfig 的基本使用

ifconfig 命令不加任何参数可以查看所有活动网络接口的状态，-a 参数则可以查看所有网卡信息，命令如下。本机目前有 3 块虚拟网卡，设置为桥接模式。lo 设备本地环回网络接口，是一个虚拟设备，通常用于网络软件和系统功能的测试，以及确保即使没有活跃的网络连接，网络配置和服务在系统上仍然可用。

```
ens160: flags=4163<UP,BROADCAST,RUNNING,MULTICAST>  mtu 1500
        inet 192.168.70.133  netmask 255.255.255.0  broadcast 192.168.70.255
        inet6 fe80::e586:ed12:be38:379  prefixlen 64  scopeid 0x20<link>
        ether 00:0c:29:23:38:15  txqueuelen 1000  (Ethernet)
        RX packets 1924  bytes 300010 (292.9 KiB)
        RX errors 0  dropped 0  overruns 0  frame 0
        TX packets 242  bytes 28726 (28.0 KiB)
        TX errors 0  dropped 0 overruns 0  carrier 0  collisions 0

ens224: flags=4163<UP,BROADCAST,RUNNING,MULTICAST>  mtu 1500
        inet 192.168.70.135  netmask 255.255.255.0  broadcast 192.168.70.255
```

```
        inet6 fe80::8fb5:a66b:af78:d941  prefixlen 64  scopeid 0x20<link>
        ether 00:0c:29:23:38:29  txqueuelen 1000  (Ethernet)
        RX packets 1613  bytes 268161 (261.8 KiB)
        RX errors 0  dropped 0  overruns 0  frame 0
        TX packets 11  bytes 1154 (1.1 KiB)
        TX errors 0  dropped 0 overruns 0  carrier 0  collisions 0

ens256: flags=4163<UP,BROADCAST,RUNNING,MULTICAST>  mtu 1500
        inet 192.168.70.134  netmask 255.255.255.0  broadcast 192.168.70.255
        inet6 fe80::4347:815a:76bb:2803  prefixlen 64  scopeid 0x20<link>
        ether 00:0c:29:23:38:1f  txqueuelen 1000  (Ethernet)
        RX packets 1613  bytes 268161 (261.8 KiB)
        RX errors 0  dropped 0  overruns 0  frame 0
        TX packets 11  bytes 1154 (1.1 KiB)
        TX errors 0  dropped 0 overruns 0  carrier 0  collisions 0

lo: flags=73<UP,LOOPBACK,RUNNING>  mtu 65536
        inet 127.0.0.1  netmask 255.0.0.0
        inet6 ::1  prefixlen 128  scopeid 0x10<host>
        loop  txqueuelen 1000  (Local Loopback)
        RX packets 18  bytes 900 (900.0 B)
        RX errors 0  dropped 0  overruns 0  frame 0
        TX packets 18  bytes 900 (900.0 B)
        TX errors 0  dropped 0 overruns 0  carrier 0  collisions 0
```

网络接口显示信息解释如下。

ens160：网络接口的名称，通常是虚拟或物理网络设备的标识符。

flags=4163<UP,BROADCAST,RUNNING,MULTICAST>：网络接口的状态标志。

- UP：表示网络接口是激活的。
- BROADCAST：表示这个接口支持广播传输。
- RUNNING：表示接口已启动并且正在运行。
- MULTICAST：表示网络接口支持多播传输。

mtu 1500："MTU"代表最大传输单元，即在网络层可以传输的最大数据包的大小（以字节为单位）。1500 是以太网的典型 MTU 值。

inet 192.168.70.133：网络接口配置的 IPv4 地址。

netmask 255.255.255.0：网络接口配置的子网掩码。在 CIDR 表示法中，这个子网掩码相当于/24，说明该网络中的主机部分占用了最后 8 位。

broadcast 192.168.70.255：网络的广播地址，用于在网络上发送广播消息给该子网中的所有主机。

inet6 fe80::e586:ed12:be38:379：接口配置的 IPv6 地址，是链路本地地址，仅在本地网络链路上有效，不能通过路由器传递。

prefixlen 64：IPv6 地址的网络前缀长度，表示 IPv6 地址前 64 位用于网络地址，剩余的位用于主机地址。

scopeid 0x20<link>：表示 IPv6 地址的作用范围。链路本地地址的 scope id 通常是 20。

ether 00:0c:29:23:38:15：MAC 地址（也称为以太网地址），是网络接口的物理地址。

txqueuelen 1000：定义了传输队列的长度，即网络接口在等待网络设备处理之前，可以排队的数据包数量。

RX packets 1924 bytes 300010 (292.9 KiB)：表示接收到的数据包数量和数据量。其中接收到的数据包是 1924 个，总共 300010 字节（也表示为 292.9 千字节）。这些是用于网络诊断和性能监视的统计信息。

使用以下命令关闭指定的某个网络接口，再次查看所有网卡状态进行对比。

```
[root@server01 ~]# ifconfig  ens224  down  # ens224 替换成实际操作接口名
```

网络接口关闭后的状态如图 7-13 所示。

```
[root@server01 ~]# ifconfig -a
ens160: flags=4163<UP,BROADCAST,RUNNING,MULTICAST>  mtu 1500
        inet 192.168.70.133  netmask 255.255.255.0  broadcast 192.168.70.255
        inet6 fe80::e586:ed12:be38:379  prefixlen 64  scopeid 0x20<link>
        ether 00:0c:29:23:38:15  txqueuelen 1000  (Ethernet)
        RX packets 5060  bytes 804196 (785.3 KiB)
        RX errors 0  dropped 0  overruns 0  frame 0
        TX packets 464  bytes 50998 (49.8 KiB)
        TX errors 0  dropped 0 overruns 0  carrier 0  collisions 0

ens224: flags=4098<BROADCAST,MULTICAST>  mtu 1500
        inet 192.168.70.135  netmask 255.255.255.0  broadcast 192.168.70.255
        ether 00:0c:29:23:38:29  txqueuelen 1000  (Ethernet)
        RX packets 4099  bytes 687462 (671.3 KiB)
        RX errors 0  dropped 0  overruns 0  frame 0
        TX packets 11  bytes 1154 (1.1 KiB)
        TX errors 0  dropped 0 overruns 0  carrier 0  collisions 0
```

已关闭接口状态

图 7-13　网络接口关闭后的状态

为指定网络接口设置 IP 地址，这里使用前面显示的 ens256 设备，设置其 IP 地址为 192.168.70.150，CIDR 方式设置子网掩码为 24 个 1，也就是 255.255.255.0。通过指定设备名查看结果。

```
[root@server01 ~]# ifconfig ens256
ens256: flags=4163<UP,BROADCAST,RUNNING,MULTICAST>  mtu 1500
        inet 192.168.70.150  netmask 255.255.255.0  broadcast 192.168.70.255
        inet6 fe80::4347:815a:76bb:2803  prefixlen 64  scopeid 0x20<link>
        ether 00:0c:29:23:38:1f  txqueuelen 1000  (Ethernet)
        RX packets 5706  bytes 960694 (938.1 KiB)
        RX errors 0  dropped 0  overruns 0  frame 0
        TX packets 11  bytes 1154 (1.1 KiB)
        TX errors 0  dropped 0 overruns 0  carrier 0  collisions 0
```

为指定网络设备增加多个 IP 地址，并查看修改后的结果。第 3 个了网掩码采用十进制方式设置。

```
[root@server01 ~]# ifconfig ens256:0 192.168.70.151/24 up
[root@server01 ~]# ifconfig ens256:1 192.168.70.152/24 up
[root@server01 ~]# ifconfig ens256:2 192.168.70.153 netmask 255.255.255.0 up
[root@server01 ~]# ifconfig
ens256: flags=4163<UP,BROADCAST,RUNNING,MULTICAST>  mtu 1500
        inet 192.168.70.150  netmask 255.255.255.0  broadcast 192.168.70.255
        inet6 fe80::4347:815a:76bb:2803  prefixlen 64  scopeid 0x20<link>
        ether 00:0c:29:23:38:1f  txqueuelen 1000  (Ethernet)
        RX packets 7562  bytes 1246682 (1.1 MiB)
        RX errors 0  dropped 0  overruns 0  frame 0
        TX packets 100  bytes 24392 (23.8 KiB)
        TX errors 0  dropped 0 overruns 0  carrier 0  collisions 0

ens256:0: flags=4163<UP,BROADCAST,RUNNING,MULTICAST>  mtu 1500
        inet 192.168.70.151  netmask 255.255.255.0  broadcast 192.168.70.255
        ether 00:0c:29:23:38:1f  txqueuelen 1000  (Ethernet)

ens256:1: flags=4163<UP,BROADCAST,RUNNING,MULTICAST>  mtu 1500
        inet 192.168.70.152  netmask 255.255.255.0  broadcast 192.168.70.255
        ether 00:0c:29:23:38:1f  txqueuelen 1000  (Ethernet)

ens256:2: flags=4163<UP,BROADCAST,RUNNING,MULTICAST>  mtu 1500
        inet 192.168.70.153  netmask 255.255.255.0  broadcast 192.168.70.255
        ether 00:0c:29:23:38:1f  txqueuelen 1000  (Ethernet)
```

删除指定设备的 IP 地址并查看修改后的结果。

```
[root@server01 ~]# ifconfig ens256 192.168.70.151/24 down
```

为指定的网络设备设置网关，命令如下。使用 ifconfig 命令并不能进行网关查看。

```
[root@server01 ~]# route add default gw 192.168.70.1 dev ens256
```

3. IP 命令

IP 命令是 Linux 系统中一个强大的工具，用于配置和管理网络接口和路由。它是 ifconfig 命令的一个更现代化的替代品，并提供更多的功能和灵活性。它可以完全取代 ifconfig 命令。同样需要注意的是，使用 IP 命令的网络配置可以立即生效，但系统重启后配置会丢失。

IP 命令的语法格式如下。

```
ip [ OPTIONS ] OBJECT { COMMAND | help }
ip [ -force ] -batch filename
```

IP 命令在设备和 IP 地址设置等方面的使用上和 ifconfig 命令极其相似。其常见的基础操作如下。

（1）查看网络信息

查看网络信息的代码如下。

```
ip addr show #或者 ip a
```

（2）启用或禁用网络接口

启用或禁用网络接口的代码如下。

```
sudo ip link set <接口名称> up
sudo ip link set <接口名称> down
```

（3）设置 IP 地址和子网掩码

设置 IP 地址和子网掩码的代码如下。

```
sudo ip addr add <IP 地址>/<子网掩码位数> dev <接口名称>
sudo ip addr del <IP 地址>/<子网掩码位数> dev <接口名称>
```

例：使用 a 参数查看所有的网络接口，结合前面的实验结果可以看到以下结果。

```
[root@server01 ~]# ip a
1: lo: <LOOPBACK,UP,LOWER_UP> mtu 65536 qdisc noqueue state UNKNOWN group default
qlen 1000
    link/loopback 00:00:00:00:00:00 brd 00:00:00:00:00:00
    inet 127.0.0.1/8 scope host lo
      valid_lft forever preferred_lft forever
    inet6 ::1/128 scope host
      valid_lft forever preferred_lft forever
2: ens160: <BROADCAST,MULTICAST,UP,LOWER_UP> mtu 1500 qdisc mq state UP group default
qlen 1000
    link/ether 00:0c:29:23:38:15 brd ff:ff:ff:ff:ff:ff
    inet 192.168.70.133/24 brd 192.168.70.255 scope global dynamic noprefixroute ens160
      valid_lft 6350sec preferred_lft 6350sec
    inet6 fe80::e586:ed12:be38:379/64 scope link noprefixroute
      valid_lft forever preferred_lft forever
3: ens224: <BROADCAST,MULTICAST> mtu 1500 qdisc mq state DOWN group default qlen 1000
    link/ether 00:0c:29:23:38:29 brd ff:ff:ff:ff:ff:ff
4: ens256: <BROADCAST,MULTICAST,UP,LOWER_UP> mtu 1500 qdisc mq state UP group default
qlen 1000
    link/ether 00:0c:29:23:38:1f brd ff:ff:ff:ff:ff:ff
    inet 192.168.70.134/24 brd 192.168.70.255 scope global dynamic noprefixroute ens256
      valid_lft 7143sec preferred_lft 7143sec
    inet 192.168.70.152/24 brd 192.168.70.255 scope global secondary noprefixroute
ens256:1
      valid_lft forever preferred_lft forever
    inet 192.168.70.151/24 brd 192.168.70.255 scope global secondary noprefixroute
ens256
      valid_lft forever preferred_lft forever
    inet 192.168.70.153/24 brd 192.168.70.255 scope global secondary noprefixroute
ens256:2
```

```
    valid_lft forever preferred_lft forever
```

为 ens160 网络接口设备设置 IP 地址，可以通过以下命令配置多个 IP 地址。

```
[root@server01 ~]# ip address add 192.168.70.155/24 dev ens160
```

查看指定设备的配置信息，验证上一步操作的结果。

```
[root@server01 ~]# ip addr show dev ens160
2: ens160: <BROADCAST,MULTICAST,UP,LOWER_UP> mtu 1500 qdisc mq state UP group default
qlen 1000
   link/ether 00:0c:29:23:38:15 brd ff:ff:ff:ff:ff:ff
   inet 192.168.70.133/24 brd 192.168.70.255 scope global dynamic noprefixroute ens160
     valid_lft 6015sec preferred_lft 6015sec
   inet 192.168.70.155/24 scope global secondary ens160
     valid_lft forever preferred_lft forever
   inet6 fe80::e586:ed12:be38:379/64 scope link noprefixroute
     valid_lft forever preferred_lft forever
```

7.3.3 使用 IP 命令进行路由设置

路由是计算机网络中用于将数据包从发送方传输到目标地址的过程，如图 7-14 所示。当计算机或其他网络设备发送数据包时，它们依靠路由来决定将数据包发送给哪个网络接口，以便将其传输到正确的目标地址。

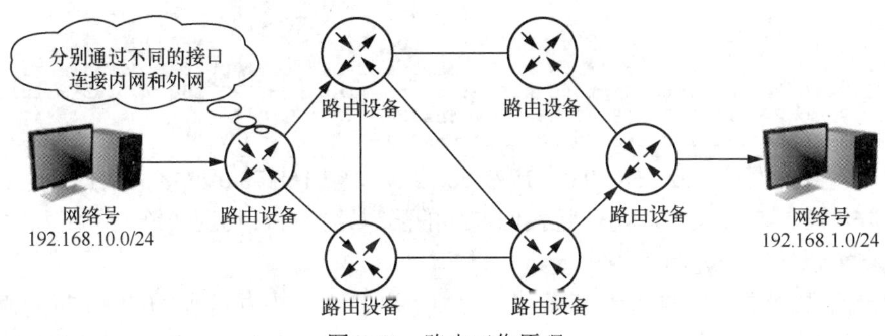

图 7-14 路由工作原理

在一个网络中，数据包经过多个网络设备传输，每个设备都会检查数据包的目标地址，并根据自己的路由表进行转发决策。路由器是专门用于转发数据包的网络设备，它根据目标地址将数据包从一个网络接口转发到另一个网络接口，从而使数据包最终到达目标地址。路由器通过物理接口隔离了不同的网络，数据包必须通过路由不断转发，最终到达目标网络。

路由是通过使用路由表和路由协议来实现的。每台设备都维护着一个路由表，表中包含了关于各个目标地址和相应下一跳网关的信息。根据路由表中的信息，设备可以选择正确的路径将数据包发送到目标地址。

路由的目的是实现网络中各个子网的连通性和数据的有效传输。通过合理设置路由，网络数据包可以经过多台设备之间的跳转，从源设备到达目标设备。路由还可以用于实现负载均衡、故障切换和优化网络流量等。

路由是确定数据包从源点到终点传输的路径选择过程。根据配置及管理方式的不同，路由可以分为静态路由和动态路由。动态路由自动生成，不需要设置，非常方便，较为常用。但如果网络规模比较小，且为了追求网络运行的稳定性和减少资源的消耗，可能需要进行静态路由的设置，也就是路由转发规则固定不变。

IP 命令可以用来进行路由设置，如添加、删除和管理路由信息。下面是一些使用 ip route 命令进行路由设置的示例。

通过 IP 命令启用前面禁用的 ens224 接口，假设通过该接口访问 192.168.72.0 和 192.168.73.0 网络号，这些网络号和当前计算机不在同一个网络中。

```
[root@server01 ~]# ip link set ens224 up
```

添加一条静态路由，网关 IP 地址是路由器在当前网络号中的 IP 地址。

```
ip route add [目标网络/IP] via [网关 IP] dev [网络接口名称]
```

例如，新增静态路由，让所有发往 192.168.72.0/24 和 192.168.73.0/24 网络的数据包都通过 IP 地址 192.168.70.135，并绑定 ens224 接口，可以使用以下命令。

```
[root@server01 ~]# ip route add 192.168.72.0/24 via 192.168.70.135 dev ens224
[root@server01 ~]# ip route add 192.168.73.0/24 via 192.168.70.135 dev ens224
```

这个命令将添加一个新的路由，使所有发往 192.168.72.0/24 网络的流量都将通过 ens256 接口和指定的网关路由。使用 ip route show 命令查看路由表结果。

```
[root@server01 ~]# ip route show
default via 192.168.70.1 dev ens256
default via 192.168.70.1 dev ens160 proto dhcp metric 100
default via 192.168.70.1 dev ens256 proto dhcp metric 102
default via 192.168.70.1 dev ens224 proto dhcp metric 103
192.168.70.0/24 dev ens256 proto kernel scope link src 192.168.70.152
192.168.70.0/24 dev ens160 proto kernel scope link src 192.168.70.133 metric 100
192.168.70.0/24 dev ens256 proto kernel scope link src 192.168.70.134 metric 102
192.168.70.0/24 dev ens224 proto kernel scope link src 192.168.70.135 metric 103
192.168.72.0/24 via 192.168.70.135 dev ens224
192.168.73.0/24 via 192.168.70.135 dev ens224
```

可以看到，发往 192.168.70.0、192.168.72.0、192.168.73.0 网络的数据都通过 IP 地址 192.168.70.135 转发，后两条是我们增加的静态路由。在物理线路上网络互联的情况下，数据可以发往另外两个网络。

如果需要通过 ens224 接口将数据从 72.0 和 73.0 网络发送到 70.0 网络，则需要为 ens224 接口增加这两个网络的 IP 地址，并在其他两个网络的计算机中设置下一个路由节点指向。其工作原理如图 7-15 所示。

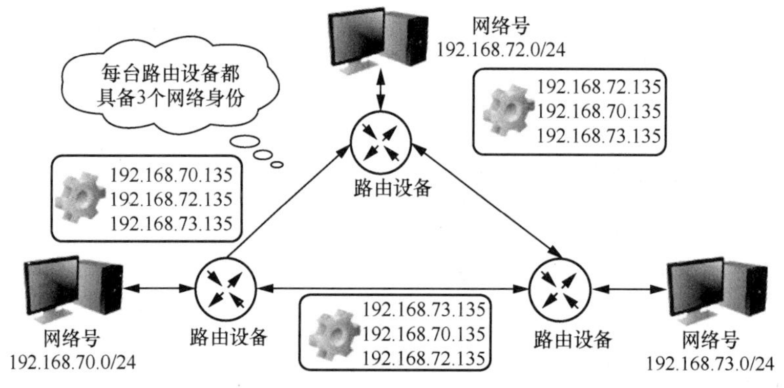

图 7-15 路由转发工作原理

IP 命令设置的路由在重启后失效。要想让其永久生效，则需要通过修改配置文件实现。前例中的 IP 地址是自动获得的，不能作为路由服务，因为 192.168.70.135 是通过网络中路由器 DHCP 功能自动获得的，租约失效后该地址可能发生变更。

在 openEuler 中永久设置 IP 地址和路由，需要编辑对应的网络接口配置文件。在/etc/sysconfig/network-scripts/目录下面，可以看到有和网络接口同名的文件，该文件就是对应网络设备的配置文件。

```
[root@server01 ~]# ls /etc/sysconfig/network-scripts/
ifcfg-ens160  ifcfg-ens224  ifcfg-ens256  ifcfg-net-static
```

仍然配置 ens224 网络接口，可以使用 Vim 编辑对应的文件，按以下内容写入，以实现启用接口和关闭 DHCP 功能，完成后保存并退出编辑器。

```
TYPE=Ethernet
BOOTPROTO=none
DEFROUTE=yes
NAME=ens224
DEVICE=ens224
ONBOOT=yes
IPADDR=192.168.70.135
PREFIX=24
```

配置静态路由，对此，需要在/etc/sysconfig/network-scripts/目录中为 ens224 接口创建路由配置文件。通常，文件命名为“route-ens224”。

```
[root@server01 ~]# vim /etc/sysconfig/network-scripts/route-ens224
```

输入以下配置项，之后保存并退出，重启后使之生效。

```
192.168.72.0/24 via 192.168.70.135 dev ens224
192.168.73.0/24 via 192.168.70.135 dev ens224
```

重启后查看路由表，可以看到配置已经生效。

```
[root@server01 ~]# ip route
default via 192.168.70.1 dev ens160 proto dhcp metric 100
default via 192.168.70.1 dev ens256 proto dhcp metric 102
192.168.70.0/24 dev ens160 proto kernel scope link src 192.168.70.133 metric 100
192.168.70.0/24 dev ens224 proto kernel scope link src 192.168.70.135 metric 101
192.168.70.0/24 dev ens256 proto kernel scope link src 192.168.70.134 metric 102
192.168.72.0/24 via 192.168.70.135 dev ens224 proto static metric 101
192.168.73.0/24 via 192.168.70.135 dev ens224 proto static metric 101
```

7.4 防火墙管理工具

随着网络规模的逐渐扩大，网络安全问题变得越来越重要，而构建防火墙是防止系统安全免受侵害的最基本的手段。虽然防火墙不能完全保证系统安全不受到侵害，但它简单易行、工作可靠、适应性强，得到了广泛的认可与应用。

防火墙可分为硬件防火墙和软件防火墙两种，它们都能起到保护作用并筛选出网络上的攻击者。

直白地说，防火墙是抵御攻击的一道防线，它的使用在一定程度上降低了系统被网络攻击的概率，增强了系统的安全性。服务器按照纵深防御的原则使用网络防火墙进行防护是保障系统安全必须实施的安全防护措施。

7.4.1 Firewalld 管理工具

Firewalld 是一种动态防火墙管理工具，它自身并不具备防火墙的功能，而是和 iptables 一样需要通过内核的 netfilter 框架来实现，也就是说 Firewalld 和 iptables 一样，它们的作用都是维护规则，而真正使用规则执行相关操作的是内核的 netfilter。Firewalld

涉及的一些概念如下。

1. 区域

Firewalld 将网络的不同部分分为若干个区域，每个区域都有一组预定义的规则集合，具体说明见表 7-2。例如，public 区域适用于公共互联网环境下的主机，internal 区域适用于内部网络环境下的主机。

表 7-2 Firewalld 中的区域

区域（zone）	默认策略
trusted	允许所有数据包
home	拒绝流入的流量，除非与流出的流量相关，允许 SSH、mdns、ippclient、amba-client、dhcpv6-client 服务通过
internal	等同于 home
work	拒绝流入的流量，除非与流出的流量相关，允许 SSH、ipp-client、dhcpv6-client 服务通过
public	拒绝流入的流量，除非与流出的流量相关，允许 SSH、dhcpv6-client 服务通过
external	拒绝流入的流量，除非与流出的流量相关，允许 SSH 服务通过
dmz	拒绝流入的流量，除非与流出的流量相关，允许 SSH 服务通过
block	拒绝流入的流量，除非与流出的流量相关，非法流量采取拒绝操作
drop	拒绝流入的流量，除非与流出的流量相关，非法流量采取丢弃操作

（1）服务

在 Firewalld 中，防火墙服务是一组预定义的规则，用于允许或拒绝对特定端口的访问。每个服务都有一个名称，并与一个或多个端口相关联。例如，HTTP 服务通常使用端口 80，因此可以定义一个 HTTP 服务规则来允许对该端口的访问。

（2）端口

Firewalld 的端口规则是一种基于端口号的规则，用于控制特定端口的访问。它可以允许或拒绝特定端口的进出流量。Firewalld 中的端口规则可以应用于指定的区域或服务，也可以直接应用于所有区域。

2. Firewalld 的运行模式

Firewalld 在 Linux 系统上可以以两种运行模式运行，即 Runtime 模式和永久模式。这两种模式允许管理员配置和应用防火墙规则，并且可以根据需要进行持久化。

（1）Runtime 模式

① 在 Runtime 模式下，Firewalld 所有的配置更改都只在当前操作系统运行时生效，即仅在系统当前启动时有效，不会保留到下次系统重启。

② 在此模式下所做的任何配置更改都会在系统重启后丢失，防火墙规则会恢复到初始状态。

③ Runtime 模式适用于需要即时生效且不需要持久化的临时规则配置。

（2）永久模式

① 在永久模式下，Firewalld 的配置更改将被持久保存，并将在系统重启后自动加

载，以确保规则永久生效。

② 在永久模式下，配置的规则会在系统重新启动后自动应用，保证防火墙规则持久化。

③ 永久模式适用于需要持久保存防火墙规则配置的情况，使配置的规则可以在系统重启后仍然有效。

管理员可以根据具体需求选择适合的模式来管理防火墙规则。通常情况下，推荐在永久模式下配置防火墙规则，以确保规则持久化，提高系统的安全性和可管理性。但如果只是临时需要某些规则，可以在 Runtime 模式下进行临时配置。

在实际操作中，管理员可以通过 systemctl 命令和 Firewalld 命令行工具（例如 firewall-cmd）来管理 Firewalld 的运行模式和配置规则，从而确保系统的网络安全和稳定性。

7.4.2　firewall-cmd 命令行工具

在大多数情况下，Firewalld 服务是已经安装好的，如果没有安装，可以使用 DNF 工具自行安装，并启动服务。Firewalld 主要通过 firewall-cmd 命令行工具进行管理。firewall-cmd 提供了一种直观的手段来管理和配置防火墙规则、区域、端口、协议及其他防火墙策略。

firewall-cmd 命令的语法格式如下。

```
firewall-cmd [参数选项 1] ··· [参数选项 n]
```

常用参数说明如下。

--state：显示防火墙的状态（是否正在运行）。

--reload：重新加载防火墙规则和设置，不中断当前活动的连接。

--complete-reload：重新加载防火墙配置和规则，会中断活动连接。

--list-all：列出默认区域的所有设置，如规则、服务、端口、协议等。

--list-all-zones：列出所有区域的所有设置。

--zone：指定操作的区域，例如--zone = public。

--add-service：临时添加服务，例如--add-service = http。

--permanent：使更改永久化。如果不使用此参数，更改仅在当前运行时生效。

--add-port：添加端口到指定区域，例如--add-port = 8080/tcp。

--remove-service：从指定区域删除服务。

--remove-port：从指定区域删除端口。

--get-active-zones：列出当前处于活动状态的区域和接口。

--query-service：查询服务是否在指定区域内允许。

--query-port：查询端口是否在指定范围内允许。

--add-rich-rule：添加丰富规则以精确控制防火墙行为。

--remove-rich-rule：删除丰富规则。

--list-services：列出指定区域允许的服务。

--list-ports：列出指定区域允许的端口。

--set-default-zone：设置默认区域。

下面，我们来看一下防火墙命令的具体使用方法。

查看防火墙规则，命令如下。

```
[root@server01 ~]# firewall-cmd --list-all
public (active)
  target: default
  icmp-block-inversion: no
  interfaces: ens160 ens224 ens256
  sources:
  services: dhcpv6-client mdns ssh
  ports:
  protocols:
  masquerade: no
  forward-ports:
  source-ports:
  icmp-blocks:
  rich rules:
```

以下是关于当前系统的防火墙配置项。

① **public（区域）**：正在使用名为“public”的区域，并且它是当前处于活动状态的。

② **target（目标）**：默认（即如果未满足任何其他规则，则应用默认行为）。

③ **icmp-block-inversion（ICMP 包反转）**：没有启用，这意味着没有反转互联网控制报文协议（ICMP）包过滤规则。

④ **interfaces（接口）**：有 3 个网络接口（ens160、ens224、ens256）被绑定到 public 区域。

⑤ **sources（来源）**：没有指定任何来源地址或网段。

⑥ **services（服务）**：在 public 区域开放了以下服务端口。

- **dhcpv6-client**：DHCPv6 客户端，通常用于自动配置 IPv6 地址。
- **mdns**：多播域名系统，用于局域网中的主机名解析。
- **ssh**：用于远程安全登录和其他安全网络服务的 SSH 服务。

⑦ **ports（端口）**：没有额外的特定端口被开放。

⑧ **protocols（协议）**：没有特定的网络协议被添加。

⑨ **masquerade（伪装）**：将内部网络的私有 IP 地址转换为外部网络的公共 IP 地址，使内部设备能够访问外部网络。

⑩ **forward-ports（转发端口）**：没有转发任何端口。

⑪ **source-ports（源端口）**：没有配置源端口。

⑫ **icmp-blocks（ICMP 块）**：没有阻止任何 ICMP 消息。

⑬ **rich rules（丰富规则）**：当前没有定义。

我们能一直顺畅地使用 SSH 远程命令行操作的原因就是 SSH 服务的端口处于 public 的服务区。

查看可用的 zone，命令如下。

```
[root@server01 ~]# firewall-cmd --get-zones
block dmz drop external home internal public trusted work
```

查看当前 zone，命令如下，可以看到目前默认的区域是公共区。

```
[root@server01 ~]# firewall-cmd --get-default-zone
public
```

设置默认的 zone，一般设置为 public，如果变更默认区域，需要使用 firewall-cmd --reload 重新载入防火墙设置。

```
[root@server01 ~]# firewall-cmd --set-default-zone=public
Warning: ZONE_ALREADY_SET: public
success
[root@server01 ~]# firewall-cmd --reload
success
```

在 7.2.3 小节中，安装的 httpd 网站服务关闭了防火墙。关闭防火墙将关闭所有保护，在正式的场合中，应该是修改防火墙的策略，允许站点服务的访问通过。

参看 7.2.3 小节，确认 httpd 已安装并启动服务，确认 Firewalld 服务处于运行中，此时通过物理机的浏览器访问虚拟机地址，访问无法到达。站点服务的协议是 http，端口号为 80，使用以下命令，将 80 端口加入开放区域，并重新加载防火墙配置。

--permanent 参数使设置被持久化，重启后依然生效。

```
[root@server01 ~]# firewall-cmd --zone=public --add-port=80/tcp --permanent
success
[root@server01 ~]# firewall-cmd --reload
success
```

查看 public 区域信息，可以看到端口号部分多了配置项 80/tcp 端口。使用浏览器访问虚拟机地址，可以打开 apache 的站点服务的欢迎页。

```
[root@server01 ~]# firewall-cmd --zone=public --list-all
public (active)
  target: default
  icmp-block-inversion: no
  interfaces: ens160 ens224 ens256
  sources:
  services: dhcpv6-client mdns ssh
  ports: 80/tcp
  protocols:
  masquerade: no
  forward-ports:
  source-ports:
  icmp-blocks:
  rich rules:
```

后续，如果这个端口不需要再被外部访问，可以使用以下命令关闭端口。重新加载配置后生效。

```
[root@server01 ~]# firewall-cmd --zone=public --remove-port=80/tcp --permanent
success
[root@server01 ~]# firewall-cmd -reload
success
```

如果不记得端口号，但是知道服务的名称，也可以通过服务名称来进行过滤。使用以下命令，允许 http 访问通过。重新加载配置后生效。

```
[root@server01 ~]# firewall-cmd --zone=public --add-service=http --permanent
success
[root@server01 ~]# firewall-cmd --reload
success
```

查看公共区域的配置信息，可以看到服务中多了 http，效果和使用端口的效果相同，可以再次尝试访问站点服务。

```
[root@server01 ~]# firewall-cmd --zone=public --list-all
public (active)
  target: default
  icmp-block-inversion: no
  interfaces: ens160 ens224 ens256
  sources:
  services: dhcpv6-client http mdns ssh
  ports:
  protocols:
  masquerade: no
```

```
  forward-ports:
  source-ports:
  icmp-blocks:
  rich rules:
```

关闭服务，使用以下命令，同样需要重新载入防火墙配置，使其生效。

```
[root@server01 ~]# firewall-cmd --zone=public --remove-service=http --permanent
success
[root@server01 ~]# firewall-cmd --reload
success
```

前面的配置拒绝了所有来源的访问。如果网站遭到了恶意攻击，我们需要阻止恶意攻击的来源。对此，可以使用以下命令，拒绝来自某个 IP 地址的请求，重新加载后使其生效。删除已创建的拒绝地址，将 add 换成 remove 即可。

```
[root@server01 ~]# firewall-cmd --zone=public --add-service=http --permanent
success
[root@server01 ~]# firewall-cmd --zone=public --remove-source=192.168.70.51/24
--permanent
Warning: NOT_ENABLED: 192.168.70.51/24
success
[root@server01 ~]# firewall-cmd --reload
success
```

运行结果如下。

```
[root@server01 ~]# firewall-cmd --zone=public --list-all
public (active)
  target: default
  icmp-block-inversion: no
  interfaces: ens160 ens224 ens256
  sources: 192.168.70.51/24
  services: dhcpv6-client http mdns ssh
  ports:
  protocols:
  masquerade: no
  forward-ports:
  source-ports:
  icmp-blocks:
  rich rules:
```

所有的规则最终还是以文件方式保存在/etc/firewalld/zones/目录下，使用文本编辑工具编辑“/etc/firewalld/zones/public.xml”文件，可以看到前面的配置的保存位置。

```
<?xml version="1.0" encoding="utf-8"?>
<zone>
  <short>Public</short>
  <description>For use in public areas. You do not trust the other computers on networks
to not harm your computer. Only selected incoming connections are
accepted.</description>
  <source address="192.168.70.51/24"/>
  <service name="ssh"/>
  <service name="mdns"/>
  <service name="dhcpv6-client"/>
  <service name="http"/>
</zone>
```

7.4.3 Firewalld 的高级规则

在使用防火墙时，基础规则通常可以满足大多数情况下的需求，例如简单的端口和服务控制等。但是在一些更加复杂的场景下，基础规则的灵活性和细粒度控制就显得有限，这时需要使用高级规则来实现更加精细的流量控制，而 rich rule 就是 Firewalld 中的一种高级规则。

使用 firewall-cmd 命令设置 rich rule 高级规则时，可以参考以下常用参数。

- **family**：指定网络协议族，可选值为 IPv4、IPv6、inet、inet6、arp。
- **source address**：指定源 IP 地址，可以为单个 IP、IP 段或 CIDR 网段，例如 source address="192.168.70.0"、source address="192.168.70.1～192.168.70.10"或 source address="192.168.70.0/24"。
- **port port**：指定端口号，可以为单个端口、端口段或者逗号分隔多个端口。
- **protocol**：指定协议，可以为 TCP、UDP、ICMP 等。
- **service name**：指定服务名，可以为/etc/services 定义服务名称，例如 http、ftp。
- **action**：指定动作，可以指定 accept、drop、reject、masquerade、redirect 等动作。

在使用 rich-rules 规则时，必须使用双引号将参数值括起来，例如，source address="192.168.70.0/24"，而且不能同时设置 port 和 service name。

下面的命令使用 firewall-cmd 工具在 public 区域中添加了一个富规则，允许来自 192.168.70.0/24 子网的 IPv4 地址访问 TCP 端口 80。

```
[root@server01 ~]# firewall-cmd --zone=public --add-rich-rule='rule family="ipv4"
source address="192.168.70.0/24" port port="80" protocol="tcp"  accept' --permanent
```

具体来说，这个命令的各部分的含义如下。

- **firewall-cmd**：用于调用 Firewalld 管理工具。
- **--zone=public**：指定正在操作的防火墙区域为 public。
- **--add-rich-rule**：添加一个复杂的规则，可以指定多种条件。
- **'rule family="ipv4"source address="192.168.70.0/24"port port="80"protocol="tcp"accept'**：规则内容，表示来自 IPv4 地址 192.168.70.0/24 子网的所有设备访问 TCP 端口 80 的数据包被放行。
- **--permanent**：将此更改为永久化，以便持久保存到防火墙配置文件中。

运行结果如下。

```
[root@server01 ~]# firewall-cmd --zone=public --list-all  public (active)
  target: default
  icmp-block-inversion: no
  interfaces: ens160 ens224 ens256
  sources: 192.168.70.51/24
  services: dhcpv6-client http mdns ssh
  ports:
  protocols:
  masquerade: no
  forward-ports:
  source-ports:
  icmp-blocks:
  rich rules:
        rule  family="ipv4"  source  address="192.168.70.0/24"  port  port="80"
protocol="tcp" accept
```

将 accept 改为 reject，则变为拒绝。

```
firewall-cmd    --zone=public    --add-rich-rule='rule    family="ipv4"    source
address="192.168.70.0/24" port port="80" protocol="tcp" reject' --permanent
```

运用以下命令，将数据包转发到 192.168.72.135。

```
firewall-cmd  --zone=public  --add-forward-port=port=80:proto=tcp:toaddr=192.168.
72.135 --permanent
```

如果使用 drop，则该来源的数据包会被直接丢弃，访问者不会收到任何回应。如果是恶意攻击者，将无法判断访问是否顺利到达。

```
firewall-cmd --zone=public --add-rich-rule='rule family="ipv4" source
address="192.168.70.0/24" drop' --permanent
```

更多的使用方式可以参考使用手册进行扩展，目前的案例已经可以满足大多数场景的使用需求。

7.5 习题

1. 在 openEuler 系统中执行一次性延迟任务的方式是（ ）。

A. 使用 at B. 使用 cron

C. 使用 crontab D. 使用 crond

2. （ ）命令可以用于管理定时任务。

A. crontab B. at

C. crond D. cronjob

3. 在 openEuler 系统中设置定时任务在每天凌晨执行的方式是（ ）。

A. 编辑/etc/crontab B. 使用 crond-e

C. 编辑 crontab-e D. 使用 cron-e

4. （ ）命令可以用于查看当前开启的定时任务。

A. crond-l B. crontab-l

C. crontab-e D. atq

5. 在 openEuler 系统中，查看指定用户的定时任务的方式是（ ）。

A. crond-u username B. crontab –l username

C. crontab-l-u username D. at-l username

6. 若要删除某个用户的所有定时任务，应该使用（ ）命令。

A. atrm-u username B. at-r username

C. crontab-r username D. crontab-r-u username

7. 在 openEuler 系统中，系统日志文件通常存储在（ ）目录下。

A. /var/log/messages B. /var/log/syslog

C. /var/log/journal D. /var/log/secure

8. rsyslog 是 openEuler 系统中用于（ ）的服务。

A. 日志轮转 B. 网络时间同步

C. 日志收集和分发 D. 安全审计

9. 在 openEuler 系统中，rsyslog 配置文件通常存储在（ ）目录下。

A. /etc/syslog.d B. /etc/rsyslog.d

C. /etc/logrotate.d D. /etc/default/rsyslog

10. 在 Logrotate 的配置中，rotate 参数的作用是（ ）。

A. 确定压缩级别 B. 指定日志文件归档前保留多少份备份

C. 指定日志文件归档周期 D. 指定日志文件路径

11. TCP/IP 协议栈中，（ ）属于传输层的协议。

A. IP　B. UDP

C. ICMP　D. TCP

12. 在 openEuler 系统中，用于配置网络接口参数和显示网络接口信息的命令是（　）。

A. ifstatus　B. netconf

C. ifconfig　D. ipconfig

13. Firewalld 是 openEuler 系统中用于管理（　）的服务。

A. 软件包　B. 防火墙

C. 文件系统　D. 虚拟化

14. 在 openEuler 系统中，Firewalld 使用（　）来定义不同的信任级别。

A. Layers　B. Regions

C. Zones　D. Divisions

第 8 章 使用 Shell 脚本

主要内容

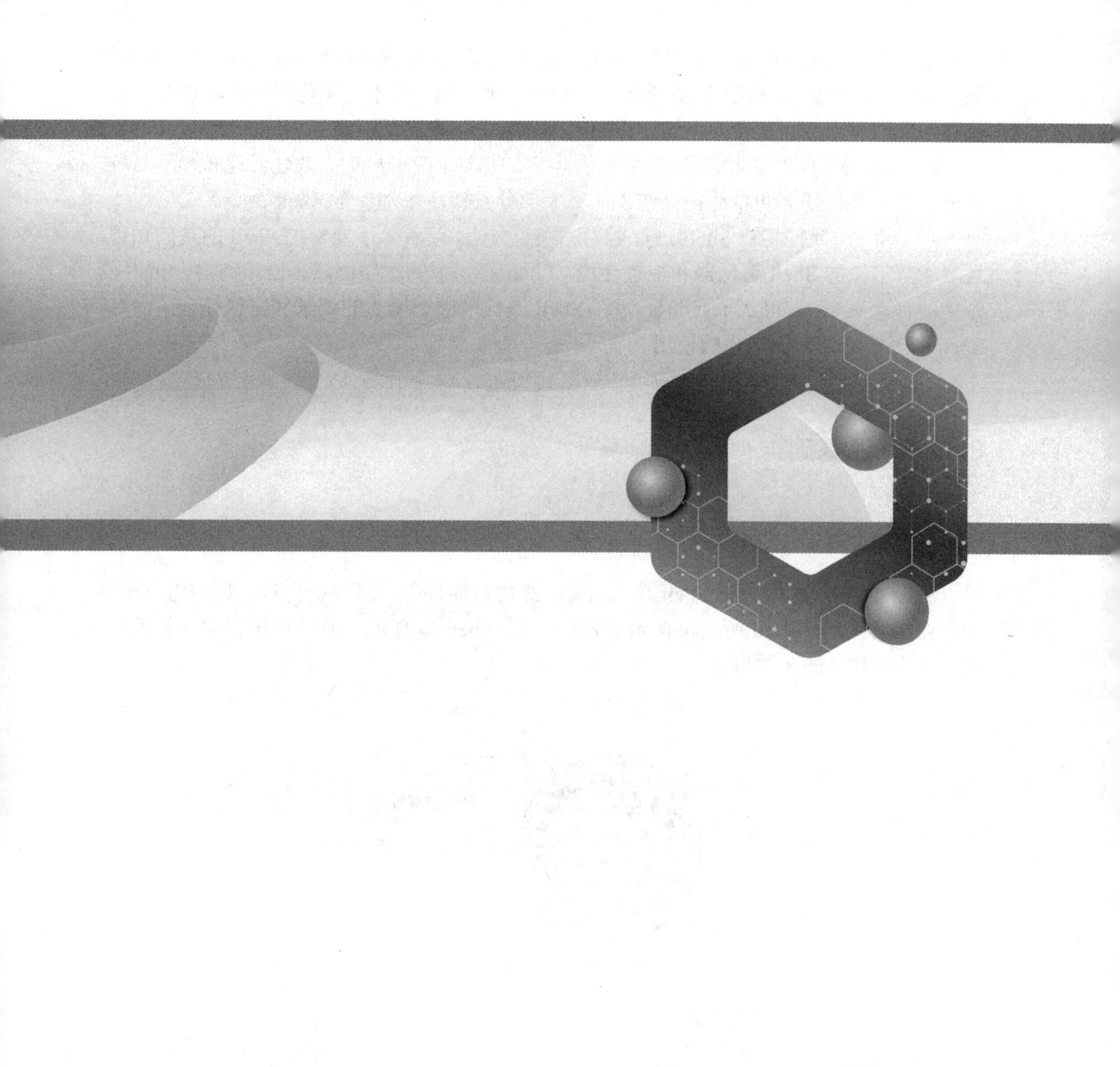

前文在讲解 Linux 命令时说过，Linux 命令是靠 Shell 进行解析的。Shell 在计算机领域表示“外壳”或者“壳层”，通常指的是命令行解释器，用于与操作系统内核进行交互，接收用户的命令并将其转换为操作系统能够理解的指令，然后执行相应的操作。

因此，Shell 的功能非常强大，它具有丰富的功能，使用户更高效地管理和操作系统，完成各种复杂的任务和自动化操作。前文大部分操作命令都属于 Shell 命令。

在本章中，我们将对 Shell 进行更为深入的介绍。读者除了要掌握 Shell 的基础知识，还要了解常见的 Shell 解释器和配置环境，Shell 脚本中的程序语法和语句结构，Shell 命令中的管道命令，Shell 的 test 验证命令，Shell 编程中进行简单的调试和错误处理的命令，Shell 命令中的正则表达式的使用。

8.1 Shell 基础

8.1.1 Shell 的概念和作用

Shell 的意思是“壳”，Shell 在 Linux 中是内核的外壳，既保护内核，也向用户提供操作内核的接口，Shell 所处位置如图 8-1 所示。Shell 本身是一个用 C 语言编写的程序，它是用户使用 Linux 的桥梁。

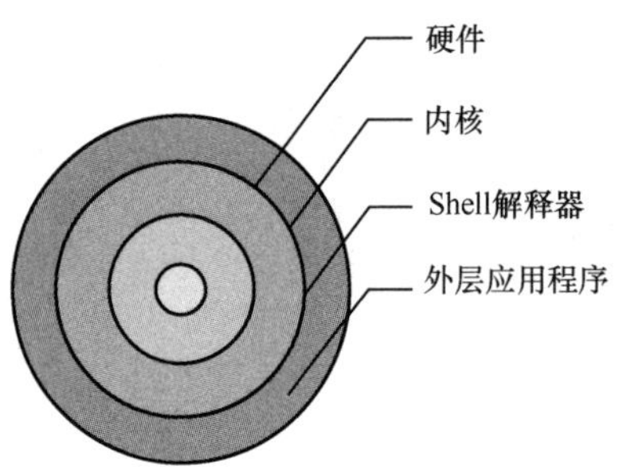

图 8-1 Shell 所处位置

1. Shell 是一个应用程序

Shell 是 Linux 系统中用户与内核交互的核心接口程序。作为操作系统的重要组成部分，Shell 承担着双重角色：既是用户操作系统的入口，又是保护内核安全的屏障。

从本质上看，Shell 是一个特殊的应用程序，它与其他普通应用程序（如文本编辑器、浏览器）有着根本区别。Shell 的特殊性体现在以下几个方面。

① **系统级功能**：Shell 直接与操作系统内核交互，负责将用户输入的命令转换为内核能够理解的系统调用。例如，当用户输入“ls -l”命令时，Shell 会解析这个命令，并调用相应的系统函数来获取目录内容。

② **安全隔离机制**：由于直接操作内核存在安全隐患，Shell 作为中间层，会对用户命令进行合法性检查，过滤掉可能危害系统的操作请求。这种设计既保护了内核安全，又简化了用户操作。

③ **系统启动依赖**：Shell 是 Linux 系统启动过程中最早加载的用户空间程序之一。

系统初始化完成后，Shell 会作为默认的用户界面呈现给用户，成为用户与系统交互的主要通道。

④ **命令行与图形界面的桥梁**：无论是命令行界面还是图形界面，最终都需要通过 Shell 来执行系统操作。在图形界面中，用户点击图标等操作实际上也是通过 Shell 来启动相应程序的。

需要特别说明的是，虽然 Windows 系统也有命令行界面，但"Shell"这个概念在 Linux 系统中具有特定含义，专指用户与内核之间的这个关键接口程序。Shell 不是内核的一部分，而是运行在内核之上的特殊应用程序，它与内核紧密配合，共同完成系统管理工作。

这种架构设计体现了 Linux 系统的一个重要理念：通过清晰的层次划分，既保证系统安全性，又提供灵活的操作方式。Shell 作为这个架构中的关键一环，其重要性不言而喻。

2．Shell 是一种脚本语言

任何代码最终只有被“翻译”成二进制的形式才能在计算机中执行，例如 C/C++、Pascal、Go 语言等，必须在程序运行之前将所有代码都翻译成二进制形式，也就是生成可执行文件，用户拿到的是最终生成的可执行文件，看不到源码。这个过程叫作编译，这样的编程语言叫作编译型语言，完成编译过程的软件叫作编译器。

而 Shell 则和 JavaScript、Python、PHP 等一样，是一边翻译一边执行，执行时只有人类字符的程序文件。程序运行后会即时翻译，翻译完一部分执行一部分，不用等到所有代码都翻译完。这个过程叫作解释，这样的编程语言叫作解释型语言或者脚本语言，完成解释过程的软件叫作解释器。

编译型语言的优点是执行速度快、对硬件要求低、保密性好，适合开发操作系统、具有复杂业务逻辑的中大型应用程序、数据库等。而脚本语言的优点是使用灵活、部署容易、跨平台性好，非常适合 Web 开发和制作一些实用的、自动化的小工具，例如检测计算机的硬件参数、一键搭建 Web 开发环境、日志分析等。

Shell 支持基本的编程元素，例如，if…else 选择结构，switch…case 开关语句，for、while、until 循环，变量、数组、字符串、注释、加减乘除、逻辑运算等概念，用户自定义的函数和内置函数（例如 printf、export、eval 等）。因此从这个角度来看，Shell 也是一种编程语言，它的编译器（解释器）是 Shell 这个应用程序。我们可以在 Shell 中编程，这和使用 C/C++、Java、Python 等常见的编程语言没有区别。

Shell 的作用如下。

① **用户与操作系统的交互接口**：提供了用户与操作系统内核之间的交互界面，用户可以通过 Shell 输入命令、执行程序和管理系统资源。

② **解释和执行命令**：用户在 Shell 中输入的命令会被 Shell 解释并转化为操作系统能够执行的指令，然后交由操作系统内核实际执行。

③ **管理系统进程**：用户可以使用 Shell 启动、停止和管理系统进程，监视运行中的程序，并进行相关操作。

④ **文件和目录管理**：用户可以通过 Shell 进行文件和目录的管理，包括创建、删除、复制、移动文件，以及设置文件权限和属性等操作。

⑤ **环境配置**：Shell 允许用户设置和管理环境变量，控制系统的配置以满足用户的需求，例如修改路径、配置软件等。

⑥ **脚本编程**：用户可以使用 Shell 编写脚本来自动化执行一系列操作，提高效率。

⑦ **输入/输出控制**：Shell 提供了丰富的输入/输出控制功能，包括重定向、管道等机制，方便用户处理命令的输入/输出。

⑧ **管道和过滤器**：Shell 中的管道符号（|）允许将一个命令的输出作为另一个命令的输入，同时过滤器命令可以对数据进行过滤、排序和处理。

8.1.2 Shell 解释器

不同的操作系统和发行版通常会提供不同的 Shell 解释器，其中最常见和流行的是 Bash。除了 Bash，还有其他常见的 Shell 解释器，它们提供了不同的功能和特性，以满足用户的需求。

1．常见的 Shell 解释器

① **Bash**：Linux 系统中最常用的 Shell 解释器，也是默认的 Shell。Bash 继承了 Bourne Shell 的特性，并添加了许多新功能，提供了强大的命令行环境和编程功能。

② **Zsh**：一种功能更强大的 Shell 解释器，提供了更多的特性和定制选项。它具有更智能的自动补全功能、更好的模式匹配、主题和插件支持等特点。

③ **Fish**：一种用户友好的 Shell 解释器，提供了更加直观和交互式的命令行体验。Fish 具有语法高亮、自动建议、命令易于记忆等特性。

④ **Ksh**：另一种常见的 Shell 解释器，它结合了 C Shell 和 Bourne Shell 的特性，具有强大的编程功能和脚本支持。

⑤ **Dash**：一个轻量级的 Shell 解释器，占用内存更少，适合系统初始化阶段执行脚本。

⑥ **Csh**：Csh 是早期的 UNIX Shell，其语法和功能与 Bourne Shell 有一些区别，但由于其一些限制，现在更多地被 Bash 等 Shell 取代。

⑦ **Crond**：全称为 crontab，是在 Linux 操作系统中周期性执行某种任务或等待处理某些事件的守护进程，一般默认会安装此服务工具，并且会自动启动 crond 进程，crond 进程每分钟会定期检查是否有要执行的任务，如果有要执行的任务，则自动执行该任务。

使用以下命令查看当前系统默认的 Shell 解释器。可以看到当前系统默认的解释器为/bin/bash，查看文件属性，可以看到其本身就是一个可执行程序（具有 x 属性）。

```
[root@server01 ~]# echo $SHELL
/bin/bash
[root@server01 ~]# ll /bin/bash
-rwxr-xr-x. 1 root root 1179272 12月  8 12:27 /bin/bash
```

本机已经安装的 Shell 解释器可以使用以下命令查看。可以看到在全局的/bin 目录下和用户 usr/bin 目录下都有解释器程序。

```
[root@server01 ~]# cat /etc/shells
/bin/sh
/bin/bash
/usr/bin/sh
/usr/bin/bas
```

其中，sh 解释器指的是 UNIX 系统早期使用的一种 Shell 解释器 Bourne Shell，是由史蒂芬·伯恩斯在 Bell 实验室开发的，它是 UNIX 系统默认的命令行解释器之一。它是 UNIX 系统中标准的命令解释器，提供了一种基本的用于控制和操作系统的接口。Bourne

Shell 拥有一些基本的 Shell 编程功能，例如变量、条件语句、循环等，能够帮助用户编写脚本来自动化任务和处理命令行输入。

sh 解释器为后来的 Shell 解释器奠定了基础。很多现代的 Shell 解释器（例如 Bash 和 Zsh）都是在 Bourne Shell 的基础上发展而来的，因此，有时候/bin/sh 会指向其他 Shell 解释器的链接，例如/bin/bash。查看文件详细信息，可以看到 sh 文件最终链接指向的还是/bin/bash 文件。

```
[root@server01 ~]# ll /bin/sh
lrwxrwxrwx. 1 root root 4 12月  8 12:27 /bin/sh -> bash
```

2．更换 Shell 解释器

因为功能特性、执行效率、脚本兼容性或系统限制而对 Shell 解释器有特殊要求时，可以使用 usermod 命令切换用户默认的解释器，前提是该显示器已经被安装。在大多数情况下，不需要切换解释器。

例：安装 Zsh 解释器并切换为 euler01 用户的默认解释器，重新登录后仍然生效。但是因为用户原来为 Bash 解释器，所以登录后可能会汇报配置文件语法错误，需要解决一系列兼容性问题，所以实验完成后还是需要切回到 Bash 解释器。

```
[root@server01 ~]# dnf install zsh -y
[root@server01 ~]# usermod -s /bin/zsh euler01
```

8.1.3 Shell 脚本的编写与执行

Shell 脚本是解释型程序，通过将命令批量化组合实现自动化操作。与 Windows BAT 脚本不同，其具备完整的编程语言特性。

1．第一个 Shell 脚本

echo 命令用于输出控制台信息，直接执行的效果如下。

```
[root@server01 ~]# echo "hello world"
hello world
```

现在使用 Vim 编辑器创建一个 test.sh 文件，输入以下信息，保存并退出。“sh”扩展名就是 Shell 脚本的默认扩展名，当然在 Linux 系统中，扩展名并不影响脚本的执行。下面代码的第一行是约定标记，用于指定 Shell 解释器，可能不是必需的，但这是一个好的习惯。

```
#!/bin/bash
echo "Hello World !"
```

2．运行 Shell 程序的方式

方式一：运行解释器程序，将脚本文件作为参数传递给解释器程序。此方式会忽略脚本中指定的解释器，指令如下。

```
[root@server01 ~]# /bin/sh test.sh
Hello World !
```

方式二：作为可执行程序来执行。系统根据脚本文件指定的解释器或者当前默认解释器执行。该方式需要增加脚本文件的可执行权限。再使用“./程序名的方式”来执行，其他类型可执行程序也是如此。

```
[root@server01 ~]# chmod +x test.sh
[root@server01 ~]# ./test.sh
Hello World !
```

脚本语言作为解释性程序，并不需要编译。只要修改了程序文件，再次执行就会按修改后的代码执行。因此脚本语言非常便于修改和调试，适合于进行系统维护等需要灵活调整的使用场景。

8.2 基本语法和结构

Shell 脚本支持编写程序，因此其支持常见的程序语言的语法和结构，有编程学习经验的人会比较容易上手。Shell 的程序语法可以在命令行中通过交互实现，也可以通过 Shell 脚本文件执行。

8.2.1 Shell 中的变量

1. 定义变量

在 Shell 编程中，变量是用于存储数据值的名称。定义变量时，变量名通过等于号（=）赋值。脚本文件和 C、C++等编译型程序相比，并不需要指定变量的数据类型。赋予变量的值是什么类型，则变量就是什么类型。使用以下命令可以在当前环境中创建一个 your_name 变量，其中存放的是字符串 euler。**注意“=”两边不要出现空格。**

```
[root@server01 ~]# your_name="euler"
```

继续存放数值类型的年龄和布尔类型的是否结婚。

```
[root@server01 ~]# your_age=18
[root@server01 ~]# marital_status=false
```

2. 使用变量

将“$”符号作为引用符，可以取出已定义的变量中的值，变量名引用可以加“{}”，以和其他连续字符进行区分，例如下面对于年龄的输出命令。

```
[root@server01 ~]# echo $your_name
euler
[root@server01 ~]# echo "${your_age}years old"
18years old
[root@server01 ~]# echo $marital_status
False
```

已定义的变量中的值可以被改变。以下命令将年龄的值在原有基础上增加了 2。

```
[root@server01 ~]# your_age=$((your_age + 2))
[root@server01 ~]# echo $your_age
20
```

3. 只读变量

使用 readonly 命令可以将变量定义为只读变量，只读变量的值不能被改变。下面的例子尝试更改只读变量，结果报错。

```
[root@server01 ~]# readonly your_name
[root@server01 ~]# your_name="windows"
-bash: your_name: 只读变量
```

4. 删除变量

unset 命令用于删除当前 Shell 环境中的普通变量和函数，但无法删除只读变量，删除后该变量将完全从当前会话中删除。

```
[root@server01 ~]# unset your_age
[root@server01 ~]# echo $your_age
```

5．变量类型

① **字符串变量**：在 Shell 中，变量通常被视为字符串。我们可以使用单引号或双引号来定义字符串，“hello”和‘hello’都是可以的。

② **整数变量**：declare 或 typeset 命令用于声明整数变量。这样的变量只包含整数值，例如，declare-i my_integer=22，Shell 将 my_integer 视为整数，如果尝试将非整数值赋给它，Shell 会尝试将其转换为整数。

③ **数组变量**：Shell 也支持数组，允许在一个变量中存储多个值。Shell 支持索引数组以及关联数组，所有元素均以字符串形式存储。

```
[root@server01 ~]# declare -A associative_array
[root@server01 ~]# associative_array["name"]="euler"
[root@server01 ~]# associative_array["age"]=18
```

关联数组的定义类似于 map 的 key = value 的结构模式，如果要取出关联数组的值，可以通过 key 值。输出关联数组中 key 为“name”和“age”的值，代码如下。

```
[root@server01 ~]# echo ${associative_array["name"]}
euler
[root@server01 ~]# echo ${associative_array["age"]}
18
```

④ **环境变量**：环境变量是操作系统或用户定义的全局配置参数，用于控制 Shell 的行为和执行环境。典型示例是 PATH 变量，其值由冒号分隔的目录路径组成，指定了 Shell 搜索可执行程序的顺序和范围。

```
[root@server01~]#echo $ PATH
/usr/local/sbin:/usr/local/bin:/usr/sbin:/usr/bin:/root/bin
```

⑤ **特殊变量**：一些特殊变量在 Shell 中具有特殊含义，例如$0 表示脚本的名称，$1、$2 等表示脚本的参数。$#表示传递给脚本的参数数量，$?表示上一个命令的退出状态等。

新建脚本文件 test2.sh，输入以下特殊变量的验证代码。

```
#!/bin/bash

# $0: 当前脚本的名称
echo "当前脚本的名称: $0"

# $#: 传递给脚本的参数数量
echo "传递给脚本的参数数量: $#"

# $@: 所有位置参数，每个参数独立
echo "所有位置参数（使用\$@）:"
for arg in "$@"; do
    echo "$arg"
done

# $1, $2, ...: 脚本的参数
echo "第一个参数: $1"
echo "第二个参数: $2"

# $?: 上一个命令的退出状态
ls non_existent_file
if [ $? -ne 0 ]; then
    echo "上一个命令执行失败"
fi

# $$: 当前 Shell 进程的 PID
echo "当前 Shell 进程的 PID: $$"
```

阅读脚本，对照以下输出结果基本就可以了解这些变量的用途。

```
[root@server01 ~]# sh test2.sh p1 p2
当前脚本的名称: test2.sh
传递给脚本的参数数量: 2
所有位置参数（使用$@）:
p1
p2
第一个参数: p1
第二个参数: p2
ls: 无法访问 'non_existent_file': 没有那个文件或目录
上一个命令执行失败
当前 Shell 进程的 PID: 2830
```

8.2.2 字符串的操作

字符串是 Shell 编程中最常用、最有用的数据类型，字符串可以用单引号，也可以用双引号，也可以不用引号。字符串还可以进行拼接、截取、计数等操作，下面我们依次进行了解。

1. 单引号

单引号的使用示例代码如下。

```
str='this is a string'
```

单引号字符串的限制：单引号里的任何字符都会原样输出，单引号字符串中的变量是无效的；单引号字串中不能出现单独一个（对单引号使用转义符后也不行），但可成对出现，作为字符串拼接使用。

2. 双引号

双引号的字符串里可以包含变量的引用，还可以包括转义符号，如果需要输出单双引号，也需要使用“\”进行转义。以下案例可以看到 str 变量输出时的结果。

```
[root@server01 ~]# your_name="euler"
[root@server01 ~]# str="Hello, I know you are \"$your_name\"! \n"
[root@server01 ~]# echo -e $str
Hello, I know you are "euler"!
```

3. 拼接字符串

在 Shell 中，字符串拼接应直接并列变量或使用引号连接（如"$str1$str2"或"${var1}${var2}"），不可使用 + 号运算符，所有拼接元素会自动转换为字符串处理。如下案例所示。

```
str1="Hello"
str2="World"
result="$str1 $str2"
echo $result  # 输出: Hello World
```

4. 获取字符串的长度

字符串计数也是常见操作之一，使用以下命令可以反馈字符串的长度。

```
string="abcd"
echo ${#string}   # 输出 4
string="abcd"
echo ${#string[0]}   # 输出 4
```

5. 截取字符串长度

以下代码是从字符串第 2 个字符开始截取 4 个字符。

```
string="hello euler"
echo ${string:1:4}   # 输出 ello
```

6. 查找子字符串

使用“expr index”命令查找字符时会输出找到的第一个匹配的位置。“`”为反撇符号，一般为“Tab”键上面的一个按键。反撇符号里面的为需要执行的指令。

```
string="hello euler"
echo `expr index "$string" l`   # 输出 3
```

8.2.3 Shell 中的数组

bash 支持一维数组（不支持多维数组），并且没有限定数组的大小。类似于 C 语言，数组元素的下标由 0 开始编号。获取数组中的元素要利用下标，下标可以是整数或算术表达式，其值应大于或等于 0。

1. 定义数组

用括号来表示数组，数组元素用空格分隔。定义数组的一般形式：数组名=(值 1 值 2 … 值 *n*)。

```
array_name=(value0 value1 value2 value3)
```

或者

```
array_name=(
value0
value1
value2
value3
)
```

可以单独定义数组的各个分量，不使用连续的下标，并且下标的范围没有限制。

```
array_name[0]=value0
array_name[1]=value1
array_name[n]=valuen
```

2. 读取数组

读取数组元素值的一般格式是${数组名[下标]}，例如：

```
valuen=${array_name[n]}
```

使用@符号可以获取数组中的所有元素，例如：

```
echo ${array_name[@]}
```

3. 获取数组的长度

获取数组长度的方法与获取字符串长度的方法相同，因为字符串可以被理解为字符数组。

```
#取得数组元素的个数
length=${#array_name[@]}
#或者
length=${#array_name[*]}
#取得数组单个元素的长度
length=${#array_name[n]}
```

8.2.4 流程控制

编程语言中的程序流程基本包括选择、顺序、循环。在 Shell 进行编程时也同样支持这些流程，且语法逻辑基本相同，但在格式上有所差异。本书的主要目标在于操作系统的使用，因此主要对 Shell 脚本中的流程语句在语法规则上的差异进行讲解。

1. 选择语句

选择语句也叫判断语句，判断语句通过评估条件的布尔值（真/假）决定执行哪个代码块，在 Shell 中需用特定语法（如[condition]）返回明确的真/假结果。

（1）if 语句

Shell 脚本的逻辑控制语法和 C++不同，和 PHP 或者 VB 的语法规则相似，更加贴近人类语言的表达方式。例如下面的单条件判断语句。语句块并未使用大括号包裹。而是使用了 if…fi 的方式表明判断语句的开始和结束(后面很多语句块的表示都用了这种方式)。使用 then 来表示满足条件要执行的语句。

```
if [ 条件判断式 ];then
程序
fi
```

或者

```
if [ 条件判断式 ]
  then
 程序
fi
```

（2）if…else 语句

if…else 语句语法格式如下。

```
if condition
then
    command1
    command2
    ...
    commandN
else
    command
fi
```

if-elif-else 语句语法格式如下。

```
if condition1
then
    command1
elif condition2
then
    command2
else
    commandN
fi
```

Shell 的条件判断语句的条件表达，可以使用“[…]”，也可以使用“(…)”。当使用“[…]”时，比较符号应使用-gt（大于）、-lt（小于）的表示方式。

```
if [ "$a" -gt "$b" ]; then
    ...
fi
```

当使用“(…)”作为判断条件时，使用>和<。

```
if (( a > b )); then
    ...
fi
```

例：判断两个变量是否相等，可以保存为 sh 文件直接执行，输出结果为 a<b。

```
a=10
b=20
if [ $a == $b ]
then
   echo "a 等于 b"
```

```
elif [ $a -gt $b ]
then
   echo "a 大于 b"
elif [ $a -lt $b ]
then
   echo "a 小于 b"
else
   echo "没有符合的条件"
fi
```

2. 循环语句

（1）for 循环

for 循环的一般格式如下。

```
for var in item1 item2 ··· itemN
do
    command1
    command2
    ...
    commandN
done
```

当变量值在列表里，for 循环会遍历 in 后面的列表（或位置参数），依次将每个值赋给变量 var 并执行循环体内的命令，直到列表元素耗尽。

例：① 顺序输出当前列表中的数字。

```
for loop in 1 2 3 4 5
do
    echo "The value is: $loop"
done
```

输出结果如下。

```
The value is: 1
The value is: 2
The value is: 3
The value is: 4
The value is: 5
```

② 顺序输出字符串中的字符。

```
#!/bin/bash

for str in This is a string
do
    echo $str
done
```

输出结果如下。

```
This
is
a
string
```

（2）while 循环

while 循环用于不断执行一系列命令，也用于从输入文件中读取数据。其语法格式如下。

```
while condition
do
    command
done
```

以下是一个基本的 while 循环，测试条件：如果 int 小于或等于 3，那么条件返回真。int 从 1 开始，每次循环处理时，int 加 1。

运行上述脚本，返回数字 1～3，然后终止，代码如下。

```
#!/bin/bash
int=1
while(( $int<=3 ))
do
    echo $int
    let "int++"
done
```

while 循环可用于读取键盘按键信息。在下面的例子中，输入信息被设置为变量 FILM，按<CTRL-D>结束循环。

```
#!/bin/bash
echo '按下 <CTRL-D> 退出'
echo -n '输入你最喜欢的操作系统： '
while read FILM
do
    echo "是的！$FILM 是一个好系统"
done
```

执行结果如下。

```
[root@server01 ~]# sh test5.sh
按下 <CTRL-D> 退出
输入你最喜欢的操作系统： euler
是的！euler 是一个好系统
```

（3）无限循环

无限循环就是始终达不到终结条件，在循环体内一定要有可以让循环终结的语句，否则无限循环没有意义。无限循环的语法格式为：

```
while :
do
    command
done
```

或者

```
while true
do
    command
done
```

或者

```
for (( ; ; ))
```

（4）until 循环

until 循环也叫直到型循环，用于执行一系列命令直至条件为 true 时停止。until 循环语法格式如下。

```
until condition
do
    command
done
```

例：使用 until 命令输出数字 0～9。

```
#!/bin/bash

a=0

until [ ! $a -lt 10 ]
do
   echo $a
   a=`expr $a + 1`
done
```

输出结果如下。

```
0
1
2
3
4
5
6
7
8
9
```

（5）case…esac 语句

case…esac 为多选择语句，与其他语言中的 switch…case 语句类似，是一种多分支选择结构。每个 case 分支用右圆括号开始；用两个分号;;表示 break（即执行结束），即跳出整个 case…esac 语句；esac（case 反过来）为结束标记。

可以用 case 语句匹配一个值与一种模式，如果匹配成功，则执行相匹配的命令。case…esac 语句语法格式如下。

```
case 值 in
模式 1)
    command1
    command2
    ...
    commandN
    ;;
模式 2)
    command1
    command2
    ...
    commandN
    ;;
esac
```

从上面的代码可以看出，case 取值后面必须为单词 in，每一种模式必须以右括号结束。取值可以为变量或常数，匹配发现取值符合某一种模式后，其间所有命令开始执行直至结束。取值将检测匹配的每一种模式。一旦模式匹配成功，则执行完匹配模式相应的命令后不再继续其他模式。如果无匹配模式，使用*捕获该值，再执行后面的命令。

例：提示输入数字 1～4，与每一种模式进行匹配。

```
echo '输入数字 1~4:'
echo '你输入的数字:'
read aNum
case $aNum in
    1)  echo '你选择了 1'
    ;;
    2)  echo '你选择了 2'
    ;;
    3)  echo '你选择了 3'
    ;;
    4)  echo '你选择了 4'
    ;;
    *)  echo '你没有输入 1~4 的数字'
    ;;
esac
```

输入不同的内容，会有不同的结果，例如：

```
输入数字 1~4:
```

```
你输入的数字:
3
你选择了 3
```

（6）跳出循环

在循环过程中，有时候需要在未达到循环结束条件时强制跳出循环，Shell 使用两个命令来实现该功能，即 break 和 continue。

在下面的例子中，脚本进入死循环直至用户输入数字大于 5。要跳出这个循环，返回到 Shell 提示符下，需要使用 break 命令。

```
#!/bin/bash
while :
do
    echo -n "输入数字 1~5:"
    read aNum
    case $aNum in
        1|2|3|4|5) echo "你输入的数字为$aNum!"
        ;;
        *) echo "你输入的数字不是 1~5! 游戏结束"
            break
        ;;
    esac
done
```

输出结果如下。

```
输入数字 1~5:3
你输入的数字为 3!
输入数字 1~5:7
你输入的数字不是 1~5!游戏结束
```

continue 命令与 break 命令类似，但 continue 不会跳出所有循环，仅能跳出当前循环。

```
#!/bin/bash
while :
do
    echo -n "输入数字 1~5: "
    read aNum
    case $aNum in
        1|2|3|4|5) echo "你输入的数字为$aNum!"
        ;;
        *) echo "你输入的数字不是 1~5!"
            continue
            echo "游戏结束"
        ;;
    esac
done
```

运行代码发现，当输入大于 5 的数字时，示例中的循环不会结束，即语句 echo"游戏结束"永远不会被执行。

8.2.5 Shell 函数

Shell 函数概念和其他编程语言中的函数一致，将多条语句包装起来通过调用统一执行，可以传递参数和返回结果。

Shell 函数的定义格式如下，可以使用 function fun( )定义，也可以直接用 fun( )定义，不带任何参数。参数返回时，可以加 return 显示返回；如果不加，将以最后一条命令的运行结果作为返回值。Shell 函数语法格式如下。

```
[ function ] funname [()]
{
    action;
    [return int;]
}
```

例：调用函数。

```
#!/bin/bash

demoFun(){
    echo "这是我的第一个 Shell 函数!"
}
echo "-----函数开始执行-----"
demoFun
echo "-----函数执行完毕-----"
```

输出结果如下。

```
-----函数开始执行-----
这是我的第一个 Shell 函数!
-----函数执行完毕-----
```

定义一个带有 return 语句的函数，其中第 2、3 行以“#”开头的为注释语句，不会被当作语句执行。

```
#!/bin/bash
# author:euler01
# title:函数调用

funWithReturn(){
    echo "这个函数会对输入的两个数字进行相加运算···"
    echo "输入第一个数字: "
    read aNum
    echo "输入第二个数字: "
    read anotherNum
    echo "两个数字分别为 $aNum 和 $anotherNum !"
    return $(($aNum+$anotherNum))
}
funWithReturn
echo "输入的两个数字之和为$?!"
```

运行结果如下。

```
这个函数会对输入的两个数字进行相加运算···
输入第一个数字:
1
输入第二个数字:
2
两个数字分别为 1 和 2!
输入的两个数字之和为 3!
```

函数返回值在调用该函数后通过$?来获得。

注意：所有函数在使用前必须定义。这意味着必须将函数放在脚本的开始部分，直至 Shell 解释器首次发现它，才可以使用。调用函数使用其函数名即可。

return 语句只能返回一个介于 0～255 的整数，而两个输入数字的和可能超过这个范围。要想解决这个问题，可以修改 return 语句，直接使用 echo 输出和而不是使用 return。

```
funWithReturn(){
    echo "这个函数会对输入的两个数字进行相加运算···"
    echo "输入第一个数字: "
    read aNum
    echo "输入第二个数字: "
    read anotherNum
    sum=$(($aNum + $anotherNum))
```

```
    echo "两个数字分别为 $aNum 和 $anotherNum !"
    echo $sum  # 输出两个数字的和
}
```

调用函数时可以向其传递参数。在函数体内部，通过 $n 的形式来获取参数的值，例如，$1 表示第一个参数，$2 表示第二个参数，具体示例如下。

```
#!/bin/bash
# author:euler01
# title:函数参数

funWithParam(){
    echo "第一个参数为 $1 !"
    echo "第二个参数为 $2 !"
    echo "第十个参数为 $10 !"
    echo "第十个参数为 ${10} !"
    echo "第十一个参数为 ${11} !"
    echo "参数总数有 $# 个!"
    echo "作为一个字符串输出所有参数 $* !"
}
funWithParam 1 2 3 4 5 6 7 8 9 34 73
```

输出结果如下。

```
第一个参数为 1 !
第二个参数为 2 !
第十个参数为 10 !
第十个参数为 34 !
第十一个参数为 73 !
参数总数有 11 个!
作为一个字符串输出所有参数 1 2 3 4 5 6 7 8 9 34 73 !
```

注意：$10 不能获取第十个参数，获取第十个参数需要表示为${10}。因为当 $n \geqslant 10$ 时，需要使用${n}来获取参数。

其他特殊字符的参数处理说明见表 8-1。

表 8-1 其他特殊字符的参数处理说明

参数处理	说明
$#	传递到脚本或函数的参数个数
$*	以一个单字符串显示所有向脚本传递的参数
$$	脚本运行的当前进程 ID 号
$!	后台运行的最后一个进程的 ID 号
$@	与$*相同，但是使用时加引号，并在引号中返回每个参数
$-	显示 Shell 使用的当前选项，与 set 命令功能相同

8.3 Shell 管道命令

在 Linux 操作系统或其他类 UNIX 操作系统中，Shell 管道命令是常见和有用的功能，管道命令往往由管道符和多个管道命令构成。“|”管道符用于将多个命令连接起来，使它们可以一起工作，实现数据的传输和处理。

管道示例：将一个命令的输出传递给另一个命令处理。

```
command1 | command2
```

还可以使用多重管道，连接多个命令以实现更复杂的数据处理。

```
command1 | command2 | command3
```

例如，将 ls 命令列出的文件名传递给 grep 命令进行筛选，再将筛选后的结果传递给 wc -l 命令统计行数。

```
ls | grep test | wc -l
```

管道命令用于对文件内容进行处理，或者使用管道符连接多个命令来对其他命令的结果进行处理。管道命令通常由多个简单命令和管道符组成，用于完成特定的数据处理任务。

在前面的学习中，我们已经接触过一些管道命令的使用。下面我们再对这些命令进行更详细的介绍。

8.3.1　sort 命令

sort 命令可针对文本文件的内容，以行为单位来排序。sort 命令的语法格式如下。

```
sort [选项] 参数
cat file | sort 选项
```

常用选项说明如下。

① **-f**：忽略大小写，会将小写字母都转换为大写字母进行比较。

② **-b**：忽略每行前面的空格。

③ **-n**：按照数字进行排序。

④ **-r**：反向排序。

⑤ **-u**：等同于 uniq，表示相同的数据仅显示一行。

⑥ **-t**：指定字段分隔符，默认使用“Tab”键分隔。

⑦ **-k**：指定排序字段。

⑧ **-o<输出文件>**：将排序后的结果转存至指定文件。

例：准备一个包含多行信息的文本文件 sort.txt，内容如下。

```
ab
AB
CD
cd
XXY
xxy
```

顺序排列输出，文件中的文本按首字母从小到大排列。

```
[root@server01 ~]# sort sort.txt
ab
AB
cd
CD
xxy
XXY
```

反向排序输出。

```
[root@server01 ~]# sort -r sort.txt
XXY
xxy
CD
cd
AB
ab
```

相同文本按大写字母在前排序。

```
[root@server01 ~]# sort -f sort.txt
AB
ab
CD
cd
XXY
xxy
```

使用管道符：对/dev 目录下的设备文件列表按字符排序。

```
[root@server01 ~]# ls /dev/ | sort
autofs
block
bsg
bus
cdrom
char
console
省略……
省略……
vmci
zero
```

8.3.2 uniq 命令

uniq 命令用于报告或者忽略文件中连续的重复行，常与 sort 命令结合使用。需要特别注意，该命令只对连续的行起作用。uniq 命令的语法格式如下。

```
uniq [选项] 参数
cat file | uniq 选项
```

常用选项说明如下。

① **-c**：进行计数，并删除文件中重复出现的行。

② **-d**：仅显示连续的重复行。

③ **-u**：仅显示出现一次的行。

例：准备一个包含多行信息的文本文件 uniq.txt，内容如下。

```
11
11
33
22
22
aa
Aa
AA
aa
bb
```

去除重复信息，效果如下。

```
[root@server01 ~]# uniq uniq.txt
11
33
22
aa
Aa
AA
aa
bb
```

我们看到了两个 aa，这是因为 uniq 命令仅对连续的行起作用，两行 aa 在源文件中并不连续。如果要实现去除所有重复的行，可以排序后再操作，命令如下。

```
[root@server01 ~]# sort  uniq.txt | uniq
11
22
33
aa
Aa
AA
bb
```

对内容去重并进行计数，可以统计出重复的内容有多少行。

```
[root@server01 ~]# sort  uniq.txt | uniq -c
      2 11
      2 22
      1 33
      2 aa
      1 Aa
      1 AA
      1 bb
```

8.3.3　tr 命令

tr 命令常用于对来自标准输入的字符进行替换、压缩和删除。tr 命令语法格式如下。

```
tr [选项] [参数]
```

常用选项说明如下。

① **-c**：保留字符集 1 的字符，其他字符（包括换行符\n）用字符集 2 替换。

② **-d**：删除所有属于字符集 1 的字符。

③ **-s**：将重复出现的字符串压缩为一个字符串，用字符集 2 替换字符集 1。

④ **-t**：字符集 2 替换字符集 1。

下面展示一些常见案例。

```
[root@server01 ~]# echo abcd | tr 'a-z' 'A-Z'  #将小写字母替换成大写字母
ABCD
[root@server01 ~]# echo abcd | tr 'cd' 'xy'  #替换指定的字符
abxy
[root@server01 ~]# echo abbcdd | tr -s 'bcd' #去除重复字符
abcd
[root@server01 ~]# echo abbcdd | tr -d 'bcd' #删除指定字符
a
```

8.3.4　cut 命令

cut 命令用于显示行中的指定部分，删除文件中的指定字段，语法格式如下。

```
cut [选项] [参数]
```

常用选项说明如下。

① **-f**：指定对哪一个字段进行提取。

② **-d**："TAB"是默认的分隔符，使用此选项可更改为其他的分隔符。

③ **--complement**：排除指定的字段。

④ **--output-delimiter**：更改输出内容的分隔符。

使用 cut 显示当前系统的账户名列表，账户信息被保存在/etc/passwd 文件中，但信息内容较多。信息是用":"进行分隔的，可以使用 cut 截取需要的部分。

```
[root@server01 ~]# cut -d ":" -f 1 /etc/passwd
root
bin
daemon
```

```
adm
省略……
euler01
isoft
apache
```

8.4 Shell test 验证命令

Shell 中的 test 命令用于检查某个条件是否成立，它可以进行数值、字符和文件 3 个方面的测试。可以用方括号[]或双方括号[[]]来表示，可以用方括号[]或双方括号[[]]来包裹验证条件。test 命令的返回值为 0（真）或 1（假），可以用于在脚本中进行条件判断。例如，test-f file.txt 可以判断文件 file.txt 是否存在。

if 语句是控制流程，根据条件判断的结果执行不同的代码块。在实际的 Shell 脚本编程中，通常会同时使用 test 命令和 if 语句来实现复杂的条件判断和逻辑控制。

8.4.1 数值测试

使用 test 命令进行数值测试就是对数值的比较。数值比较参数见表 8-2。

表 8-2 数值比较参数

参数	说明
-eq	等于则为真
-ne	不等于则为真
-gt	大于则为真
-ge	大于等于则为真
-lt	小于则为真
-le	小于等于则为真

一个基本的 test 数值验证代码如下。

```
num1=100
num2=100
if test $[num1] -eq $[num2]
then
    echo '两个数相等！'
else
    echo '两个数不相等！'
fi
```

执行结果如下。

```
两个数相等！
```

代码中的[]用于执行基本的算术运算，具体如下。

```
#!/bin/bash
a=5
b=6
result=$[a+b] # 注意等号两边不能有空格
echo "result 为: $result"
```

执行结果如下。

```
result 为： 11
```

8.4.2　字符串测试

字符串测试主要是对字符串进行比较，包括字符比较、长度比较等。字符串比较参数见表 8-3。

表 8-3　字符串比较参数

参数	说明
=	等于则为真
!=	不相等则为真
-z 字符串	字符串的长度为零则为真
-n 字符串	字符串的长度不为零则为真

一个基本的字符串比较代码如下。

```
num1="ru1noob"
num2="runoob"
if test $num1 = $num2
then
    echo '两个字符串相等!'
else
    echo '两个字符串不相等!'
fi
```

执行结果如下。

```
两个字符串不相等!
```

8.4.3　文件测试

test 命令还可以用于对文件的属性和权限进行验证。文件验证参数见表 8-4。

表 8-4　文件验证参数

参数	说明
-e 文件名	如果文件存在则为真
-r 文件名	如果文件存在且可读则为真
-w 文件名	如果文件存在且可写则为真
-x 文件名	如果文件存在且可执行则为真
-s 文件名	如果文件存在且至少有一个字符则为真
-d 文件名	如果文件存在且为目录则为真
-f 文件名	如果文件存在且为普通文件则为真
-c 文件名	如果文件存在且为字符型特殊文件则为真
-b 文件名	如果文件存在且为块特殊文件则为真

例如，以下代码可用于验证文件是否存在。

```
cd /bin
if test -e ./bash
then
    echo '文件已存在!'
else
    echo '文件不存在!'
fi
```

执行结果如下。

```
文件已存在!
```

Shell 还提供了与（-a）、或（-o）、非（!）3 个逻辑操作符，用于将测试条件连接起来，其优先级为!最高、-a 次之、-o 最低。例如：

```
cd /bin
if test -e ./notFile -o -e ./bash
then
    echo '至少有一个文件存在!'
else
    echo '两个文件都不存在'
fi
```

执行结果如下。

```
至少有一个文件存在!
```

8.5 错误处理和调试

在 Shell 编程中，调试是一个重要的环节，它可以帮助我们查找脚本中的问题并进行修复。同时，合理的错误处理也是编写健壮的 Shell 脚本的关键。

8.5.1 调试工具和技巧

1. echo 命令

在 Shell 脚本中，echo 用于输出字符串。因此，可以使用 echo 命令输出一些中间结果。基本使用形式为 echo string。在运行脚本时查看变量的取值和程序流程。例如：

```
#!/bin/bash

#定义两个变量
num1=10
num2=20

#输出调试信息
echo "Debug: Starting the script···"

#输出变量值
echo "Debug: num1 is $num1"
echo "Debug: num2 is $num2"

#对变量进行计算
sum=$((num1 + num2))
echo "Debug: sum is $sum"

#判断 sum 的值是否大于 20
if [ $sum -gt 20 ]
then
   echo "Debug: The sum is greater than 20"
else
```

```
    echo "Debug: The sum is not greater than 20"
fi

#输出结束信息
echo "Debug: End of the script."
```

脚本中插入了多个 echo 命令来输出执行过程中的调试信息，包括变量值、计算结果和条件判断的结果。执行该脚本时，可以通过查看 echo 输出来理解脚本执行的每个步骤，从而更好地了解程序的执行流程。

2. set -x

使用 set -x 命令可以在脚本的执行过程中显示每个命令及其参数，非常有助于查看脚本执行流程。

```
#!/bin/bash

set -x

name="John"
age=30

echo "Name: $name"
echo "Age: $age"
```

执行结果如下。

```
[root@server01 ~]# sh setx.sh
+ name=John
+ age=30
+ echo 'Name: John'
Name: John
+ echo 'Age: 30'
Age: 30
```

3. set -e

使用 set -e 命令可以确保在脚本的执行过程中，一旦出现非零返回值的命令，立即退出运行。这对于快速发现错误非常有帮助。以下脚本将在“incorrect-command”命令行处因为命令错误而终止程序，并输出信息。

```
#!/bin/bash

# 设置错误立即退出模式
set -e

# 输出调试信息
echo "Debug: Starting the script…"

# 模拟一个可能失败的命令（故意输错命令）
echo "Debug: This command should fail"
incorrect-command

# 模拟一个正常的命令
echo "Debug: This command should succeed"
ls /tmp

# 输出结束信息
echo "Debug: End of the script."
```

执行结果如下。

```
Debug: Starting the script...
Debug: This command should fail
sete.sh:行 11: incorrect-command: 未找到命令
```

4．bash -x

如果脚本比较复杂，使用上述方法可能不够方便。我们可以通过在终端运行脚本，并加上-x 选项来调试整个脚本。创建包含以下内容的脚本文件 bashx.sh。

```
#!/bin/bash

# 输出调试信息
echo "Debug: Starting the script..."

# 模拟一个可能失败的命令（故意输错命令）
echo "Debug: This command should fail"
incorrect-command

# 模拟一个正常的命令
echo "Debug: This command should succeed"
ls /tmp

# 输出结束信息
echo "Debug: End of the script."
```

执行结果如下。

```
[root@server01 ~]# bash -x bashx.sh
+ echo 'Debug: Starting the script...'
Debug: Starting the script...
+ echo 'Debug: This command should fail'
Debug: This command should fail
+ incorrect-command
bashx.sh:行 8: incorrect-command: 未找到命令
+ echo 'Debug: This command should succeed'
Debug: This command should succeed
+ ls /tmp
systemd-private-fc07b7588e5642ed82d309f4d29fdbb6-bluetooth.service-PisLIz
systemd-private-fc07b7588e5642ed82d309f4d29fdbb6-chronyd.service-52g2ZS
systemd-private-fc07b7588e5642ed82d309f4d29fdbb6-httpd.service-gpA2HX
systemd-private-fc07b7588e5642ed82d309f4d29fdbb6-systemd-logind.service-slKOmc
+ echo 'Debug: End of the script.'
Debug: End of the script.
```

8.5.2 Shell 编程的错误处理

在 Shell 脚本中，错误处理是确保脚本在运行过程中适当处理各种异常情况的关键。

1．检查命令的返回值

在脚本中执行命令后，可以通过$?变量来获取命令的返回值。通常，返回值为 0 表示命令成功执行，非零值表示命令执行失败。

```
#!/bin/bash

ls /path/to/non_existent_dir

if [ $? -ne 0 ]; then
  echo "Error: Directory not found."
fi
```

执行结果如下，第一行是系统输出的错误消息，第二行是自定义的消息输出。

```
ls: 无法访问 '/path/to/non_existent_dir': 没有那个文件或目录
Error: Directory not found.
```

2．使用 exit 命令退出脚本

在脚本中，如果发现错误或者异常情况，可以使用 exit 命令终止脚本的执行，并返回一个非零值表示错误。

```
#!/bin/bash

file="/path/to/non_existent_file"

if [ ! -f "$file" ]; then
  echo "Error: File not found."
  exit 1
fi
```

执行结果如下。

```
[root@server01 ~]# sh exit.sh
Error: File not found.
```

3. 使用 trap 命令捕获信号

使用 trap 命令可以捕获脚本接收到的信号，并执行相应的操作。这样可以在脚本执行过程中从容地处理中断。

```
#!/bin/bash

# 捕获中断信号并执行 cleanup()函数
trap cleanup INT

cleanup() {
  echo "Cleaning up..."
  # 在这里添加一些清理操作
  exit 1
}

# 模拟一个长时间运行的任务
sleep 10
```

运行这个脚本时，如果在 sleep 10 运行期间按“Ctrl + C”组合键，会触发中断信号，进而执行 cleanup( )函数中定义的清理操作（打印消息和退出脚本）。这样可以确保在接收到中断信号时进行必要的清理工作，避免出现意外情况。

8.6 Shell 的正则表达式

在 Shell 编程中，正则表达式是一种强大的工具，用于匹配和处理文本数据。在 Shell 脚本中，常用的正则表达式语法主要是基于 POSIX 标准的基本正则表达式（BRE）和扩展正则表达式（ERE）。

正则表达式由普通字符包括大小写字母、数字、标点符号和一些其他符号构成，元字符是指在正则表达式中具有特殊意义的专用字符。

8.6.1 正则表达式基础元字符

正则表达式基础元字符见表 8-5。

表 8-5 正则表达式基础元字符

限定符	说明
.	表示任意一个字符
[ ]	匹配括号中的一个字符

续表

限定符	说明
[^]	表示否定括号中出现字符类中的字符，取反
\	转义字符，用于取消特殊符号的含义
^	匹配字符串开始的位置
$	匹配字符串结束的位置
{n}	匹配前面的子表达式 *n* 次
{n,}	匹配前面的子表达式不少于 *n* 次
{n,m}	匹配前面的子表达式 *n*～*m* 次
[:alnum:]	匹配任意字母和数字
[:alpha:]	匹配任意字母，大写或小写
[:lower:]	小写字符 a～z
[:upper:]	大写字符 A～Z
[:blank:]	空格和 TAB 字符
[:space:]	所有空白字符(新行、空格、制表符)
[:digit:]	数字 0～9
[:xdigit:]	十六进制数字
[:cntrl:]	控制字符

以下是一些使用基础元字符对结果进行过滤的案例，“.”代表任意一个字符，如果要当作普通符号处理，需要加“\”进行转义。

```
[root@server01 ~]# echo abc | grep "a.c"
abc
[root@server01 ~]# echo abc a.c | grep "a\.c"
abc a.c
```

筛选前面创建的脚本文件，操作如下。列出所有以 test 开头并包含一位数字的脚本文件（输出结果根据环境会有所不同）。

```
[root@server01 ~]# ls | grep "test[0-9].sh"
test1.sh
test2.sh
test3.sh
test4.sh
test5.sh
```

排除以 test 开头的脚本文件，注意“^”在括弧内外的不同作用。

```
[root@server01 ~]# ls | grep "^[^test].sh"
bashx.sh
```

8.6.2 正则表达式扩展元字符

使用正则表达式扩展元字符时需要增加-E 参数，其他和基础元字符没区别。正则表达式扩展元字符见表 8-6。

表 8-6　正则表达式扩展元字符

限定符	说明
*	匹配前面子表达式 0 次或者多次
.*	任意长度的任意字符
?	匹配前面子表达式 0 次或者 1 次，即可有可无
+	与*相似，表示其前面字符出现一次或多次，但必须出现一次，即次数≥1
{n,m}	匹配前面的子表达式 *n*～*m* 次
{m}	匹配前面的子表达式 *n* 次
{n,}	匹配前面的子表达式不少于 *n* 次，即次数≥*n*
{，n}	匹配前面的子表达式最多 *n* 次，即次数≤*n*
|	用逻辑 OR（或）方式指定正则表达式要使用的模式

下面看一个案例。

```
[root@server01 ~]# echo google ggle | grep -E "go*gle"
google ggle
[root@server01 ~]# echo "goooogle google ggggle" | grep -E "go{3,5}gle"
goooogle google ggggle
```

第一行中 grep 命令使用基本正则表达式或者扩展正则表达式结果相同。在扩展正则表达式中，*表示匹配它前面的字符零次或多次。因此，"go*gle"将匹配"gle"前面的任意数量的"o"，包括"ggle"和"google"。

更多的元字符使用请自行尝试，下面进行从网卡信息中提取 IP 地址的操作。grep -o 为只输出匹配的部分，ens160 为本机网络接口设备名，读者可根据实际情况进行替换。

```
[root@server01  ~]#  ifconfig  ens160  |  grep  "netmask"  |  grep  -o  -E "[0-9]{1,3}\.[0-9]{1,3}\.[0-9]{1,3}\.[0-9]{1,3}" | head -n 1
192.168.70.133
```

8.7　习题

1. 在 Shell 脚本中，注释一行代码的方式是（　　）。

A. //　　B. #　　C. –　　D. /* */

2. （　　）符号用于将命令的输出传递给变量。

A. &　　B. $　　C. *　　D. @

3. 退出一个运行中的 Shell 脚本的方式是（　　）。

A. exit　　B. quit　　C. stop　　D. end

4. （　　）命令用于将两个字符串连在一起。

A. concat　　B. combine　　C. append　　D. ${var1}${var2}

5. 在 Shell 脚本中进行条件判断的命令是（　　）。

A. if-then　　B. loop　　C. case-esac　　D. select

6. 在 Shell 脚本中用于循环操作的命令是（　　）。

A. for　　B. to　　C. while　　D. do

7. 在 Shell 脚本中判断一个文件或目录是否存在的命令是（　　）。

A. check file　B. exist　C. test -e　D. fileexists

8. 在 Shell 脚本中，读取用户输入并将其存储到变量中的命令是（　　）。

A. input　B. read　C. get　D. userinput

9. （　　）循环会至少执行一次。

A. for　B. while　C. until　D. do-while

10. 使用条件判断语句来检查文件是否可写的方式是（　　）。

A. test -w　B. write　C. iswriteable　D. checkwrite

第 9 章

使用 Samba 进行文件共享服务

主要内容

企业内部各级机构、部门、岗位之间的组织结构关系和层级分布，旨在实现合理分工、明确职责、促进协作，有助于达成企业目标和提高工作效率。在企业组织架构中，不同部门、岗位之间通常存在上下级关系、协作关系和汇报关系，形成复杂的组织网络。某企业组织架构模型如图 9-1 所示。

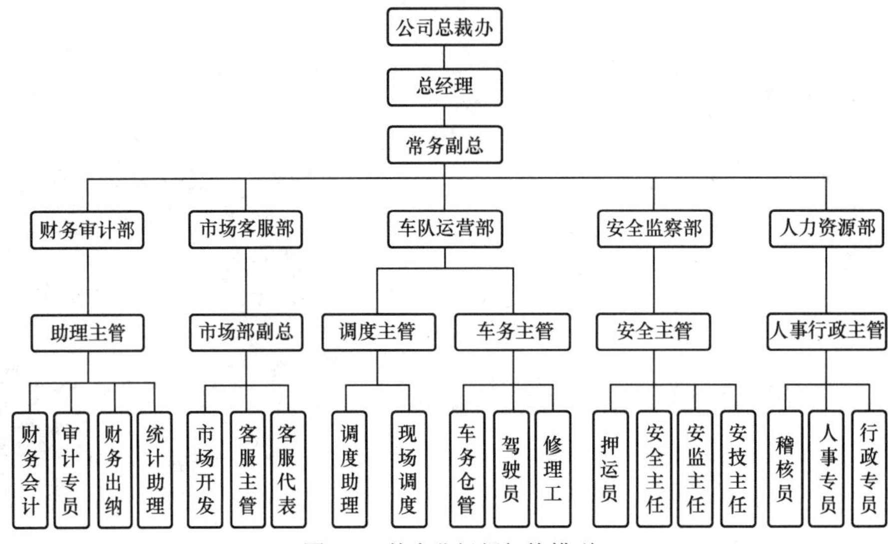

图 9-1　某企业组织架构模型

公司不同的部门之间可能需要共享某些文件，同时对某些文件的访问权限进行部门级别的限制；某些文件由特定的人员维护；不同部门使用的计算机系统可能也不一样。因此企业对于共享文件的需求如下。

① **便捷的文件访问**：企业需要一种便捷的方式允许员工访问共享的文件，无论他们身处何地，都能够方便地查看、编辑和共享文件。

② **安全和权限控制**：企业需要确保共享的文件数据受到保护，只有经过授权的员工才能够访问特定的文件，并且能够限制员工对文件的操作权限。

③ **版本控制和数据备份**：企业需要对共享的文件进行版本控制，以便追踪文件的变更历史，并且需要定期进行文件备份，以防止数据丢失或损坏。

④ **实时同步和共享**：企业需要确保团队成员之间的文件共享是实时同步的，即一个人对文件的修改可以立即在其他相关人员的设备上同步更新。

⑤ **跨平台兼容**：企业通常会有多种不同操作系统的设备，因此，需要一种能够实现跨平台兼容的文件共享解决方案，确保不同设备之间的文件共享顺畅进行。

⑥ **搜索和分类功能**：随着企业数据量的增加，文件共享平台需要提供强大的搜索和分类功能，帮助员工快速准确地找到他们需要的文件。

⑦ **权限审计和报告**：企业需要对文件的访问和操作进行审计与监控，生成相应的报告，以便管理层了解文件共享情况并采取必要的措施。

文件服务器就是专供其他计算机检索文件和存储的特殊用途计算机，提供文件的基本共享服务，为不同类型应用程序在数据存储上的不同需求，在硬件配置上针对文件存储做一些优化配置，例如更大的存储容量和硬件层面数据备份恢复能力，同时也要满足企业组织架构对于共享文件的使用需求，是常见的一种服务应用。

提供网络文件服务的应用有很多，其中比较典型的就是 Samba。Samba 应用非常广泛，它既是服务也是协议。

因此，本章我们将学习如何在 openEuler 操作系统上构建 Samba 服务，如何在 Windows 和 Linux 操作系统上使用 Samba 客户端进行文件共享，如何构建符合企业组织架构的共享文件。

9.1　搭建 Samba 服务器

服务器信息块（SMB）通信协议是由微软和英特尔在 1987 年制定的，主要是作为 Microsoft 网络的通信协议，是微软为自己的需求设计的专用协议，目的实现微软主机之间的文件共享与打印共享，不支持在 Linux 操作系统上运行。安德鲁・垂鸠通过逆向工程，在 Linux 操作系统上实现的 SMB/CIFS 兼容协议，被命名为 Samba，实现了 Windows 和 Linux 操作系统之间的文件共享。Samba 不仅能与局域网络主机分享资源，还能与全世界的计算机分享资源。

SMB 的优点之一是兼容性好，在各平台获得了广泛支持，包括 Windows、Linux、macOS 等，各系统挂载访问都很方便。另外，SMB 也是各种电视、电视盒子默认支持的协议，可以通过 SMB 远程播放电影、音乐和图片。SMB 可提供端到端加密、安全性高，配置选项丰富，支持 ACL 并支持多种用户认证模式。

SMB 的缺点是传输效率稍低，传输速度不太稳定，体积和资源消耗也比 NFS 大。Samba 服务器主要应用于 Windows 和 Linux 操作系统共存的网络中，鉴于计算机终端 Windows 的庞大使用群体，Samba 服务也具有较多的使用场合。

9.1.1　安装 Samba 服务和快速访问

使用 RPM 命令确认是否已经安装了 Samba，若没有安装，则使用 DNF 进行安装，命令如下。

```
[root@server01 ~]# rpm -qa | grep samba
[root@server01 ~]# dnf install samba -y
```

安装时会自动关联安装 samba-client 软件包，这是 Samba 自带的客户端。可以通过 samba-client 访问 Samba 服务。因为 Samba 也是一个协议，所以 Windows 和 Linux 操作系统支持该协议的应用，可以使用 Samba 账号访问服务器资源。Samba 工作方式如图 9-2 所示。

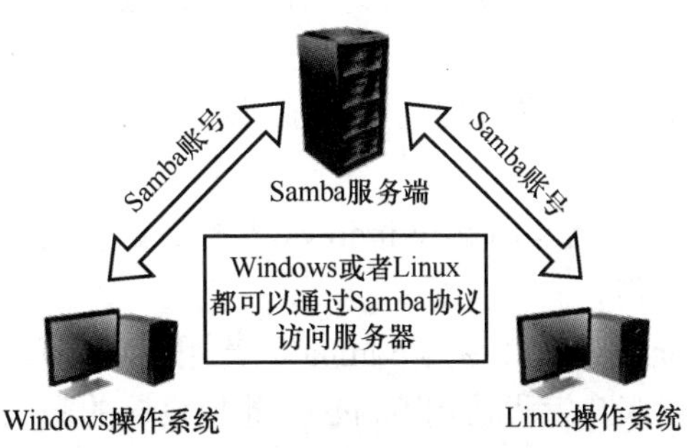

图 9-2　Samba 工作方式

使用以下命令将Samba加入服务并设置为开机启动。注意，Samba服务的服务名为smb。

```
[root@server01 ~]# systemctl enable smb
Created symlink /etc/systemd/system/multi-user.target.wants/smb.service → /usr/
lib/systemd/system/smb.service.
[root@server01 ~]# systemctl start smb
```

1．设置防火墙

目前的防火墙策略是不允许 Samba 服务通过的，结合前面防火墙部分的知识，我们可以使用 firewall-cmd 命令进行放行处理。使用以下命令，增加防火墙允许放行的协议——Samba；设置服务端和客户端两个服务，并重新载入防火墙配置。

```
[root@server01 ~]# firewall-cmd --zone=public --add-service=samba --permanent
success
[root@server01 ~]# firewall-cmd --zone=public --add-service=samba-client --permanent
success
[root@server01 ~]# firewall-cmd --reload
Success
```

查看防火墙协议列表，可以看到新增的 Samba 服务端和客户端。

```
[root@server01 ~]# firewall-cmd --list-all
public (active)
  target: default
  icmp-block-inversion: no
  interfaces: ens160 ens224 ens256
  sources: 192.168.70.51/24
  services: dhcpv6-client http mdns samba samba-client ssh
  ports:
  protocols:
  masquerade: no
  forward-ports:
  source-ports:
  icmp-blocks:
  rich rules:
        rule family="ipv4" source address="192.168.70.0/24" port port="80"
protocol="tcp" accept
```

也可以使用端口号放行，Samba 服务默认使用的是 TCP 端口 445，UDP 端口可能会用到 137、138 和 139。查看到了当前系统 SMB 服务监听了所有来源 IP 地址（0.0.0.0 代表所有地址）对本机 445 和 139 端口的请求。

```
 [root@server01 ~]# netstat -antulpe | grep smb
tcp      0  0  0.0.0.0:445    0.0.0.0:*      LISTEN     0   38164      4372/smbd
tcp      0  0  0.0.0.0:139    0.0.0.0:*      LISTEN     0   38165      4372/smbd
tcp6     0  0  :::445         :::*           LISTEN     0   38162      4372/smbd
tcp6     0  0  :::139         :::*           LISTEN     0   38163      4372/smbd
```

2．快速访问 Samba 服务

有以下 3 种用户类型可以访问 Samba 服务。

① **本地用户**：这些用户是在 Samba 服务器本地创建的用户，他们通过 Samba 提供的服务访问共享资源。

② **Samba 用户**：这些用户是专门为 Samba 服务创建的用户，通常使用 smbpasswd 命令设置 Samba 特定的密码。

③ **域用户**：Samba 服务还支持与 Windows 域控制器集成，允许 Windows 域中的用户通过 Samba 访问共享资源。

管理员可以使用 smbpasswd 命令为 Samba 创建用户和密码。这里先将系统账户 root 加入 Samba 用户，使用该账户远程访问 Samba。此处设置的密码为访问 Samba 服务的密码，和系统用户密码无关。

```
[root@server01 ~]# smbpasswd -a root
New SMB password:  #密码不可见
Retype new SMB password:  #密码不可见
Added user root.
```

Windows 操作系统默认支持 Samba 协议，因此无须安装任何客户端软件。在 Windows 操作系统下通过运行或者在任意的文件管理器路径下输入 Samba 服务器地址，即可访问 Samba 服务，如图 9-3 所示。

首次访问时需要进行 Samba 身份验证，输入刚刚添加的 Samba 用户 root，并输入密码。如果勾选"记住我的凭据"，本次登录成功后，下次会自动使用 root 账户登录。在测试阶段不要勾选"记住我的凭据"，如图 9-4 所示。

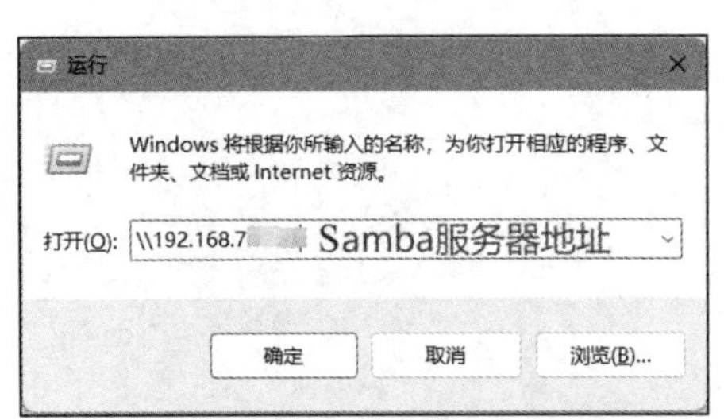

图 9-3 使用 Windows 系统访问 Samba 服务

图 9-4 Samba 身份验证

正确输入账户信息就会在资源管理器中打开共享文件夹，这里没做任何配置。因为使用的 root 账户本身是 Samba 服务器的系统账户，所以可以从 Windows 操作系统中远程管理自己的文件夹，如图 9-5 所示。

图 9-5 默认个人主目录可见

尝试在 Windows 操作系统中创建或者粘贴一个新文件，在 Linux 操作系统的控制台中可以看到该文件，并且所有者为 root 用户。

```
[root@server01 ~]# ll | grep windows
-rwxr--r--  1 root root     0  3月   3 17:56 windows远程创建.txt
```

3. 清除访问记录

如果在登录时，勾选了"记住我的凭据"，默认后续访问还是会用之前的账户直接登录。如果账户密码发生了更改或者要切换其他账户登录，则需要断开之前的访问连接。在 Windows 操作系统中按以下步骤进行处理。

① 进入 Windows 操作系统的命令行（按"Ctrl + r"组合键，打开"运行"界面，

输入“cmd”)。

② 输入命令“net use * /delete”,接着输入“Y”,即先取消所有的 net 连接。

③ 重新访问 Samba 服务器,输入新的账号密码即可。

9.1.2 通过 Samba 配置文件配置共享

作为 Linux 操作系统的服务软件,所有的配置信息都依赖于配置文件进行保存。当前系统中的 Samba 配置文件位于/etc/samba/smb.conf 中。使用文本编辑器查看和编辑 Samba 的配置文件。配置文件初始内容如下。

```
# See smb.conf.example for a more detailed config file or
# read the smb.conf manpage.
# Run 'testparm' to verify the config is correct after
# you modified it.

[global]
       workgroup = SAMBA
       security = user
       passdb backend = tdbsam
       printing = cups
       printcap name = cups
       load printers = yes
       cups options = raw
[homes]
       comment = Home Directories
       valid users = %S, %D%w%S
       browseable = No
       read only = No
       inherit acls = Yes
[printers]
       comment = All Printers
       path = /var/tmp
       printable = Yes
       create mask = 0600
       browseable = No
[print$]
       comment = Printer Drivers
       path = /var/lib/samba/drivers
       write list = @printadmin root
       force group = @printadmin
       create mask = 0664
       directory mask = 0775
```

在配置文件中,资源配置中的默认配置信息包括[global]、[homes]、[printers]、[print$],同时也是我们进行配置的参考模板,配置项如下。

1. [global]

[global]用于定义全局的配置,“workgroup”用于定义工作组,如果安装过 Windows 操作系统,那么我们对 workgroup 这个工作组并不陌生。我们可以把这里改成“WORKGROUP”(Windows 操作系统默认的工作组名字)。常见配置内容如下。

① **security = user**:指定 Samba 的安全等级,安全等级有以下 4 种。

- **share**:用户不需要账户及密码即可登录 Samba 服务器。
- **user**:由提供服务的 Samba 服务器负责检查账户及密码(默认)。
- **server**:检查账户及密码的工作由另一台 Windows 或 Samba 服务器负责。
- **domain**:指定 Windows 域控制服务器来验证用户的账户及密码。

② **passdb backend = tdbsam**:passdb backend 表示用户后台,Samba 有 3 种用户后

台，即 smbpasswd、tdbsam 和 ldapsam。

- **smbpasswd**：将用户信息存储在一个经过密码加密的文件（通常是 /etc/samba/smbpasswd 文件）中。smbpasswd 用户后台适用于小型环境或简单的本地网络，它易于设置和维护。
- **tdbsam**：基于 TDB 数据库的用户后台，可以存储用户账户信息，并支持更复杂的权限模型和用户组管理。tdbsam 用户后台适合中型、大型网络环境，并提供了更多功能。
- **ldapsam**：将用户信息存储在轻型目录访问协议（LDAP）目录中，这种用户后台适用于需要集中管理用户信息的大型网络环境。使用 ldapsam，用户后台可以实现跨多台服务器的统一用户认证和管理。

③ **printing**：设置为 cups 时，声明 Samba 使用 CUPS 作为底层打印服务系统。

④ **printcap name**：设置为 cups 时，指定 Samba 从 CUPS 获取打印机列表（而非传统的 /etc/printcap 文件）。

⑤ **load printers**：指定是否加载系统中配置的所有打印机。如果 load printers = yes，则 Samba 会自动加载系统中已配置的所有打印机，并在 Samba 中共享这些打印机；如果 load printers = no，则需要手动在 Samba 配置文件中定义要共享的打印机。

⑥ **cups options**：用于启用或禁用 Samba 与 CUPS 打印服务的集成。当 cups options = yes 时，Samba 会使用 CUPS 作为打印服务来管理打印机；当设置为 cups options = no，Samba 则不与 CUPS 集成，而是直接处理打印作业。

⑦ **netbios name**：用于设置出现在“网上邻居”中的主机名（默认配置无，需自己增加），例如 netbios name = MYSERVER，它和 hostname 不相同。

⑧ **hosts allow**：用于设置允许的主机（默认配置无，需自己增加），例如 hosts allow = 127.0.0.1 192.168.12.0/24 192.168.70.0/24，这里是多个用空格分隔的 IP 地址和网络号。如果在前面加“;”则表示注释掉该配置项，允许所有主机访问。

⑨ **log file**：定义 Samba 的日志（默认配置无，需自己增加），例如 log file = /var/log/samba/%m.log，这里的%m 是上面的 netbios name。

⑩ **max log size**：指定日志的最大容量（默认配置无，需自己增加），例如 max log size=50，单位是 K。

2．[homes]

[homes]用于共享用户自己的家目录，即当用户登录 Samba 服务器时，实际上是进入该用户的家目录。用户登录后，共享名不是 homes 而是用户自己的标识符，如果不需要用户远程访问自己的 Linux 操作系统，可以注释掉主目录，也可以参考此配置来配置其他共享目录。常见配置内容如下。

① **comment**：给共享文件的说明文字。

② **browseable**：指定用户的个人目录是否在网络上可浏览，设置为 yes 表示可以浏览，设置为 no 表示隐藏。默认值表示当前用户和工作组可以访问。

③ **read only**：指定是否只读共享用户的个人目录。设置为 yes 表示只读，设置为 no 表示可读写。

④ **valid users**：允许访问用户的列表，只有指定的用户才能访问自己的个人目录。

- %S：代表当前共享的名称，即共享资源的名称。
- %D：代表 Samba 的工作组或域的名称。
- %w：代表当前用户的名称。

⑤ **writable**：指定用户的个人目录是否可写（默认配置无，需要自己增加）。如果设置为 yes，则用户可以在自己的个人目录中创建、修改和删除文件；设置为 no 则表示只读。

⑥ **inherit**：当设置为 Yes 时，表示在该共享目录（此处是[homes]共享）中，新建的文件/目录会自动继承父目录的 ACL（访问控制列表）权限，无须手动为每个新文件重复设置权限。

3．[printers]

[printers]用于设置打印机共享，常见的配置内容如下。

① **comment**：对打印机共享的描述和注释。

② **path**：打印机所在的目录路径。

③ **browseable**：在网络中是否可以浏览该打印机，设置为 yes 表示可以浏览，设置为 no 表示隐藏。

④ **guest ok**：是否允许匿名用户访问打印机（默认配置无，需要自己增加），设置为 yes 表示允许匿名访问，设置为 no 表示不允许。

⑤ **printable**：是否允许打印到该打印机，设置为 yes 表示允许打印，设置为 no 表示禁止。

⑥ **create mask 和 directory mask**：指定新创建文件和目录的权限掩码。

⑦ **printer name**：打印机的名称，用于标识打印机（默认配置无，需自己增加）。

4．[print$]

[print$]是一个特殊共享部分，通常用于存储打印机驱动程序文件，以便 Windows 客户端可以自动下载并安装所需的打印机驱动程序。常见的配置内容如下。

① **comment**：对共享的描述和注释。

② **path**：打印机驱动程序文件所在的路径。

③ **write list**：允许写入共享的用户列表。

④ **force group**：设置为@printadmin 时，强制指定所有通过 Samba 访问该共享的用户，其操作的文件/目录的所属组都会被设置为 printadmin 组。

⑤ **create mask**：控制新建文件的默认权限，设置为 0664 表示所有者都能读写（6），所属组都能读写（6），其他用户只读（4）。

⑥ **directory mask**：控制新建目录的默认权限，设置为 0775 表示所有者可以读写执行（7），所属组可以读写执行（7），其他用户可以读和执行（5）。

⑦ **guest ok**：是否允许匿名用户访问共享（默认配置无，需自己增加），设置为 yes 表示允许，设置为 no 表示不允许。

⑧ **read only**：是否只读共享（默认配置无，需自己增加），设置为 yes 表示只读，设置为 no 表示可读写。

⑨ **valid users**：允许访问共享的用户列表（默认配置无，需自己增加）。

9.1.3　Samba 共享文件夹

1．创建共享文件夹

前面访问验证时使用的是用户的个人目录，显然这并不满足文件的共享需求。下面我们来创建一个公共文件夹。

新建/smb_share 目录用于文件共享，并将其权限设置为 777 的最大权限。

```
[root@server01 ~]# mkdir /smb_share
[root@server01 ~]# chmod 777 -R /smb_share/
```

2．共享设置

编辑/etc/samba/smb.conf 配置文件，在末尾追加共享目录设置，可以复制 home 配置进行修改。修改完成后保存退出。

```
[smb 文件共享]
        comment = share-folder
        path = /smb_share
        writable = yes
        guest ok = yes
        browseable = yes
```

配置说明如下。

① **[smb 文件共享]**：显示共享名。

② **comment**：描述介绍。

③ **path**：共享文件夹路径。

④ **writable**：是否可写。

⑤ **guest ok**：是否允许匿名访问。

⑥ **browseable**：是否允许所有人浏览。

修改完成后重启服务。

```
[root@server01 ~]# systemctl  restart smb
```

再创建一个 Samba 用户进行访问验证，以下命令表示创建一个 smbuser1 系统用户，主目录为/home/smbuser1，不允许本地登录，也就是说，这是一个纯远程用户，这样更加安全。

```
[root@server01 ~]# useradd smbuser1 -d /home/smbuser1 -s /sbin/nologin
```

将远程用户加入 Samba 用户并设置登录密码，成功创建 Samba 用户后会显示用户的相关属性。

```
[root@server01 ~]# pdbedit -a -u smbuser1
new password:
retype new password:
Unix username:        smbuser1
NT username:
Account Flags:        [U          ]
User SID:             S-1-5-21-3383140046-4247368346-2457747145-1001
Primary Group SID:    S-1-5-21-3383140046-4247368346-2457747145-513
Full Name:
Home Directory:       \\server01\smbuser1
HomeDir Drive:
Logon Script:
Profile Path:         \\server01\smbuser1\profile
Domain:               SERVER01
Account desc:
Workstations:
Munged dial:
Logon time:           0
```

```
Logoff time:           三, 06 2月 2036 23:06:39 CST
Kickoff time:          三, 06 2月 2036 23:06:39 CST
Password last set:     日, 03 3月 2024 22:21:34 CST
Password can change:   日, 03 3月 2024 22:21:34 CST
Password must change:never
Last bad password   : 0
Bad password count  : 0
Logon hours         :  FFFFFFFFFFFFFFFFFFFFFFFFFFFFFFFFFFFFFFFFFF
```

在 Windows 操作系统下访问 Samba 服务器，不要保存登录凭据，以便可以分别用 root 和 smbuser1 账户访问，或者访问后使用 net use * /delete 删除原有链接。不同用户只能看到自己的主目录，以及设置为全员共享的“smb 文件共享”目录，如图 9-6 所示。

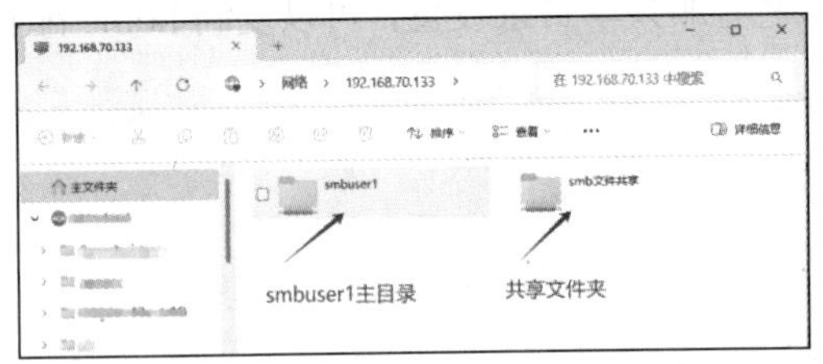

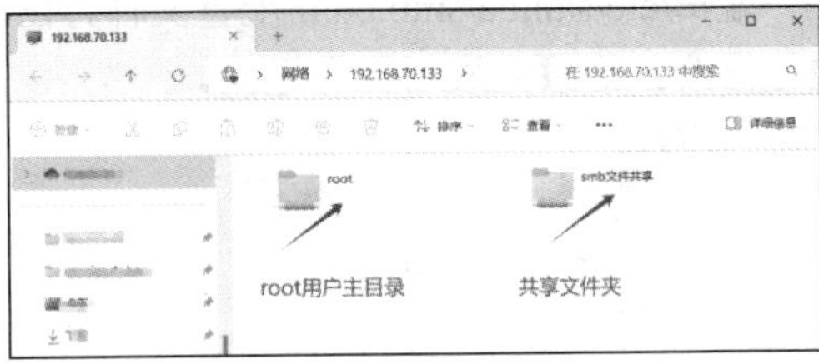

图 9-6 不同用户看到的共享资源

在 Windows 操作系统中分别使用 root 和 smbuser1 用户访问共享文件夹中创建的文件，在 Samba 服务器上查看共享文件夹，可以看到属主为 root 和 smbuser1 的文件。

```
[root@server01 ~]# ll /smb_share/
总用量 0
-rwxr--r-- 1 root       root        0  3月  3 22:56 root_file.txt
-rwxr--r-- 1 smbuser1   smbuser1    0  3月  3 22:38 smbuser1_file.txt
```

同时使用两个账户也可以在 Windows 操作系统的远程共享中看到两个文件，这两个用户对“smb 文件共享”文件夹有共享操作能力。

如果不希望用户远程访问自己的主目录，可以将配置文件中[homes]的访问权限关闭，或者将其删除。

9.2 Samba 客户端

9.2.1 Windows 客户端

Samba 协议是微软推出的，因此微软的资源管理器本身就支持 Samba 连接而不需要安装任何客户端。在 Windows 操作系统中，可以在资源管理器地址栏或者运行界面中输入“\\samba 服务器地址”来连接 Samba 服务。

前面我们已经学会了使用 Windows 操作系统来访问 Samba 服务，相对来说比较简单。但是如果每次都需要输入地址来连接，操作起来并不是很便利。我们可以在 Windows 操作系统下将 Samba 共享文件映射为网络驱动器，获得与本地文件一样的操作权限。

在资源管理器中增加映射，指定 Samba 共享路径和映射本地驱动器即可，如图 9-7 所示。

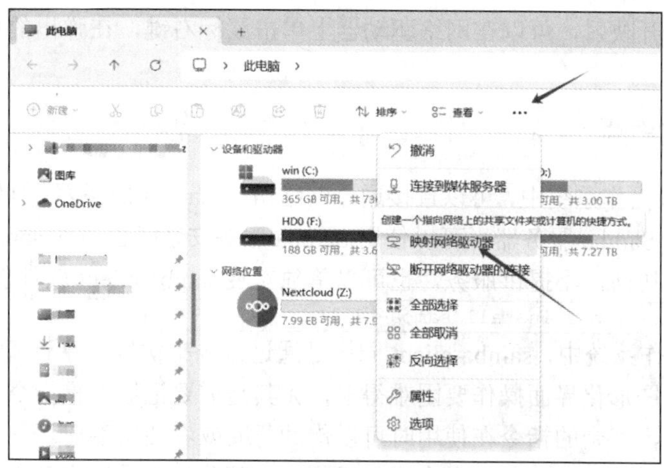

图 9-7　映射网络驱动器

在之后的窗口中填写映射参数，指定映射到本地的驱动器符号。在文件夹中填写 Samba 服务器的共享资源地址，如图 9-8 所示。

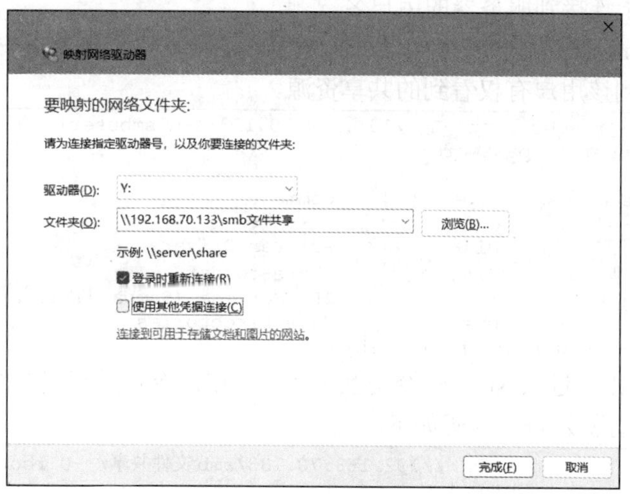

图 9-8　填写映射参数

此时可以在 Windows 资源管理器中看到映射到本地的驱动器，如图 9-9 所示。在使用时只要权限允许，那么操作方式和本地文件操作方式相同。

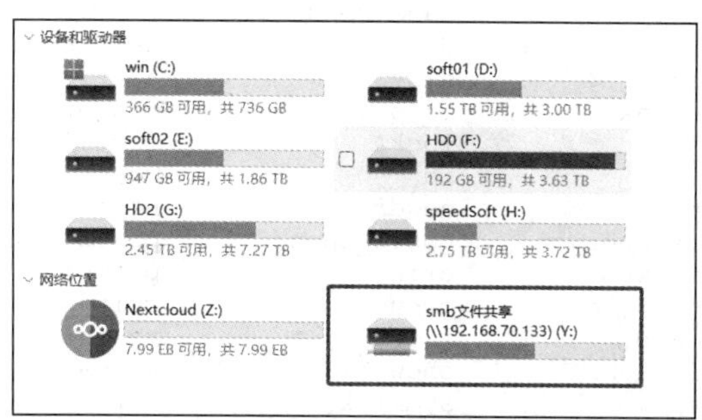

图 9-9　映射本地驱动器

如果需要断开映射，可以在网络驱动器上单击鼠标右键，在弹出的快捷菜单中选择断开连接。

9.2.2 Linux 客户端

在 Windows 操作系统中，可以直接通过网络访问 Samba 服务器，如果在 Linux 操作系统中想要访问 Samba 服务器，可以使用 Samba 服务安装时自带的 samba-client 软件包实现。如果只是访问，不提供服务，也可以单独安装 samba-client 软件包。

```
[root@server01 ~]# dnf install samba-client -y
```

在 Linux 操作系统中，samba-client 同样是通过命令来实现共享资源操作的。执行命令行操作比执行图形化界面操作要困难得多，尤其是需要记忆大量指令。读者需要掌握一些常见的指令，其余的指令在使用时可以借助帮助或者使用手册。

samba-client 使用 smbclient 命令进行操作，大部分功能是以交互方式来运作的。首先需要连接到 Samba 服务器。smbclient 命令的语法格式如下。

```
smbclient //<server>/<share> -U <username>
```

其中，<server>是服务器的 IP 地址或主机名，<share>是要连接的共享资源的名称，<username>是用于连接到服务器的用户名。

使用 smbclient 命令加上-L 参数，并指定用户，根据提示输入用户的 Samba 密码，成功后就可以看到该用户有权看到的共享资源。

```
[root@server01 ~]# smbclient -L //192.168.70.133/ -U smbuser1
Enter SAMBA\smbuser1's password:

        Sharename       Type      Comment
        ---------       ----      -------
        print$          Disk      Printer Drivers
        smb 文件共享     Disk      share-folder
        IPC$            IPC       IPC Service (Samba 4.11.12)
        smbuser1        Disk      Home Directories
SMB1 disabled -- no workgroup available
```

不加-L 参数则会进入 smb 命令交互模式。使用命令行进行资源的访问，将会看到“smb: \>”命令行提示符，代码如下。

```
[root@server01 ~]# smbclient //192.168.70.133/smb 文件共享/ -U root
Enter SAMBA\root's password:
Try "help" to get a list of possible commands.
smb: \>
```

输入“help”可以看到相关命令的帮助信息。

```
smb: \> help
?              allinfo        altname        archive        backup
blocksize      cancel         case_sensitive cd             chmod
chown          close          del            deltree        dir
du             echo           exit           get            getfacl
geteas         hardlink       help           history        iosize
lcd            link           lock           lowercase      ls
l              mask           md             mget           mkdir
more           mput           newer          notify         open
posix          posix_encrypt  posix_open     posix_mkdir    posix_rmdir
posix_unlink   posix_whoami   print          prompt         put
pwd            q              queue          quit           readlink
rd             recurse        reget          rename         reput
rm             rmdir          showacls       setea          setmode
scopy          stat           symlink        tar            tarmode
timeout        translate      unlock         volume         vuid
```

```
wdel          logon          listconnect     showconnect     tcon
tdis          tid            utimes          logoff          ..
!
```

相关命令内容非常多，但大多数命令和前面学的 Shell 命令相同，只是它操作的是共享文件。大多数命令的名称代表了它的作用。我们主要对一些关键的命令进行讲解。

① **pwd**：列出当前共享文件的目录位置，效果如下。

```
smb: \> pwd
Current directory is \\192.168.70.133\smb文件共享\
```

② **ls**：列出共享目录下的文件列表，和 dir 命令效果相同，效果如下。

```
smb: \> ls
  .                               D        0  Sun Mar  3 22:56:24 2024
  ..                              D        0  Sun Mar  3 18:54:38 2024
  root_file.txt                   A        0  Sun Mar  3 22:56:17 2024
  smbuser1_file.txt               A        0  Sun Mar  3 22:38:58 2024
```

③ **get**：将服务器端文件下载到本地。指定服务器文件和本地保存位置即可完成下载操作。

```
smb: \> get  root_file.txt  /mnt/root_file.txt
getting file \root_file.txt of size 0 as /mnt/root_file.txt (0.0 KiloBytes/sec) (average
0.0 KiloBytes/sec)
```

④ **lcd**：改变当前操作的本地目录，例如下载文件时将其保存在本机哪个目录下。以下命令将当前本地目录切换到了/mnt/下。

```
smb: \> lcd /mnt/
```

使用 get 命令省略本地文件路径，则会下载到当前本地路径位置，这里就是前面定位的/mnt/目录下。

```
smb: \> get smbuser1_file.txt
getting file \smbuser1_file.txt of size 0 as smbuser1_file.txt (0.0 KiloBytes/sec)
(average 0.0 KiloBytes/sec)
```

使用 q 命令可以退出 smb 交互模式，查看本地路径下载的文件。

```
smb: \> q
[root@server01 ~]# ls /mnt/
raid0  raid1  root_file.txt  smbuser1_file.txt
```

⑤ **put**：将本地文件上传到服务端。这里使用 root 账户登录 Samba，将/etc/passwd 文件上传到共享文件夹中。

```
[root@server01 ~]# smbclient  //192.168.70.133/smb文件共享/ -U root
Enter SAMBA\root's password:
Try "help" to get a list of possible commands.
smb: \> put /etc/passwd passwd
putting file /etc/passwd as \passwd (458.6 kb/s) (average 458.7 kb/s)
smb: \> ls
  .                               D        0  Tue Mar  5 00:22:27 2024
  ..                              D        0  Sun Mar  3 18:54:38 2024
  root_file.txt                   A        0  Sun Mar  3 22:56:17 2024
  passwd                          A     1409  Tue Mar  5 00:22:27 2024
  smbuser1_file.txt               A        0  Sun Mar  3 22:38:58 2024

                39182868 blocks of size 1024. 17699164 blocks available
```

⑥ **del**：删除服务器上的文件。使用 del 命令删除上传的 passwd 文件，命令如下。

```
smb: \> del passwd
```

1. 一次性执行 SMB 指令

如果明确知道要操作的目标，不用进入交互模式也可以完成。使用-c 参数可以将要执行的 SMB 指令通过字符作为参数传入。例如将文件下载 smbuser1_file.txt 到/root 目录下，命令如下。

```
[root@server01 ~]# smbclient //192.168.70.133/smb 文件共享 -U root -c "get smbuser1_file.txt /root/smbuser1_file.txt"
Enter SAMBA\root's password:
getting file \smbuser1_file.txt of size 0 as /root/smbuser1_file.txt (0.0 KiloBytes/sec) (average 0.0 KiloBytes/sec)
[root@server01 ~]# ll | grep smb
-rw-r--r-- 1 root root   0 3月  5 00:33 smbuser1_file.txt
```

2. 将 Samba 文件夹挂载到本地目录

将文件下载并修改完再上传过于烦琐，如果可以直接将远端共享文件夹当作本地文件夹进行操作会更加便利。这里可以将 Samba 远端文件夹挂载到本地来实现。

挂载操作前需要安装 cifs-utils 软件包。它提供了一组命令行工具来访问和管理 Linux 操作系统中的 SMB/CIFS 文件共享。它的功能类似于 Windows 操作系统上的 SMB 客户端。

```
[root@server01 ~]# dnf install cifs-utils -y
```

在/mnt 目录下创建挂载目录 smbshare，使用 mount 命令进行挂载。下面的命令直接明确指定了密码。挂载后就可以像操作本地文件一样操作共享文件。

```
[root@server01 ~]# mkdir /mnt/smbshare
[root@server01 ~]# mount //192.168.70.133/smb 文件共享 /mnt/smbshare
-o username=root,password=Euler@12345
[root@server01 ~]# ll /mnt/smbshare/
总用量 0
-rwxr-xr-x 1 root root 0 3月  3 22:56 root_file.txt
-rwxr-xr-x 1 root root 0 3月  3 22:38 smbuser1_file.txt
```

如果挂载重启后生效，需要将挂载操作写在 Linux 操作系统的启动配置文件/etc/fstab 中，将以下信息写在/etc/fstab 文件的最后一行。这样每次启动时都可以自动挂载 Samba 共享文件。

```
//192.168.70.133/smb 文件共享 /mnt/smbshare cifs defaults,auto,username=root,
password=Euler@12345 0 0
```

9.3 Samba 用户管理

Samba 的用户管理体系基于 Linux 系统用户架构，所有 Samba 用户必须首先作为系统用户存在，其用户组管理直接继承自 Linux 系统的用户组定义。Samba 提供了两个核心工具进行用户管理：smbpasswd 是一个基础工具，主要用于设置和修改用户的 SMB 协议专用密码以及简单的账户状态管理；而 pdbedit 则是一个更强大的管理工具，支持批量用户操作、UID/GID 映射管理以及设置账户有效期等高级功能。在实际部署中，Samba 通过配置文件中指定的密码后端（如 tdbsam 或 ldapsam）存储用户认证信息，但始终依赖 Linux 系统的用户组来实现权限控制，这种双层架构既保证了与系统安全的无缝集成，又能提供 Windows 网络所需的 SMB 认证服务。

9.3.1 smbpasswd 命令

smbpasswd 命令用于管理 Samba 用户的密码。它允许用户添加、修改和删除 Samba 用户的密码。smbpasswd 是较早的工具，最初与旧的 Samba 密码数据库（例如 smbpasswd

文件）一起使用。尽管如此，它也与 tdbsam 和其他后端兼容。此工具更关注密码的相关操作。smbpasswd 命令的语法格式如下。

```
smbpasswd [选项] [用户]
```

常用的选项说明如下。

① -a：向 smbpasswd 文件中添加用户。

② -c：指定 Samba 的配置文件。

③ -x：从 smbpasswd 文件中删除用户。

④ -d：在 smbpasswd 文件中禁用指定的用户。

⑤ -e：在 smbpasswd 文件中激活指定的用户。

⑥ -n：将指定的用户的密码置空。

常见的一些操作如下。

首先创建系统账户 smb01，并设置密码。

```
[root@server01 ~]# useradd smb01
[root@server01 ~]# passwd smb01
更改用户 smb01 的密码。
新的密码：
重新输入新的密码：
passwd：所有的身份验证令牌已经成功更新。
```

使用 smbpasswd 命令的-a 参数创建 Samba 用户并设定密码。

```
[root@server01 ~]# smbpasswd -a smb01
New SMB password:
Retype new SMB password:
Added user smb01.
```

重复操作，创建 smb02、smb03 用户。

将 smb03 的密码置空。但是在 Samba 的默认策略中并不允许空密码账户登录，一般不会如此设置。

```
[root@server01 ~]# smbpasswd -n smb03
User smb03 password set to none.
```

禁用 smb02 用户，此时该账户不可访问 Samba 服务。

```
[root@server01 ~]# smbpasswd  -d smb02
Disabled user smb02.
```

激活 smb02 用户，此时该账户可以正常访问。

```
[root@server01 ~]# smbpasswd  -e smb02
Enabled user smb02.
```

删除 smb03 用户，该 Samba 用户将不存在，但系统用户还在。

```
[root@server01 ~]# smbpasswd  -x smb03
Deleted user smb03.
```

修改密码，root 账户可以通过 smbpasswd 指定用户名的方式修改所有用户密码。个人用户可以直接使用 smbpasswd 修改自己的密码。

9.3.2　pdbedit 命令

pdbedit 命令用于全面管理账户，适用于 Samba 使用 tdbsam 或其他类似数据库后端（例如 ldapsam）的情况。它不仅可以用于管理密码，还可以用于管理用户账户的其他参数。它可以用于添加、删除、禁用和启用用户账户，列出数据库中的所有用户，编辑用户账户的详细属性，例如账户过期时间、密码的更改时间等。pdbedit 命令的语法格式如下。

```
pdbedit [选项] [用户]
```

常用的选项说明如下。

① **-a**：创建 Samba 用户。

② **-x**：删除 Samba 用户。

③ **-r**：修改 Samba 用户。

④ **-L**：显示所有 Samba 用户。

⑤ **-Lv**：显示所有 Samba 用户的详细信息。

⑥ **-c"[D]"-u**：锁定该 Samba 用户。

⑦ **-c"[]"-u**：解锁该 Samba 用户。

pdbedit 命令和 smbpasswd 的很多命令相同，我们只演示其中几个典型的案例。首先从增加用户开始。

使用 pdbedit 命令新增用户需要先创建系统用户，如果我们认为这个用户只是通过网络获得共享资源，可以在创建用户时禁止其在服务器上进行本地登录。

```
[root@server01 ~]# useradd -s /sbin/nologin smbA
[root@server01 ~]# passwd smbA
更改用户 smbA 的密码 。
新的密码：
重新输入新的密码：
passwd：所有的身份验证令牌已经成功更新。
```

使用 pdbedit 命令创建 Samba 用户，创建完成后会显示该用户的详细信息。

```
[root@server01 ~]# pdbedit -a smbA
new password:
retype new password:
Unix username:        smbA
NT username:
Account Flags:        [U          ]
User SID:             S-1-5-21-3383140046-4247368346-2457747145-1005
Primary Group SID:    S-1-5-21-3383140046-4247368346-2457747145-513
Full Name:
Home Directory:       \\server01\smba
HomeDir Drive:
Logon Script:
Profile Path:         \\server01\smba\profile
Domain:                   SERVER01
Account desc:
Workstations:
Munged dial:
Logon time:           0
Logoff time:          三, 06 2月 2036 23:06:39 CST
Kickoff time:         三, 06 2月 2036 23:06:39 CST
Password last set:    二, 05 3月 2024 22:43:31 CST
Password can change:  二, 05 3月 2024 22:43:31 CST
Password must change: never
Last bad password   : 0
Bad password count  : 0
Logon hours         : FFFFFFFFFFFFFFFFFFFFFFFFFFFFFFFFFFFFFFFFFF
```

查看已有的 Samba 用户列表，可以看到前面创建的相关账户。

```
[root@server01 ~]# pdbedit -L
root:0:root
smb01:1003:
smbuser1:1002:
smb02:1004:
smbA:1006:
```

9.4　搭建企业文件共享服务

在企业进行文件资源共享时，会涉及多用户、多部门，因此需要考虑组织架构中的管理权限，做到部门隔离。下面我们通过配置 Samba 的群组和权限管理来实现简单的企业共享文件资源。

1．应用场景

企业人员结构如下。

① 管理部：张三丰（sanfeng）、灭绝师太（miejue）。

② 技术部：张无忌（wuji）、张翠山（cuishan）。

③ 销售部：周芷若(zhiruo)、赵敏（zhaomin）。

目录结构如图 9-10 所示，具体要求如下。

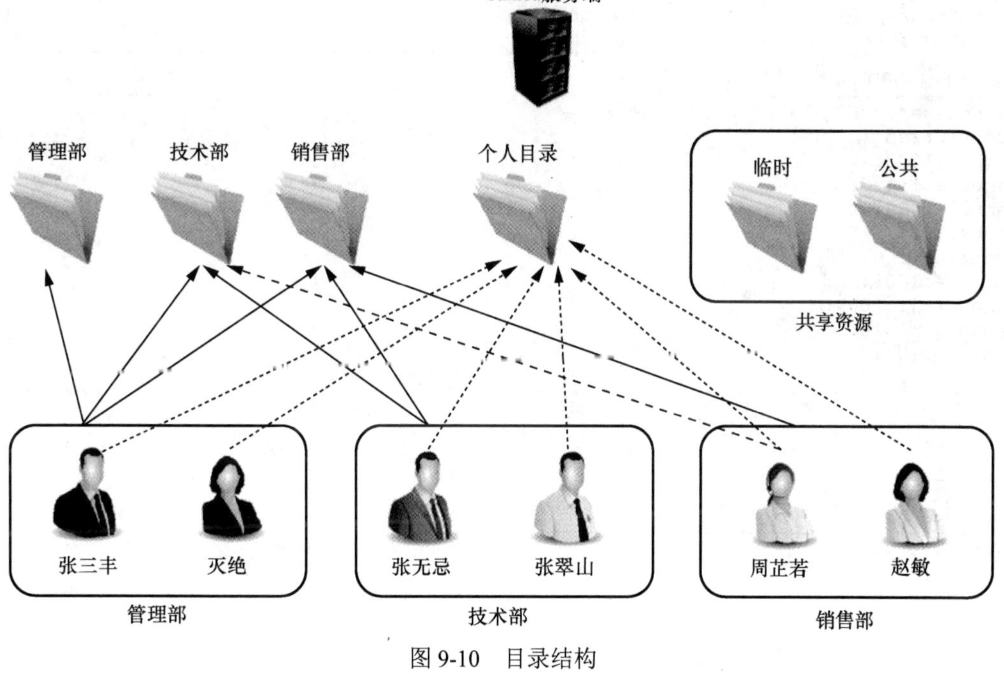

图 9-10　目录结构

① 每个员工都有自己的主目录，且具有完整权限。

② 共享资源下有“技术部”文件夹，技术部、管理部和周芷若可以读取，张无忌有写权限。

③ 共享资源下有“销售部”文件夹，领导部和销售部可以访问并有写权限。

④ 共享资源下有“管理部”文件夹，只有领导部可以访问并且有完整权限，外人无法访问。

⑤ 共享资源下有“临时”文件夹，所有人都能读写，包括 guest 来宾，但个人不能删除其他人的文件。

⑥ 共享资源下有“公共”文件夹，所有用户只有阅读权限，用于发布资料。

2. 构建共享服务

创建用户组，这里推荐使用英文，管理部（MgmtDept）、技术部（TechDept）、销售部（SalesDept）。

```
[root@server01 ~]# groupadd MgmtDept
[root@server01 ~]# groupadd TechDept
[root@server01 ~]# groupadd SalesDept
```

创建对应的员工账户（不允许本地登录），并将其加入相应的用户组。

```
[root@server01 ~]# useradd sanfeng -s /sbin/nologin -g MgmtDept
[root@server01 ~]# useradd miejue -s /sbin/nologin -g MgmtDept
[root@server01 ~]# useradd zhangwuji -s /sbin/nologin -g TechDept
[root@server01 ~]# useradd cuishan -s /sbin/nologin -g TechDept
[root@server01 ~]# useradd zhiruo -s /sbin/nologin -g SalesDept
[root@server01 ~]# useradd zhaomin -s /sbin/nologin -g SalesDept
```

将这些用户添加到 Samba 用户，并分别设置 Samba 访问密码。

```
[root@server01 ~]# pdbedit -a -u  sanfeng
[root@server01 ~]# pdbedit -a -u  miejue
[root@server01 ~]# pdbedit -a -u  zhangwuji
[root@server01 ~]# pdbedit -a -u  cuishan
[root@server01 ~]# pdbedit -a -u  zhiruo
[root@server01 ~]# pdbedit -a -u  zhaomin
```

查看 Samba 账户列表。

```
[root@server01 ~]# pdbedit  -L
root:0:root
smb01:1003:
smbuser1:1002:
smb02:1004:
smbA:1006:
sanfeng:1007:
miejue:1008:
zhangwuji:1009:
cuishan:1010:
zhiruo:1011:
zhaomin:1012:
```

创建共享文件夹和对应文件夹结构。

```
[root@server01 ~]# mkdir -p /home/samba/MgmtDept /home/samba/TechDept /home/samba/
SalesDept  /home/samba/temp  /home/samba/public
```

目录结构如下。

```
[root@server01 ~]# tree /home/samba/
/home/samba/
├── home
│   └── samba
│       └── MgmtDept
├── MgmtDept
├── public
├── SalesDept
├── TechDept
└── temp
```

通过 Linux 文件系统权限开放共享目录的完整访问权限，再通过 Samba 配置实现精细化的网络访问控制。

```
[root@server01 ~]# chmod -R 777 /home/samba
[root@server01 ~]# ll /home/samba/
总用量 24
drwxrwxrwx 3 root root 4096  3月  5 23:56 home
drwxrwxrwx 2 root root 4096  3月  5 23:56 MgmtDept
drwxrwxrwx 2 root root 4096  3月  5 23:56 public
drwxrwxrwx 2 root root 4096  3月  5 23:56 SalesDept
drwxrwxrwx 2 root root 4096  3月  5 23:56 TechDept
```

```
drwxrwxrwx 2 root root 4096  3月  5 23:56 temp
```

在 smb.conf 文件末尾追加以下信息，增加共享目录，并对权限进行设置。

```
[技术部]
        comment = TechDept
        path = /home/samba/ TechDept
        public = no
        #@组名是指定用户组，特定用户直接写用户名
        valid users = @TechDept,@MgmtDept,zhiruo
        #特定用户可以写，指定为张无忌
        write list = wuji
        printable = no
[管理部]
        comment = MgmtDept
        path = /home/samba/MgmtDept
        #不允许 guest 账户访问
        public = no
        browseable = yes
        valid users = @MgmtDept
        printable = no
[临时文件]
        comment = temp
        path = /home/samba/temp
        #所有用户均可访问
        public = yes
        #所有用户均可以写入
        writable = yes
[销售部]
        comment = SalesDept
        path = /home/samba/SalesDept
        public = no
        #@组名是指定用户组，特定用户直接写用户名
        valid users = @SalesDept,@MgmtDept
        #可以访问的用户具有写操作，目录本身必须具有 777 权限
        writable = yes
        printable = no
[公共文件]
        comment = Read Only Public
        path = /home/samba/public
        public = yes
        #只能读取
        read only = yes
```

保存文件后重启 Samba 服务。

```
[root@server01 ~]# systemctl restart smb
```

使用 Windows 操作系统访问 Samba 资源，先以张无忌的身份登录，注意不要记住登录凭证，方便切换用户。张无忌的共享资源如图 9-11 所示，张无忌可以看到个人目录、公共文件、技术部、销售部、临时文件、管理部文件夹。

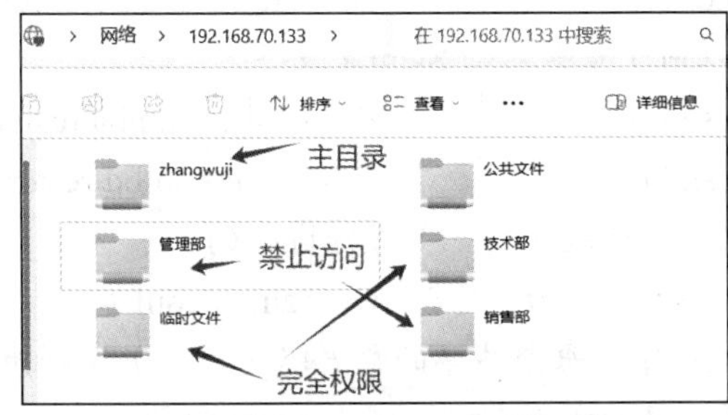

图 9-11　张无忌的共享资源

当前用户对个人主目录和技术部文件夹有完整权限，同时因为对临时文件设置了所有人可读写，因此当前用户也可以对临时文件进行读写。打开管理部和销售部文件夹时会要求进行身份验证。

断开连接，使用张三丰登录 Samba 服务，可以看到自己的主目录，因为张三丰属于管理部，所以他可以访问其他部门的文件资源。将技术部文件夹设置为仅张无忌可写，张三丰在技术部文件夹进行写操作会遇到权限不足的提示。张三丰的共享资源如图 9-12 所示。

图 9-12　张三丰的共享资源

临时文件夹能满足我们的基本要求，但不能满足每个人不能删除别人的文件这个条件，需要对此文件夹设置一个粘滞位。使用以下命令，实现每个人可以自由写文件，但不能删除别人的文件的要求。

```
[root@server01 ~]# chmod -R 1777 /home/samba/temp
```

到此我们已经实现了题目要求的共享资源。读者可以尝试修改配置来满足更复杂的要求。

9.5　习题

1. Samba 是一个用于实现（　　）的开源软件。

A. SMB　　B. HTTP　　C. FTP　　D. SSH

2. Samba 的默认配置文件位于（　　）目录中。

A. /etc/samba/config　　B. /etc/samba/smb.conf

C. /etc/samba/main.conf　　D. /etc/samba/default.conf

3. （　　）命令可以用于重新启动 Samba 服务。

A. systemctl restart samba　　B. service samba restart

C. systemctl restart smbd　　D. service smbd restart

4. Samba 共享的配置是通过（　　）文件进行的。

A. smb.conf　　B. share.conf　　C. samba.conf　　D. config.cfg

5. 在 Samba 配置文件中，每个共享的配置以（　　）字符串开始。

A. [share]　　B. {share}　　C. <share>　　D. “share”

6. Samba 提供的用于添加和管理用户 Samba 密码的工具是（　　）。

A. smbpasswd　B. sambapass　C. smbuser　D. samuser

7. 要允许匿名（客人）访问 Samba 共享，需要将（　　）设置为"yes"。

A. valid users　B. read only　C. writable　D. guest ok

8. （　　）命令可以用于查看当前 Samba 服务的运行状态。

A. status samba　B. systemctl status samba

C. service samba status　D. samba-control status

9. Samba 中默认使用的端口是（　　）。

A. 139　B. 445　C. 137　D. 548

10. 在 Samba 配置中，用于指定用户是否允许作为匿名（guest）登录的参数是（　　）。

A. allow guest　B. anonymous login

C. guest ok　D. guest access

习题答案

第 1 章答案：B、B、D、A、B。

第 2 章答案：C、C、C、A、D。

第 3 章答案：A、B、A、A、B、A、C、D。

第 4 章答案：C、B、A、D、C、C、B、C。

第 5 章答案：C、C、D、C、B、A、A、B、D、D。

第 6 章答案：A、A、C、A、C、A、A、C、C、A。

第 7 章答案：A、A、C、B、C、D、A、C、B、B、D、C、B、C。

第 8 章答案：B、B、A、D、A、C、C、B、D、A。

第 9 章答案：A、B、C、A、A、A、D、B、B、C。